国家新闻出版改革发展项目库入库项目
物联网工程专业教材丛书
高等院校信息类新专业规划教材

无线传感网络技术及应用

主　编　刘　敬　赵高峰　李向阳
副主编　蒋　源　杜龙龙　郑于海

北京邮电大学出版社
www.buptpress.com

内 容 简 介

本书通过项目方式介绍了基于 ZigBee 技术的无线传感网络知识以及数据处理全流程(包括数据采集、数据传输、数据展示、数据存储、数据分析、数据应用等),主要内容包括 CC2530 基础、ZigBee 框架搭建、物联网系统设计、物联网数据分析、物联网数据可视化。本书具有较强的实践性,每个任务均带有实践练习,关键操作视频可通过二维码扫描观看。本书设计的 ZigBee 框架、数据分析流程具有创新性和通用性,易于上手和行业拓展应用。

本书可作为应用型本科、高职高专院校计算机、物联网、电子等相关专业的教材,还可以作为从事物联网应用开发工作的工程技术人员的参考书。

图书在版编目(CIP)数据

无线传感网络技术及应用 / 刘敬,赵高峰,李向阳主编. -- 北京:北京邮电大学出版社,2024.1

ISBN 978-7-5635-7069-0

Ⅰ.①无… Ⅱ.①刘… ②赵… ③李… Ⅲ.①无线电通信-传感器-计算机网络 Ⅳ.①TP212

中国国家版本馆 CIP 数据核字(2023)第 235904 号

策划编辑: 姚 顺 刘纳新 **责任编辑:** 姚 顺 耿 欢 **责任校对:** 张会良 **封面设计:** 七星博纳

出版发行: 北京邮电大学出版社
社 址: 北京市海淀区西土城路 10 号
邮政编码: 100876
发 行 部: 电话:010-62282185 传真:010-62283578
E-mail: publish@bupt.edu.cn
经 销: 各地新华书店
印 刷: 保定市中画美凯印刷有限公司
开 本: 787 mm×1 092 mm 1/16
印 张: 15.5
字 数: 386 千字
版 次: 2024 年 1 月第 1 版
印 次: 2024 年 1 月第 1 次印刷

ISBN 978-7-5635-7069-0 定价:48.00 元

·如有印装质量问题,请与北京邮电大学出版社发行部联系·

前　言

无线传感网络是由大量无线传感器节点组成的一种特殊的自组织网络，广泛应用于环境监测、工业自动化、健康监护等领域。ZigBee 技术是一种低功耗、短距离的无线通信协议，底层采用 IEEE 802.15.4 标准，可用于组建无线传感网络。无线传感网络的数据经过规范处理后，可经物联网网关上传至物联网云平台，实现设备互联和智能控制。

当前，应用型本科和高职高专院校开设的“无线传感网络技术及应用”课程教材存在两方面的问题：一方面是不同项目的组网过程不通用；另一方面是存在重数据采集、少数据展示、无数据存储和数据分析的缺点。上述问题限制了无线传感网络技术的开发和应用。

本书将对物联网相关专业的物联网云平台设计、物联网数据库设计、物联网移动应用开发、物联网数据分析等课程的改革产生积极的意义。本书共 5 个项目：项目 1 为 CC2530 基础，介绍在 IAR 开发环境中的 GPIO、串口等基本操作；项目 2 为 ZigBee 框架搭建，介绍如何组建用于本地数据采集和终端设备控制的无线传感网络；项目 3 为物联网系统设计，实现远程展示传感数据、控制执行器等功能；项目 4 为物联网数据分析，实现了硬件数据的实时存储，并设计了一套通过筛选、聚合、排序过程实现数据分析的完整通用流程；项目 5 为物联网数据可视化，通过访问数据库，在 Web 页面和 App 上展示数据分析结果。

本书的创新点如下。

(1) 设计了一套积木式的 ZigBee 框架，实现了设备注册、数据传输、数据解析等功能，在添加新的终端节点时仅需要关注传感器驱动程序和执行器控制程序的设计。

(2) 设计了一套完整通用的数据分析流程，在硬件采集数据实时存入数据库后，可按照数据分析流程提取数据特征。

(3) 全部使用开源软件搭建物联网云平台和相关开发环境，使得项目功能完整、设计自由度高。

(4) 在 ZigBee 设计中对硬件采集的数据进行处理和传输时，统一采用 JSON 对象格式，并贯穿于后续的网关设计、App 设计、后端设计中。通过设计数据采集、数据传输、数据展示、数据存储、数据分析、数据应用的数据全流程，让无线传感网络技术的开发和应用易于实现。

本书由湖州职业技术学院刘敬博士、赵高峰老师、李向阳副教授担任主编，湖州职业技术学院蒋源老师、杜龙龙老师、浙江省机电设计研究院有限公司正高级工程师郑于海担任副主编。

本书得到了湖州市自然科学基金(No. 2022YZ01、No. 2022YZ43)和湖州市物联网智能系统集成技术重点实验室(编号:2022-21)的资助，在此表示感谢!

在编写本书的过程中，编者尽量融入最新的知识与技术，但因为物联网技术更新速度较快和编者水平有限，书中难免存在不足和疏漏之处，敬请谅解和批评指正。联系方式：147759790@qq.com。

编　者

目　录

项目 1 CC2530基础

● 项目概述/项目要点

项目 1 将 CC2530 作为增强型 51 单片机，介绍 IAR 开发环境中的基本操作。在后面的 ZigBee 协议栈组网中，实现传感数据的无线传输会用到很多传感器和控制芯片，基础实验的重要性不言而喻。

● 学习目标

1. 知识目标

- 了解 IAR 的安装步骤；
- 了解 CC2530 的硬件资源，包括 GPIO、定时器和串口资源；
- 理解 CC2530 特殊功能寄存器的配置方法；
- 理解定时器计数、定时的原理和方法；
- 掌握 CC2530 寄存器的配置和使用。

2. 技能目标

- 熟练使用串口进行程序调试；
- 熟练编写 CC2530 的 GPIO 控制程序；
- 熟练编写 CC2530 的串口接收和串口发送程序；
- 熟练编写 CC2530 的定时器计时程序；
- 掌握 CC2530 裸机传感器驱动程序的编写。

3. 素养目标

- 提高逻辑思维能力和实际动手能力；
- 提高分析问题、解决问题的能力；
- 树立规范、严谨的工作态度；
- 培养守正创新的价值观念和科学素养；
- 践行精益求精的工匠精神。

任务1 CC2530开发环境搭建

■ 任务引入

CC2530是真正面向无线通信的片上系统(System on Chip,SoC)芯片,适用于2.4 GHz IEEE 802.15.4系统、ZigBee系统和RF4CE远程控制系统,可广泛应用在家庭、工业控制和监视等需要系统低功耗运行的场景。项目1主要介绍CC2530的基础实验,为后面介绍ZigBee协议栈打下基础,这就需要先为CC2530搭建开发环境。

■ 任务目标

安装IAR EW8051开发环境,为CC2530的基础实验做准备。

■ 相关知识

一、CC2530

CC2530需要极少的外部连接元件,同时有很多典型电路,其模块大致可以分为三类:CPU和内存相关模块;外设、时钟和电源管理相关模块;无线信号收发相关模块。CC2530整合了全集成的高效射频(Radio Frequency,RF)收发机和标准的增强型8051 CPU,支持ZigBee/ZigBee PRO、ZigBee RF4CE、6LoWPAN、WirelessHART及其他所有基于802.15.4标准的解决方案。

CC2530主要有四种不同的版本:CC2530F-32/64/128/256,分别具有32/64/128/256KB闪存。CC2530提供101 dB的链路质量,具有优秀的接收器灵敏度和健壮的抗干扰性,提供四种供电模式和一套广泛的外设集,该外设集包括2个USART、12位ADC和21个通用GPIO。

CC2530具有不同的运行模式,这使得它尤其适应超低功耗运行的系统。另外,运行模式之间的转换时间短,也进一步确保了系统低功耗运行。CC2530配备一个标准兼容或专有的网络协议栈Z-Stack。这使其广泛应用在远程控制、家庭控制、楼宇自动化等领域。

二、IAR

IAR Systems是全球领先的嵌入式系统开发工具和服务的供应商。IAR EW是其著名产品之一,为C编译器,支持众多知名半导体公司的微处理器,包括Arm、8051、AVR和STM8等。集成开发环境(Integrated Development Environment,IDE)是指集成了代码编辑器、编译器、调试器和图形用户界面等工具,可提供程序开发环境的一体化开发软件。由于ZigBee芯片CC2530是基于8051的,因此我们选用IAR EW8051作为开发工具。

【课堂讨论】

除了IAR EW,你还学过或者使用过哪些集成开发环境?

【工匠精神】

党的二十大提出要加快发展物联网。CC2530这样的低功耗无线传感器网络芯片的开发和推广,可以有效地促进物联网的发展和应用,实现信息技术与实体经济的深度融合。随着 CC2530 和相关技术的不断更新和发展,需要保持不断学习的状态,不断完善应用方案。

■ 任务实施

一、实施设备

安装 Windows 操作系统的计算机。

二、实施过程

1. 下载

通过官网 https://www.iar.com/products/architectures/iar-embedded-workbench-for-8051/ 下载 IAR EW8051,其下载页面如图 1-1 所示,第一个是免费的评估版本,第二个是付费的个人版本,第三个商业付费版本。免费的评估版本有两种:一种是 14 天的全功能版本;另一种是没有时间限制的 4 KB 代码限制版本,可根据自己的情况选择。

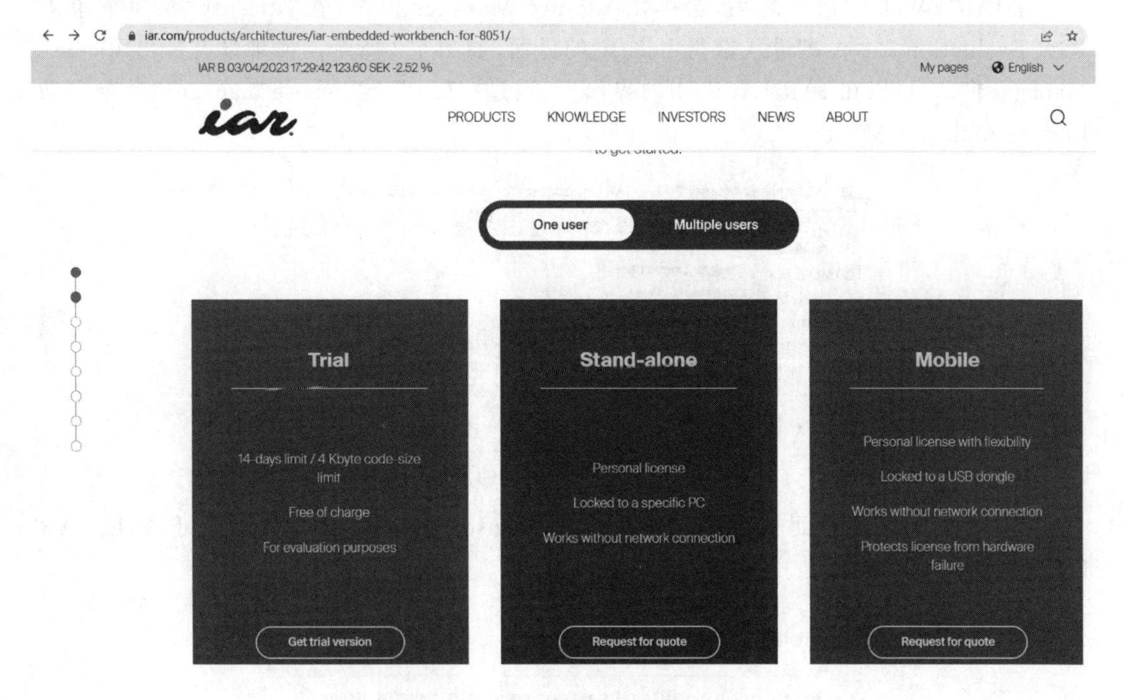

图 1-1 IAR EW8051 下载页面

单击“Get trial version”,即可跳转到下载免费评估版本的页面,单击“Download”即可进入注册页面,这里可以选择评估版本的其中一种,注册成功后,邮箱会收到链接,包括 license number 和下载链接,单击“Download software”即可完成安装包的下载。

2. 安装

下载完成后,双击安装程序“EW8051-10401-Autorun. exe”,打开安装界面,如图 1-2 所示,选择第一个选项,即可开始安装。

安装 IAR

注意,选择的安装路径一般要求全英文。询问是否接受软件协议时,选择接受。其他步骤选择默认选项即可,然后等待安装完成。

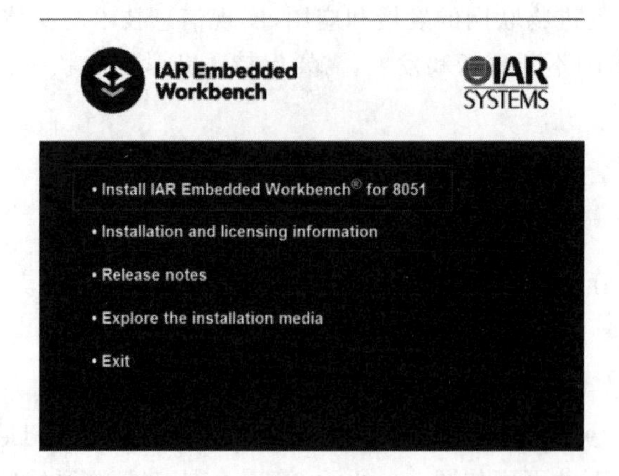

图 1-2　EW8051-10401 安装界面

3. 获得 license

在 IAR EW8051 启动之后，会弹出 License Manager 窗口，在“License”菜单下单击“Get Evaluation License”进入获得 license 的界面，如图 1-3 所示。如果没有弹出 License Manager 窗口，可以在 IAR EW8051 的界面下，通过“Help”→“license manager”命令启动 License Manager 窗口。

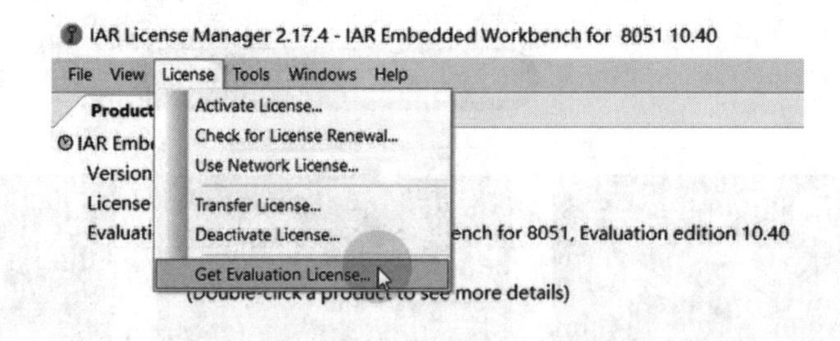

图 1-3　获得 license 的界面

在图 1-4 所示的界面输入邮箱中获得的 license number，即可获得许可，完成 IAR EW8051 评估版本的安装。

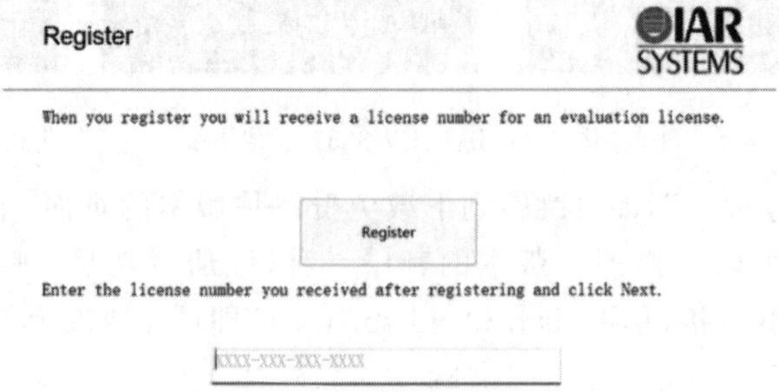

Register
IAR SYSTEMS
When you register you will receive a license number for an evaluation license.
Register
Enter the license number you received after registering and click Next.
XXXX-XXX-XXX-XXXX

图 1-4　输入 license number 的界面

4. 下载器驱动安装

将 CC2530 与计算机通过下载器相连，可实现为单片机下载程序或者在线调试程序。使用前需要先安装驱动，一般在购买硬件时附赠驱动程序，可按照说明进行安装。

驱动安装成功后可在计算机管理的设备管理器下看到设备的信息，如图 1-5 所示。该设备信息在不同计算机的设备管理器中出现的位置不同，本任务中为 SmrtRF04EB，在别处可能为 CC Debugger。注意，这款下载器无须另接电源线供电，但有些下载器供电不足，需接电源线。

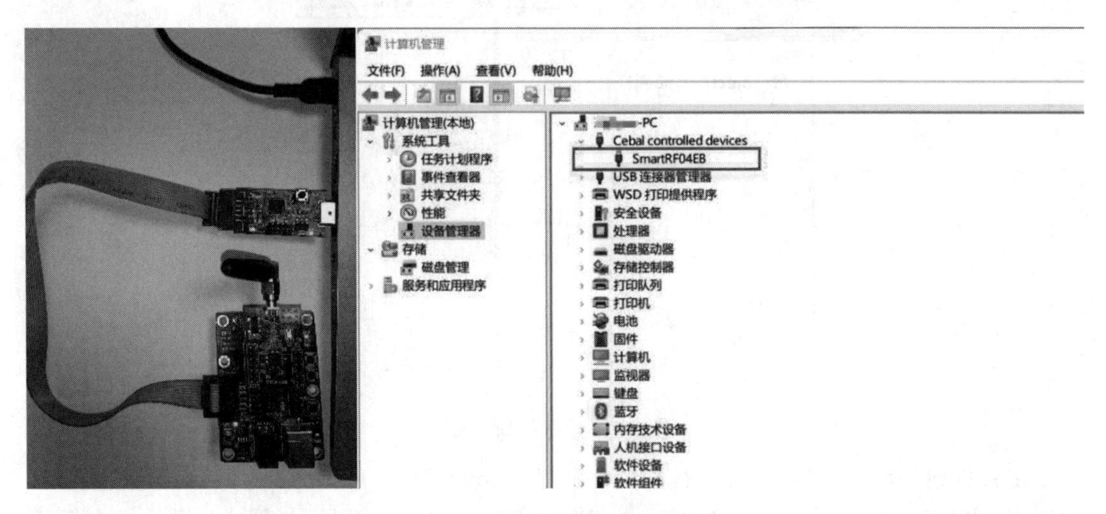

图 1-5 下载器连接和设备信息

5. 创建 IAR 工程

新建工程

IAR 使用工作空间来管理工程项目，一个工作空间可以包含多个不同用途的工作项目。如果在一个工作空间中创建工程，则工作空间和工程的名称可以相同，也可以不同。建立工程之前，需要新建一个文件夹用于存储工程文件。打开 IAR 软件，通过“Project”→“Create New Project…”命令创建一个新的工程，此时弹出图 1-6 所示的对话框。

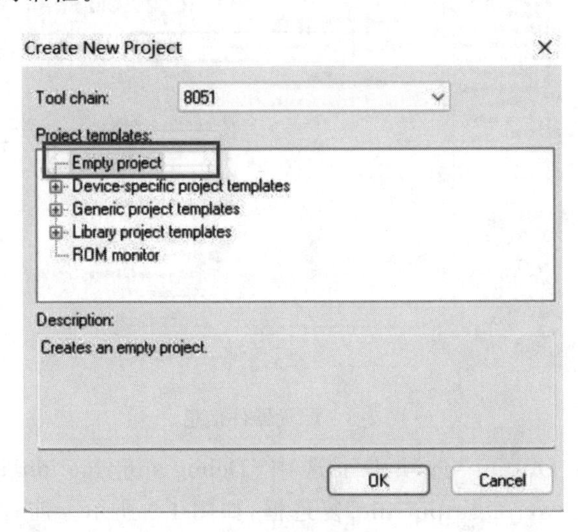

图 1-6 创建新工程

选择“Empty project”来建立空工程，单击“OK”按钮后选择之前新建文件夹的路径存放工程，并将工程命名为“Project1”，工程后缀为“ewp”，建好的新工程如图 1-7 所示。通过“File”→“Save Workspace”命令选择与工程一致的路径保存工作空间，并给工作空间命名，后缀为“eww”。

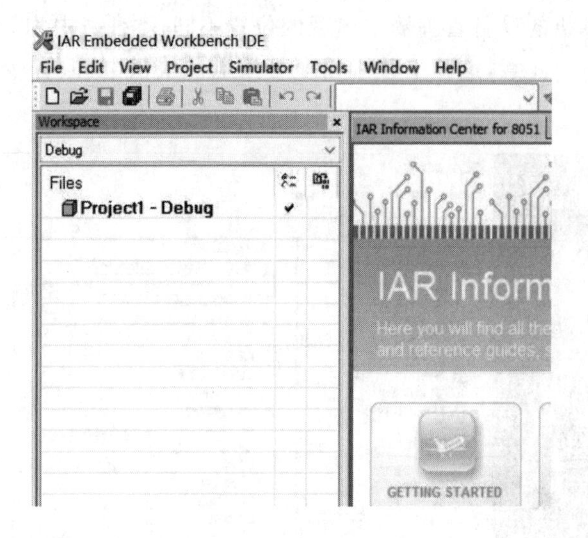

图 1-7 建好的新工程

工程创建好后，还要对工程进行配置。通过“Project”→“Options…”命令打开工程配置选项卡，在“General Options”下的“Target”选项卡选择单片机型号，如图 1-8 所示。本任务根据使用的单片机型号，在对应的下拉菜单选择打开“Texas Instruments”的 CC2530F256.i51 文件。

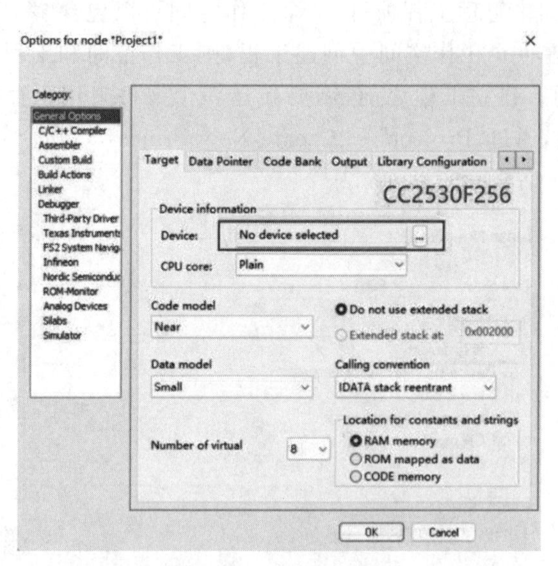

图 1-8 配置器件信息

在“Linker”下的“Output”选项卡下选中“Debug information for C-SPY”，并勾选“Allow C-SPY-specific extra output file”复选框，如图 1-9 所示。前者的作用是用于仿真，

后者的作用则是额外生成.hex 文件的必要条件，默认输出为.d51 文件。接下来，在“Linker”下的“Extra Output”选项卡下勾选“Generate extra output file”，再勾选“Override default”，并将文本框中的文件改为.hex 后缀。最后，将“Format”下的“Output format”设置为“intel-extended”，如图 1-10 所示。如果使用 SmartRF Flash Programmer 闪存编程器为 CC2530 烧写程序，则需要导入.hex 文件，这里不做详细介绍。

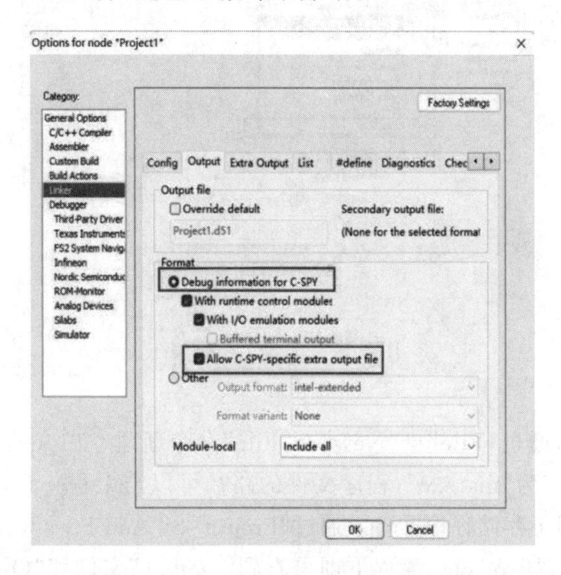

图 1-9　配置生成. hex 文件的必要条件

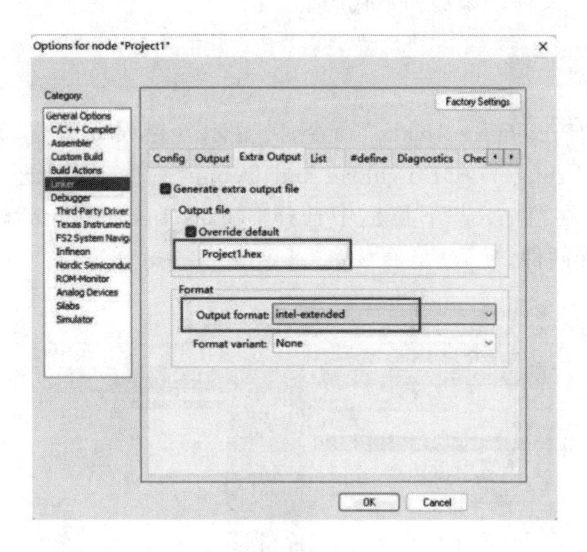

图 1-10　配置输出. hex 文件

在“Debugger”下的“Setup”选项卡下，配置实物仿真。如图 1-11 所示，在 “Driver”下拉框中选择“Texas Instruments”，即实物仿真，当执行“Project”→“Download and Debug”命令时，IAR 会通过下载器将程序下载到 CC2530 中，启动调试窗体界面。如果没有硬件调试器和 CC2530 实验板，也可选择 “Simulator”进行软件调试，这时即使连接硬件也看不到实验现象，因为程序未下载到 CC2530 中。

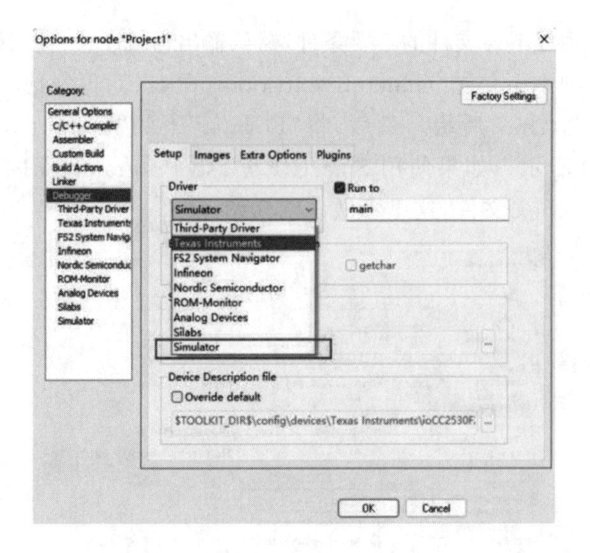

图 1-11　配置 Debugger

6. 建立程序文件

在建好的工程中，通过“File”→“New”→“File”命令新建空白文档，并依次单击“File”→“Save”将程序文件保存为“main. c”，程序文件的路径可以与工程一致，也可以在工程路径下新建“Source”文件夹用于存储程序文件。通过“Project”→“Add Files…”命令添加“main. c”，此时在“Workspace”中的“Project1”工程下即可看到“main. c”文件和“Output”文件夹。

在新建的 main. c 文件中添加如下代码：

```
void main(){ }
```

保存代码，执行“Project”→“make”命令，若显示 0 错误 0 警告，则表明编译通过，如图 1-12 所示。执行“Project”→“Download and Debug”命令，即可进入在线调试窗口，如图 1-13 所示。注意，在“Driver”下拉框中选择“Texas Instruments”时要连接硬件；选择“Simulator”可不连接硬件。

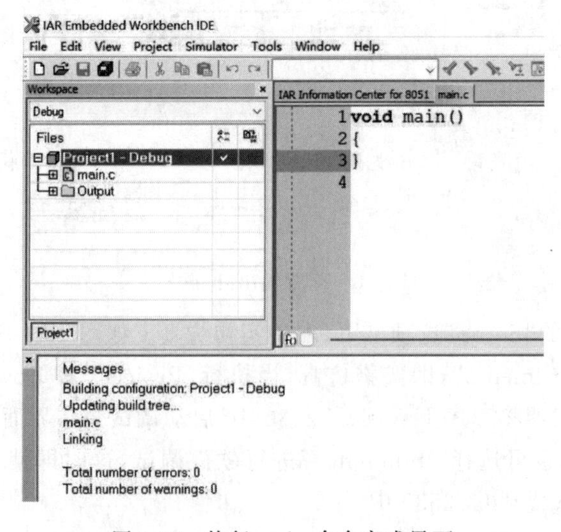

图 1-12　执行 make 命令完成界面

图 1-13　在线调试状态

在调试窗口中可以看到几个工具按钮,从左到右分别为复位、停止执行、单步执行、跳入函数体中、跳出函数体、下一状态、运行到光标、全速运行和退出调试,可以通过这些按钮调试程序和分析代码。单击"全速运行"按钮,即可在连接的硬件上查看完整的实验现象。

■ 任务小结

任务1在计算机中安装了IAR开发环境,新建、配置了工程,完成了程序下载。

■ 实践练习

新建一个工程,将其命名为姓名的英文缩写,并配置工程,尝试运行程序。

任务2　点亮LED

■ 任务引入

GPIO(General Purpose Input Output)是通用输入输出端口的简称,是微控制器最基础的功能。用户可以利用GPIO功能连接一些简单的外设(如LED),实现检测和控制功能。

■ 任务目标

学习CC2530的GPIO功能和相关寄存器,并通过编写初始化函数和控制单片机引脚电平点亮LED,从而完成编译环境和程序架构的学习。

■ 相关知识

一、LED 电路原理图

LED 本质是发光二极管，可通过单片机控制并输入 3～20 mA 之间的电流，改变 LED 的亮度。可在 LED 电路上串联电阻，获得合适的流经 LED 的电流。串联电阻越大，亮度越弱。

本项目使用的 CC2530 底板上的 LED 电路原理图如图 1-14 所示。通过原理图观察可知，单片机 P1_0 引脚输出高电平可点亮 LED1，单片机 P1_1 引脚输出高电平可点亮 LED2。

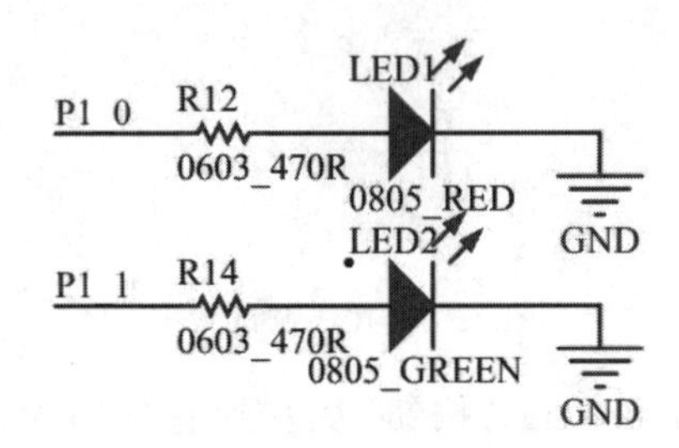

图 1-14　LED 电路原理图

二、寄存器配置

若想要使用 CC2530 的 I/O 口，需要配置三个寄存器 PxSEL、PxDIR 和 PxINP，其中端口号 x=1，2，3…。寄存器的具体功能可以通过查询 CC2530 数据手册获得，P1 口相关寄存器功能如表 1-1 所示，P0 和 P2 口与之类似。

表 1-1　I/O 相关寄存器功能简表(P1)

P1SEL(0xF4)	P1_7 到 P1_0 功能选择。0：通用 I/O(默认)；1：外设功能
P1DIR(0xFE)	P1_7 到 P1_0 的 I/O 方向。0：输入(默认)；1：输出
P1INP(0xF6)	P1_7 到 P1_2 的 I/O 输入模式。0：上拉/下拉(默认)，见 P2INP (0xF7)；1：三态。不使用 P1_1 和 P1_0

通过 P1SEL、P1DIR 和 P1INP 三个寄存器的功能描述和电路原理图，可知点亮 LED1 需要配置 P1_0 对应的寄存器位，编写初始化语句如下：

```
P1SEL &=～0x01;
P1DIR|= 0x01;
```

上面的第一句代码往 P1SEL 寄存器的第 0 位写 0，其他位不变，即设置 P1_0 为普通 I/O。第二句代码往 P1DIR 寄存器的第 0 位写 1，其他位不变，即设置 P1_0 的 I/O 方向为输出。由于 CC2530 上电时相关寄存器会默认赋初值：

```
P1SEL = 0x00;
P1DIR = 0x00;
```

所以 P1_0 默认功能就是普通 I/O，初始化语句 P1SEL &=～0x01 可省略，但是初学者最好加上，以便于熟悉各个寄存器的用法。P1INP 寄存器用于配置引脚的上拉/下拉功能，但注意 P1_1 和 P1_0 没有上拉/下拉功能，故 P1INP 对 P1_1 和 P1_0 无效。

■ 任务实施

一、实施设备

安装好 IAR 开发环境的计算机、CC2530 实验板和下载器。

二、实施过程

1. 新建工程

新建工程的名称为 led，包括工作空间文件（后缀为.eww）、工程文件（后缀为.ewp）和程序文件（后缀为.c）。对工程进行配置，并将程序文件加入工程中。

2. 编写程序

```
/*******************************/
/*例程名称:点亮 LED*/
/*******************************/
#include <ioCC2530.h>
#define LED1 P1_0                //定义 P1_0 为 LED1 的控制端

void IO_Init(void)
{
  P1SEL &=~0x01;                 //P1_0 为普通 IO
  P1DIR|= 0x01;                  //P1_0 为输出
  //P1INP &=~0x01;               //P1_0 上拉/下拉,不使用
}

void main(void)
{
  IO_Init();                     //调用初始函数
  LED1 = 1;                      //高电平点亮 LED1
  while(1);                      //等待
}
```

点亮 LED

程序可大致分为三块：第一块为头文件和宏定义，可能还会有变量和函数的声明等；第二块是初始化函数，包括后续任务要编写的其他函数；第三块是主函数（main 函数），也就是程序的主功能代码。

main 函数为程序的入口函数，通过调用初始化函数 IO_Init 实现相关寄存器的配置，前面已经讲过。在初始化函数 IO_Init 中，让 P1_0 输出高电平即可点亮 LED1，LED1 是 P1_0 引脚的宏定义。最后，通过死循环实现等待。宏定义给 P1_0 引脚起一个别名，即用 LED1 代替 P1_0，这样可以增加程序的可读性，方便程序设计。程序的头部必须包含文件

ioCC2530.h,只有这样才能在程序中使用特殊功能寄存器的名称,如 P1SEL 和 P1DIR 等。

3. 硬件连接

将 CC2530 和计算机通过下载器相连,如图 1-15 所示。复位下载器即可进行程序的下载和运行。同时注意 CC2530 的供电情况,如果出现下载不正常的情况,可考虑是否由于供电不足引起,如是则需另接电源线。

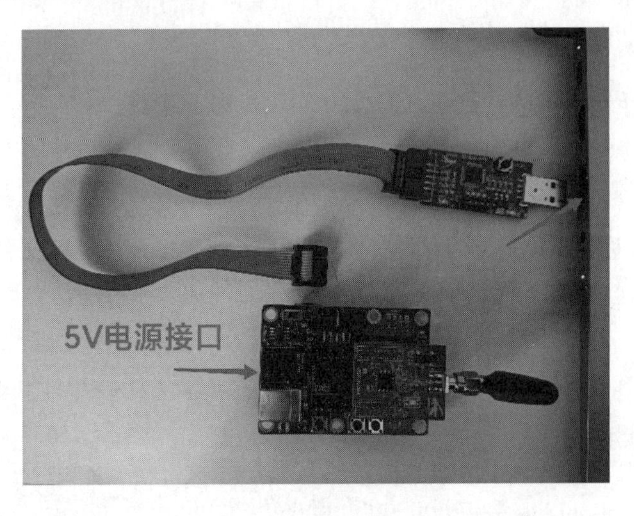

图 1-15 下载器连接实物图

4. 运行测试

下载程序验证结果,可见 LED1(箭头指向的红灯)被点亮了,如图 1-16 所示。旁边的 LED2(绿灯)处于熄灭状态。

点亮 LED
实验现象

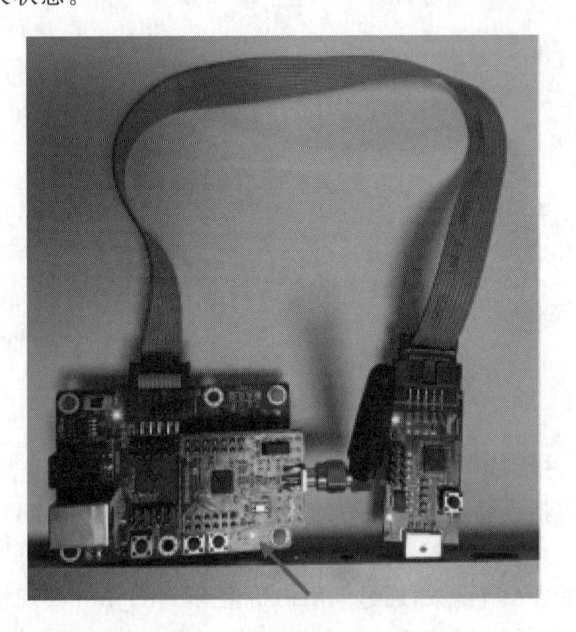

图 1-16 LED1 点亮实验效果图

5. 拓展提高

LED闪烁实验现象

通过点亮 LED1,相信你已经对编译环境和程序架构有了一定的认识,接下来考虑如何控制 LED1 闪烁。

控制 LED 闪烁需要用到延时函数,可通过两个嵌套的 for 循环来消耗 CPU 的时间,从而达到延时的目的,代码如下:

```
void Delayms(uint xms)          //i = xms,即延时 i 毫秒
{
  uint i,j;
  for(i = xms;i > 0;i -- )
      for(j = 587;j > 0;j -- );
}
```

在主函数中调用上面的延时函数,可以实现高低电平的延时。在主函数中控制 P1_0 输出高电平和低电平,并且各延时一段时间,即可实现 LED1 闪烁。具体代码为

```
void main(void)
{
  IO_Init();                    //调用初始函数
  LED1 = 0;                     // LED1 熄灭
  while(1)
  {
    Delayms(500);
    LED1 =~LED1;                //取反闪烁
  }
}
```

■ 任务小结

任务 2 通过配置 I/O 寄存器并控制引脚的输出电平,实现 LED1 的点亮功能和 LED1 闪烁功能。

■ 实践练习

- 如果想点亮 LED2(即 P1_1)或者使 LED2 闪烁,如何实现?
- 同时点亮 LED1 和 LED2,或者使 LED1 和 LED2 交替闪烁,该如何实现?

任务 3 按键控制 LED

■ 任务引入

通过学习任务 2,我们对 CC2530 的编程和 IAR 的开发环境已经有了初步的认识。接

着我们来学习如何使用按键，这是实现人机交互的一个必要途径。

■ 任务目标

通过按键 KEY1(P0_0)控制 LED1(P1_0)的点亮和熄灭。按下按键 KEY1，LED1 点亮；再次按下按键 KEY1，LED1 熄灭，如此往复。

■ 相关知识

一、LED 和按键的电路原理图

任务 3 使用的 CC2530 底板上 LED 和按键的电路原理图，如图 1-17 所示。

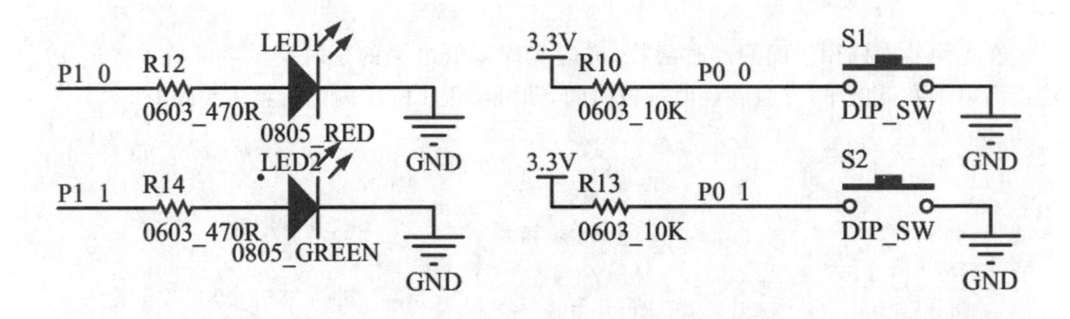

图 1-17 LED 和按键的电路原理图

电路原理图显示：当按键 KEY1(图 1-17 中的 S1)按下时，单片机引脚 P0_0 通过按键与地接通，为低电平；按键 KEY1 未按下时，单片机引脚 P0_0 为高电平。在按键检测程序中，可通过 P0_0 的电平变化判断按键 KEY1 是否按下。按键 KEY2(图 1-17 中的 S2)与单片机引脚 P0_1 相连，原理与按键 KEY1 相同。

二、寄存器配置

按键 KEY1(P0_0)的 I/O 口配置需要使用三个寄存器 P0SEL、P0DIR 和 P0INP，这三个寄存器的功能见表 1-2。

表 1-2 I/O 相关寄存器功能简表(P0)

P0SEL(0xF3)	P0_7 到 P0_0 功能选择。0:通用 I/O(默认)；1:外设功能
P0DIR(0xFD)	P0_7 到 P0_0 的 I/O 方向。0:输入(默认)；1:输出
P0INP(0x8F)	P0_7 到 P0_0 的 I/O 输入模式。0:上拉/下拉(默认)，见 P2INP (0xF7)；1:三态

LED1 初始化同任务 1，不再详述。实现按键 KEY1 的初始化，需要通过 P0DIR 将 P0_0 引脚的 I/O 方向配置为输入，然后在后续代码中读取 P0_0 的电平。初始化时寄存器配置代码如下：

```
P0SEL &=~0X01;
P0DIR &=~0X01;
P0INP &=~0x01;
```

由于 CC2530 上电时寄存器默认赋值：

```
P0SEL = 0x00;
P0DIR = 0x00;
P0INP = 0X00;
```

所以 P0_0 的配置不需要改变，初始化代码可以省略，但若考虑程序的可读性最好加上。

■ 任务实施

一、实施设备

安装好 IAR 开发环境的计算机、CC2530 实验板和下载器。

二、实施过程

1. 新建工程

新建工程的名称为 key，包括工作空间文件（后缀为. eww）、工程文件（后缀为. ewp）和程序文件（后缀为. c）。对工程进行配置，并将程序文件加入工程中。

按键控制 LED

2. 编写程序

按键初始化的代码如下：

```
void Key_Init(void)
{
  P0SEL &=~0x01;          //P0_0 为普通 IO
  P0DIR &=~0x01;          //P0_0 为输入
  P0INP &=~0x01;          //P0_0 上拉/下拉
  P2INP &=~0x20;          //P0 口上拉，默认上拉可省略
}
```

P2INP 的第 5 位配置 P0 的上拉/下拉功能，写 0 配置 P0 口上拉，写 1 配置 P0 口下拉。因为 CC2530 上电时 P2INP 默认配置 P0 口上拉，故程序中初始化 P2INP 的代码 P2INP &=~0x20 可省略。

按键检测函数代码如下：

```
uchar Key_Scan(void)
{
  if(KEY1 == 0)
  { Delayms(10);
    if(KEY1 == 0)
    {
      while(!KEY1);          //松手检测
      return 1;              //有按键按下
```

```
        }
    }
    return 0;                    //无按键按下
}
```

程序中出现的 KEY1 即 P0_0，在程序的头部增加宏定义，即可使用宏名称 KEY1 代替 P0_0，宏定义为

```
#define KEY1 P0_0              //定义 P0_0 为 KEY1
```

按键检测时，还需要考虑延时消抖以及等待释放。延时是为了消抖，也就是在按键按下的瞬间，电平值不是直接从 1 跳为 0，而是有一个电平抖动过程，因此，只有延时一段时间再次确认电平值为 0，方可认为按键按下。等待释放是考虑到可能按下时间较长，避免被判断为多次按下。

main()函数代码如下：

```
void main(void)
{
    Led_Init();                  //调用初始函数
    Key_Init();
    while(1)
    {
        if(Key_Scan())
         LED1 =~LED1;            //高低电平交替
    }
}
```

主程序中通过调用按键检测函数 Key_Scan()读取并判断 P0_0 引脚的电平，通过判断结果控制 LED1 的点亮和熄灭。

3. 硬件连接

将 CC2530 和计算机通过下载器相连，复位下载器即可进行程序的下载和运行，具体连接方式同任务 2。

4. 运行测试

下载程序验证结果，按键 KEY1 每按下一次，LED1 状态就改变一次，即通过按键控制 LED1 的点亮和熄灭。

按键控制 LED 实验现象

5. 拓展提高

前面讲述的是以查询方式检测按键 KEY1，进而控制 LED1 的点亮和熄灭，该方法一直占用 CPU，不是一种很好的方法。如果能够通过中断方式检测按键是否按下，那么在按键没有按下时，CPU 可以处理其他事情。中断方式需要用到相关的寄存器，这些寄存器的功能见表 1-3。

表 1-3　通用 I/O 中断相关部分寄存器功能简表

寄存器	功能
P0IEN(0xAB)	P0_7 到 P0_0 中断使能 0:中断禁用(默认);1:中断使能
PICTL(0x8C)	配置 P2_4 到 P2_0、P1_7 到 1_4、P1_3 到 P1_0、P0_7 到 P0_0 的中断触发方式 PICTL 的 Bit0 配置 P0_7 到 P0_0 的中断触发方式 0:上升沿触发(默认);1:下降沿触发
P0IFG(0x89)	P0 端口中断状态标志,当 P0_7 到 P0_0 有未响应的中断请求时,相应标志位由硬件自动置 1,但需要通过软件人工清零 0:无中断请求;1:有中断请求
IEN1(0xB8)	中断使能 1,分别配置端口 0、定时器 4 至 1、DMA 中断使能 IEN1 的 Bit5 为 P0 端口中断使能位 0:中断禁止(默认);1:中断使能

根据表 1-3,配置按键以中断方式工作的初始化代码如下:

```
void Key_Init(void)
{
  PICTL |= 0x01;        //下降沿触发(P0 口)
  P0IEN |= 0x01;        //P0_0 中断使能
  IEN1 |= 0x20;         //P0[7:0]的中断使能
  EA = 1;               //总中断使能
  P0IFG &= ~0x01;       //清下降沿中断标志
}
```

按键以中断方式控制 LED1

在上述代码中,EA 为总中断开关,置 1 开启所用中断,清 0 则关闭所有中断。如果要使能 P0_0 中断,必须同时将 EA 置 1。

通过上述寄存器配置,当 P0_0 引脚电平处于下降沿时,将会进入 P0 中断服务函数 P0_ISR(中断向量 P0INT 的程序入口地址)中进行相应的处理,进而改变 LED1 的状态。下面是中断服务函数的代码:

```
#pragma vector = P0INT_VECTOR          //中断向量给出的中断服务函数入口地址
__interrupt void P0_ISR(void)          //中断服务函数名
{
  Delayms(100);                        //去除抖动
  if(KEY1 == 0)
  {
    LED1 = ~LED1;
  }
  P0IFG &= ~0x01;                      //清下降沿中断标志
  P0IF = 0;                            //中断处理完成
}
```

P0_0 引脚进入中断服务函数后，除了需要处理 LED 的状态翻转之外，还要清除中断标志位，包括给 P0IFG 寄存器 Bit0 位和 IRCON 的 Bit5 位(P0IF)清零，为下一次中断的到来做准备。

在 main 函数中，除了调用 LED1 和按键 KEY1 的初始化函数以外，增加一句代码实现死循环，在死循环中等待中断发生即可：

```
while(1);
```

■ 任务小结

任务 3 通过按键控制 LED1 的点亮和熄灭，按键 KEY1 的检测可采用查询和中断两种方式。

■ 实践练习

如果想用按键 KEY1 控制 LED2(即 P1_1)的点亮和熄灭，如何实现？

任务 4　定时器

■ 任务引入

定时器可以保证 CPU 正常有序地工作，是单片机重要的内部资源，其本质是对时钟信号或者外部输入信号进行计数。当计数达到设定值并溢出时，定时器即向 CPU 发出处理请求。

■ 任务目标

任务 4 利用定时器 1(Timer1，T1)控制 LED1 周期性闪烁。

■ 相关知识

一、T1 相关寄存器

CC2530 共包含 5 个定时器，包括定时器 1 至 4 和睡眠定时器，其中定时器 T1 是 16 位定时器，定时器 3 和定时器 4 是 8 位定时器，定时器 2 是 MAC 定时器。在任务 4 中我们只学习定时器 T1 的使用方法，其他定时器可以自学。

定时器 T1 需要配置 3 个寄存器：T1CTL、IRCON、IEN1。各个寄存器的功能如表 1-4 所示。

表 1-4　定时器 T1 相关寄存器功能简表

T1CTL(0xE4)	T1 控制 Bit[3:2]配置分频器划分值,对系统时钟频率进行分频 00:不分频(默认);01:8 分频;10:32 分频;11:128 分频 Bit[1:0]选择定时器 T1 模式 00:暂停运行(默认);01:自动重装,0x0000-0xFFFF 反复计数;10:从 0x0000 到 T1CC0 反复计数;11:正计数/倒计数
IRCON(0xC0)	T1 中断标志 4 Bit1 名称为 T1IF,是 T1 中断标志,定时器 T1 溢出时置 1 0:无中断未决(默认);1:中断未决
IEN1(0xB8)	中断使能 1,分别配置端口 0、定时器 4 至 1、DMA 中断使能 IEN1 的 Bit1 又名 T1IE,为 T1 中断使能位 0:中断禁止(默认);1:中断使能

根据 T1CTL 的说明,如将定时器 T1 设置为 128 分频和自动重装模式,可配置如下:

```
T1CTL = 0x0d;
```

二、定时器定时时长

CC2530 上电时默认系统时钟频率为 16 MHz。T1 自动重装计数的范围为 0X0000-0XFFFF,即一次计数由 0 至 65 535。如 T1 设置为 128 分频,一个周期的定时时长为

$$定时时长=定时器计数周期\times计数值=\frac{1}{16M}\times128\times65\,535=0.524\ \text{s} \tag{1-1}$$

■ 任务实施

一、实施设备

安装 IAR 开发环境的计算机、CC2530 实验板和下载器。

二、实施过程

1. 新建工程

新建工程的名称为 T1,包括工作空间文件(后缀为.eww)、工程文件(后缀为.ewp)和程序文件(后缀为.c)。对工程进行配置,并将程序文件加入工程中。

定时器控制 LED 闪烁

2. 编写程序

T1 初始化代码如下:

```
void T1_Init(void)
{
  T1CTL = 0x0d;          //自动重装,128 分频,定时 0.5 s
}
```

定时器 T1 溢出一次的时间为 0.524 s,约为 0.5 s。

主函数代码如下：

```
void main(void)
{
  uchar count = 0;
  IO_Init();                    //调用初始函数
  T1_Init();
    while(1)
  {
    if(T1IF == 1)               //查询定时器溢出标志
    {
      T1IF = 0;                 //清溢出标志位
      count++;
      if(count == 2)            //定时 0.5 s * 2 = 1s
      {
        count = 0;              //计数值清零
        LED1 = ~LED1;           //取反闪烁
      }
    }
  }
}
```

如表 1-4 所示，IRCON 寄存器的 Bit1 位又名 T1IF，是 T1 的中断标志，当 T1 溢出时，T1IF 自动置 1。在 main 函数中，通过查询 T1IF 的值进行计时，如果为 1 则代表 T1 溢出，一次计数完成。通过变量 count 计算 T1 的溢出次数。T1 溢出两次，LED1 翻转一次，即 LED1 状态约 1 s 改变一次，闪烁周期约为 2 s。

除了上面的 T1_Init 函数和 main 函数以外，该程序文件还包含延时函数和 I/O 初始化函数，与任务 2 中的一致，这里不再给出。

3. 硬件连接

将 CC2530 和计算机通过下载器相连，复位下载器即可进行程序的下载和运行。

定时器控制 LED 闪烁实验现象

4. 运行测试

下载程序验证结果，可见 LED1 每 1 s 改变一次状态，闪烁周期约为 2 s。

5. 拓展提高

前面讲述的是通过查询方式判断 T1 是否溢出，根据溢出次数控制 LED1 的点亮和熄灭，该方法一直占用 CPU，工作效率不高。为了解决上述问题，也可以采用中断方式，T1 溢出时触发中断，相应的寄存器配置如下：

```
void T1_Init(void)
{
  T1CTL = 0x0d;           //自动重装,128 分频
  T1IE = 1;               //开 T1 中断
  EA = 1;                 //开总中断
}
```

该初始化程序除了设置定时器计数模式和分频信息以外，还需要使能T1中断和总中断，T1计数一旦达到最大值溢出，T1IF置为1，向CPU发出中断请求，进入定时器1中断服务函数。下面是中断服务函数的代码：

```
#pragma vector = T1_VECTOR          //中断向量给出的中断服务函数入口地址
__interrupt void T1_ISR(void)       //中断服务函数名
{
  IRCON = 0x00;                     //清中断标志位
  count++;
  if(count == 2)                    //定时 0.5 s*2 = 1 s
  {
  LED1 =~LED1;
  count = 0;
  }
}
```

中断服务函数T1_ISR除了需要处理LED的状态翻转之外，还要清除中断标志位，这里将IRCON寄存器所有位清零，为下一次中断的到来做准备。如果程序中有多个中断，则需要清除定时器T1的中断标志T1IF。变量count用于记录定时器的溢出次数，需要在前面定义。在main函数中，除LED的初始化和定时器T1初始化以外，只需增加一句代码实现死循环，在死循环中等待中断发生即可：

```
while(1);
```

■ 任务小结

在任务4中，定时器T1溢出两次，LED1的状态改变一次，即定时约为0.5 s，可采用查询和中断两种方式实现。

■ 实践练习

如果想用定时器T1控制LED2闪烁，且闪烁周期为4 s，应该如何实现？

任务5 串口通信

■ 任务引入

串口不仅可以用于单片机和PC的通信，还可以进行程序调试。如果将程序中涉及的某些中间量或者状态信息打印出来，调试会很方便。

■ 任务目标

任务 5 实现 CC2530 通过串口发送字符串给 PC，以及 CC2530 通过串口接收 PC 发送的字符串。

■ 相关知识

一、串行通信接口

CC2530 共有 2 个串行通信接口，分别运行于异步 UART 模式或者同步 SPI 模式下，2 个串行通信接口具有同样的功能。在异步 UART 模式下，UART0 和 UART1 对应的 I/O引脚如表 1-5 所示，分别有位置 1 和位置 2。可通过外设控制寄存器 PERCFG 配置串口的引脚位置，默认 UART0 和 UART1 的 I/O 引脚处于位置 1。

表 1-5　UART0 和 UART1 对应的 I/O 引脚

串口名	TX	RX
UART0（位置 1）	P0_3	P0_2
UART0（位置 2）	P1_4	P1_5
UART1（位置 1）	P0_4	P0_5
UART1（位置 2）	P1_6	P1_7

二、串行通信相关寄存器配置

串口相关的寄存器及标志位有 U0CSR、U0GCR、U0BAUD、U0DBUF、UTX0IF 和 URX0IF。串口 0 相关寄存器功能如表 1-6 所示。

表 1-6　串口 0 相关寄存器功能简表

U0CSR (0x86)	UART0 控制和状态 Bit7，串口模式选择 0：SPI 模式（默认）；1：UART 模式 Bit6：UART 接收器使能 0：禁用接收器（默认）；1：接收器使能
IRCON2 (0xE8)	中断标志 5，分别为看门狗、P1 端口、USART1、USART2、P2 端口的中断标志 Bit1 又名 UTX0IF，是串口 0 的 TX 中断标志 0：无中断未决（默认）；1：中断未决
IEN0 (0xA8)	中断使能 0 IEN0 的 Bit2 又名 URX0IE，是串口 0 的 RX 中断使能 0：中断禁止（默认）；1：中断使能

CC2530 配置串口的一般步骤包括：I/O 配置、工作模式配置、波特率配置。

(1) 将相应 I/O 口配置为外部设备功能。如使用 UART0，P0_2 和 P0_3 需配置为外设功能：P0SEL|=0x0c。

(2) 配置串口工作模式。此处配置串口工作模式为 UART 模式,即对 U0CSR 寄存器进行配置:U0CSR|=0x80。

(3) 配置串口工作的波特率,可参考表 1-7。如波特率为 115 200 bps,可对 U0BAUD 和 U0GCR 两个寄存器进行配置:

```
U0GCR|= 11;
U0BAUD|= 216;
```

表 1-7 32 MHz 系统时钟常用的波特率设置

波特率/bps	UxBAUD. BAUD_M	UxGCR. BAUD_E	误差/%
2 400	59	6	0.14
4 800	59	7	0.14
9 600	59	8	0.14
14 400	216	8	0.03
19 200	59	9	0.14
28 800	216	9	0.03
38 400	59	10	0.14
57 600	216	10	0.03
76 800	59	11	0.14
115 200	216	11	0.03
23 040	216	12	0.03

基于表 1-7 配置波特率是在系统时钟频率为 32 MHz 的条件下,但 CC2530 上电时默认系统时钟频率是 16 MHz,因此在程序中还要进行系统时钟配置,可通过对时钟控制命令 CLKCONCMD 和时钟控制状态 CLKCONSTA 两个寄存器进行配置来完成。寄存器功能的具体说明可查阅数据手册。

■ 任务实施

一、实施设备

安装 IAR 开发环境的计算机、CC2530 实验板、下载器和方口 USB 线(需要安装驱动程序)。

二、实施过程

1. 新建工程

新建工程的名称为 uart,包括工作空间文件(后缀为.eww)、工程文件(后缀为.ewp)和程序文件(后缀为.c)。对工程进行配置,并将程序文件加入工程中。

2. 编写程序

根据前面 CC2530 串口配置的方法,串口 0 初始化的代码如下:

串口发送字符串

```
void Uart_Init(void)
{
   P0SEL|= 0x0c;          //P02,P03 用作第二功能
   U0CSR|= 0x80;          //串口工作方式 UART
   U0GCR|= 11;            //与 U0BAUD 一起设置波特率为 115200
   U0BAUD|= 216;
   UTX0IF = 0;            //清发送成功标志位
}
```

如前所述,CC2530 默认的系统时钟频率为 16 MHz,串口通信时建议切换为 32 MHz。时钟精度提高了,波特率会更准确,传输可靠性也会更高。系统时钟频率切换为 32 MHz 的初始化代码如下:

```
void Clock_Init(void)
{
  CLKCONCMD &=~0x40;          //时钟源 32 MHz
  while(CLKCONSTA&0x40);      //等待时钟源切换为 32 MHz
  CLKCONCMD &=~0x47;          //时钟源 32 MHz,主时钟频率 32 MHz
}
```

其中,系统时钟频率从 16 MHz 切换为 32 MHz 需要一定的时间,通过时钟状态寄存器 CLKCONSTA 可查询当前频率是否已经稳定为 32 MHz。

```
void UartSend_String(char * Data, int len)
{
  int j;
  for(j = 0;j < len;j ++ )
  {
    U0DBUF = * Data ++ ;          //发送一个字符,指针加 1
    while(UTX0IF == 0);           //等待,直到 UTX0IF = 1,发送成功
    UTX0IF = 0;                   //清标志位,为下一次发送做准备
  }
}
```

在上面的 UartSend_String 串口发送字符串函数中,字符串的发送是通过串口发送一个个字符实现的,在这个过程中,需要将字符放入缓存寄存器 U0DBUF。一个字符发送完成,UTX0IF 自动置 1,可以通过循环查询 UTX0IF 的值判断发送是否完成。一个字符发送完成后将 UTX0IF 清零,为下一个字符发送后 UTX0IF 自动置 1 做准备。

main 函数除了调用 LED1 初始化、时钟初始化和串口初始化函数以外,还添加了下面的死循环代码:

```
while(1)
{
  UartSend_String("Hello\n", 6);  //发送字符串
```

```
    Delayms(500);
    LED1 =～LED1;  //每发送一个字符串,LED 翻转一次
  }
```

其中,调用 UartSend_String 函数可实现周期性发送字符串“Hello\n”,每发送一次,LED1 的状态就改变一次。

3. 硬件连接

CC2530 底板和计算机通过下载器相连,用于程序下载。CC2530 底板和计算机还需要通过方口 USB 线相连,用于底板的供电和串口通信。注意,使用前需要安装串口驱动程序,如 CP2102、CH340 和 PL2303 等 USB 转串口芯片的驱动程序,具体芯片型号可通过观察硬件或者产品原理图获得。在该项目中,CC2530 底板采用的 USB 转串口芯片是 CP2102,其原理图见图 1-18。

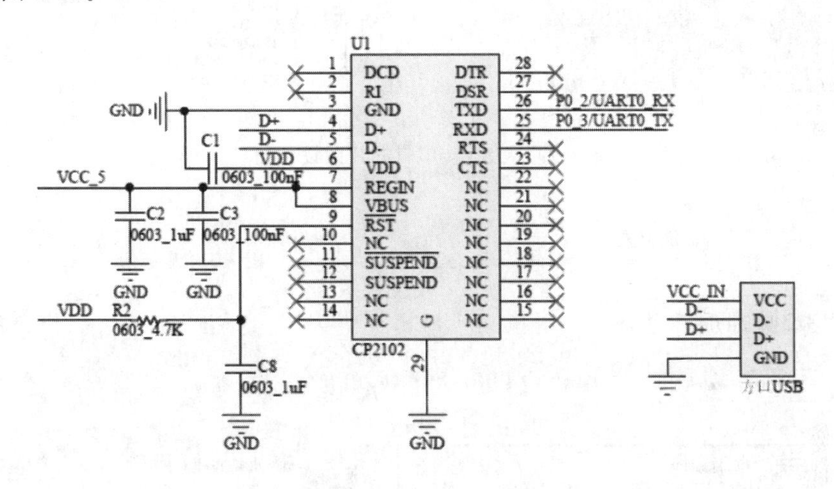

图 1-18　CP2102 的原理图

硬件连接好后,自动或者手动安装串口驱动程序均可。驱动程序安装成功后,可在计算机管理界面的设备管理器下看到 USB 转串口芯片的设备信息(见图 1-19),该设备信息在不同计算机的设备管理器中出现的位置不同,显示的名称也可能不同。最后,复位下载器即可进行程序的下载和运行。

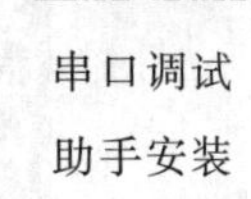

串口调试助手安装

4. 运行测试

下载程序验证结果,串口发送给 PC 机的数据可通过串口调试助手软件显示输出。串口调试助手软件有很多款,使用方法基本类似。本项目使用的是微软商店的一款串口调试助手软件,其搜索界面如图 1-20 所示,根据需要安装即可。

串口发送字符串实验现象

安装完成后,打开串口调试助手,选择串口号,如果设备管理器下的设备信息显示 COM3(这里选择 COM3),设置波特率为 115 200 bps,数据位为 8,校验位为空,停止位为 1。单击“打开串口”,即可看到 CC2530 发给 PC 机的字符串信息,如图 1-21 所示。

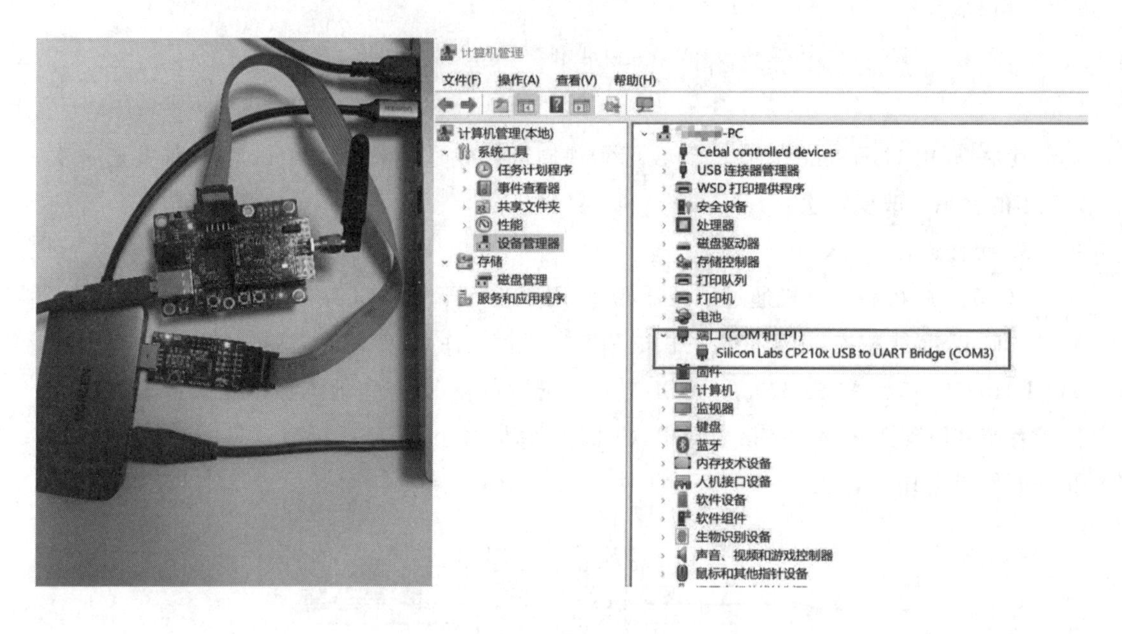

图 1-19　USB 转串口芯片的设备信息

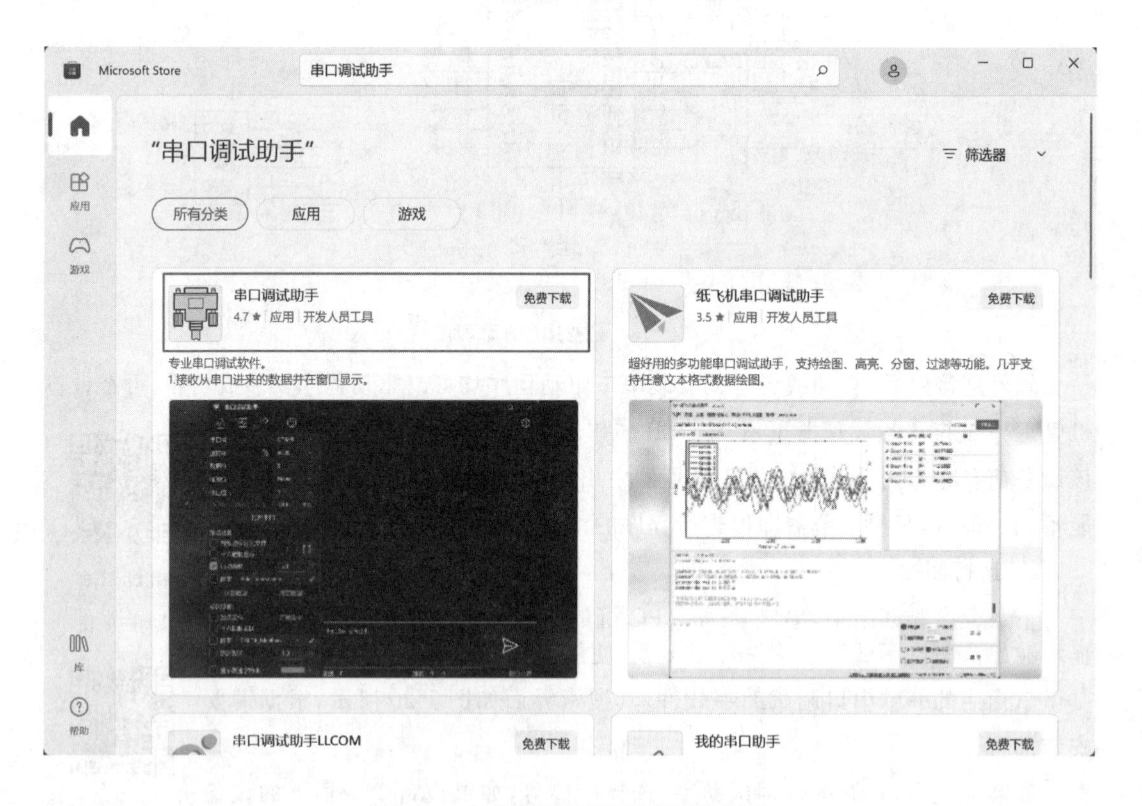

图 1-20　串口调试助手软件的搜索界面

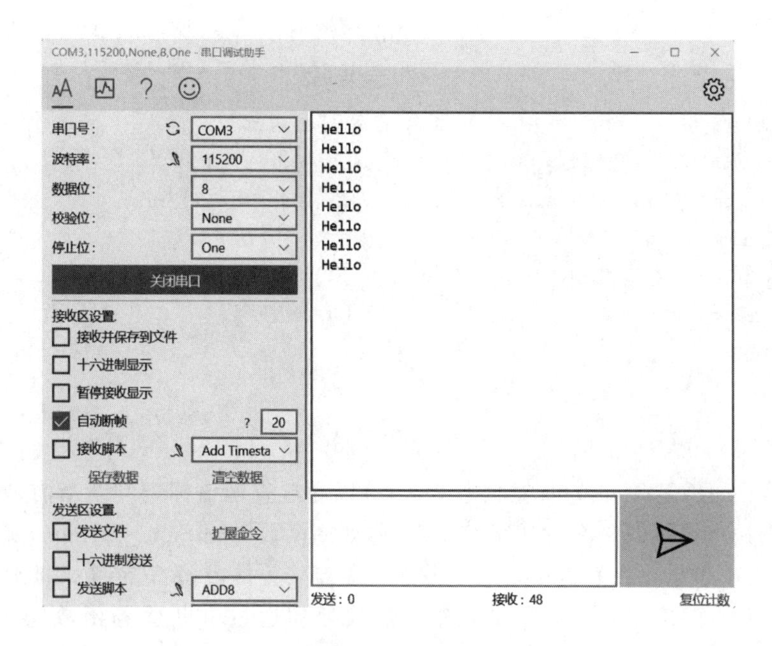

图 1-21 串口调试助手收到字符串“Hello”

5. 拓展提高

串口收发

实现串口发送后,接下来考虑如何实现串口接收。

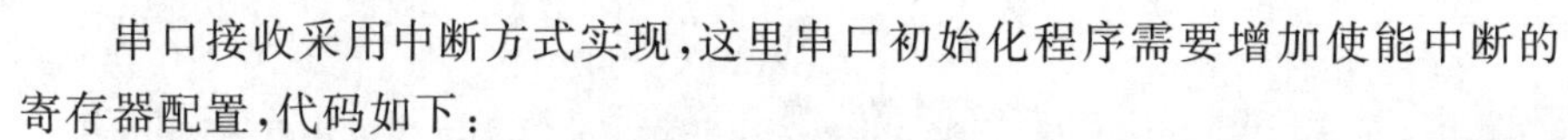

串口接收采用中断方式实现,这里串口初始化程序需要增加使能中断的寄存器配置,代码如下:

```
U0CSR|= 0x40;
URX0IE = 1;
EA = 1;
URX0IF = 0;
```

分别实现接收器使能、串口 0 RX 中断使能、总中断使能,最后接收成功标志位 URX0IF 清 0。下面是主函数代码:

```
void main(void)
{
  IO_Init();                          //调用初始函数
  Clock_Init();                       //系统时钟初始化
  Uart_Init();                        //串口初始化
  while(1)
  {
    if(RXTXflag == 1)                 //接收状态
    {
      LED1 = 1;
    }
    if(RXTXflag == 3)                 //收发状态
```

```
    {
      U0CSR &=~0x40;                          //禁止接收
      LED1 = 0;                               //指示发送状态
      Delayms(1000);
      UartSend_String(Rxdata,datanumber);     //发送字符串
      datanumber = 0;                         //清零
      RXTXflag = 1;                           //进入接收状态
      U0CSR|= 0x40;                           //允许接收
    }
  }
}
```

在主函数中,RXTXflag 为收发状态变量,可以通过查询该标志判断当前是处于接收字符状态还是发送字符状态。在发送字符状态下,调用函数 UartSend_String()实现字符串发送,并熄灭 LED1 表示正在发送中,注意,发送时需要禁止接收,发送结束后才允许接收。在接收状态下,点亮 LED1 表示正在接收中。接收处理通过中断服务函数完成,具体代码如下:

```
#pragma vector = URX0_VECTOR
__interrupt void URX0_ISR(void)
{
  URX0IF = 0;                             //清接收中断标志位
  temp = U0DBUF;                          //收到的字符暂存
  if((temp! ='#')&&(datanumber<5))        //判断字符串是否结束
  {
    Rxdata[datanumber++] = temp;          //收到的字符存放在数组中
    temp = 0;                             //清零
  }
  else
  {
    RXTXflag = 3;                         //进入发送状态
  }
}
```

由中断服务函数可知,接收字符一个一个地被存储在数组中,当接收的字符串以"#"结束或者大于 5 个字符时,不再接收。RXTXflag 被赋值为 3,即进入发送状态。单片机再通过串口将收到的字符串发送给 PC 机,即实现了串口接收和串口发送这两种功能。

程序用到了下面几个变量,需要在程序头部对数组和这几个变量进行定义:

```
char Rxdata[] = "Hello!!!\n";           //存储接收字符串
char temp = 0;                          //暂存接收字符
uchar RXTXflag = 1;                     //接收发送标志
uint datanumber = 0;                    //存储接收字符串长度
```

完成程序编写以后，连接硬件下载程序，打开串口调试助手，PC 机通过串口调试助手发送“abc＃”4 个字符，收到“abc”3 个字符。PC 机通过串口调试助手发送“1234567890”10 个字符，收到“12345”5 个字符。如图 1-22 和图 1-23 所示。

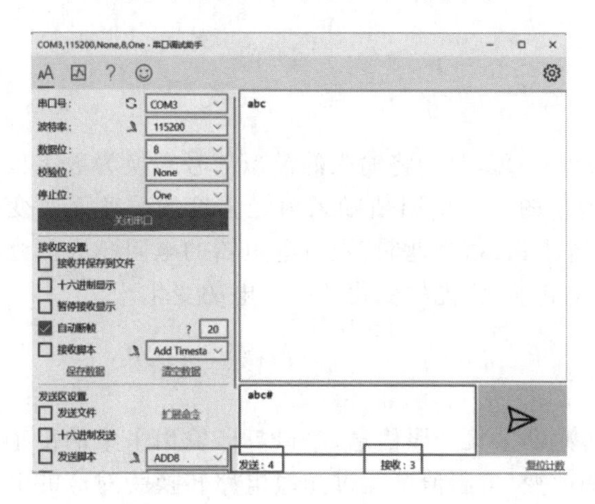

图 1-22　发送字符串“abc＃”

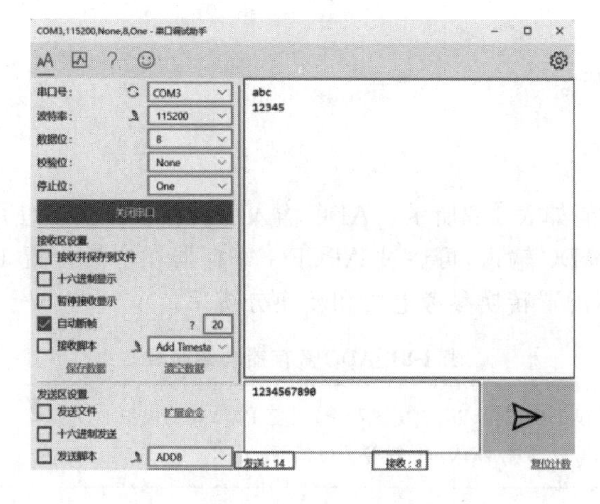

图 1-23　发送字符串“1234567890”

串口收发
实验现象

■ 任务小结

任务 5 实现了 CC2530 通过串口向 PC 发送字符串，可在串口调试助手查看。同时，任务 5 还实现了 PC 通过串口调试助手将字符串发送给 CC2530，CC2530 收到字符串后再次通过串口将其发送给 PC。

■ 实践练习

将程序中的波特率修改为 9 600 bps，观察运行情况。试对 CC2530 收到的字符串进行变换（如大小写、格式、长度），再发送给 PC。

任务6 ADC

■ 任务引入

AD转换通常简写为ADC,是指将输入的模拟信号转换为数字信号。光敏电阻器是利用半导体光电效应而制成的一种电阻值随入射光强度的改变而改变的电阻器。入射光越强,光敏电阻器的电阻越小;入射光越弱,光敏电阻器的电阻越大。光敏电阻器一般用于光的测量、光的控制和光电转换(将光的变化转换为电的变化)。

■ 任务目标

任务6通过光敏传感器采集光照信息,串口打印输出采集的传感数据。光敏电阻器的电阻值随着光强改变而改变,电阻值再经过光敏电路转换为对应的电压值。电压值属于模拟量,其通过ADC成为数字量。可将ADC数字量再换算为实际电压值,通过CC2530的串口打印输出。

■ 相关知识

一、ADC寄存器

ADC寄存器的功能如表1-8所示。ADC输入引脚共8个。当使用ADC时,P0端口对应的引脚必须配置为ADC输入,可通过APCFG寄存器相应的位置1实现。另外,还需要通过ADC控制寄存器配置转换参考电压和转换分辨率。

表1-8 ADC寄存器功能简表

APCFG (0xF2)	模拟外设I/O配置,Bit[7:0]选择P0_7至P0_0作为模拟I/O 0:模拟I/O禁用(默认);1:模拟I/O使能
ADCCON3 (0xB6)	ADC控制寄存器3 Bit[7:6]:设置ADC参考电压。00:内部参考电压(默认);01:AIN7引脚上的外部参考电压;10:AVDD5引脚电压;11:在AIN6-AIN7差分输入的外部参考电压 Bit[5:4]:设置ADC分辨率。00:64抽取率,7位分辨率(默认);01:128抽取率,9位分辨率;10:256抽取率,10位分辨率;11:512抽取率,12位分辨率 Bit[3:0]:单个通道选择。0000:AIN0(默认);0001:AIN1;0010:AIN2;0011:AIN3;……
ADCCON1 (0xB4)	ADC控制寄存器1 Bit7:转换结束与否。0:转换没有完成(默认);1:转换完成 Bit6:手动启动转换。0:没有转换正在进行;1:如果ADCCON1.STSEL=11并且没有转换正在进行,则启动一次转换 Bit[5:4]:又名STSEL,ADC启动方式选择。00:外部触发;01:全速转换,不等待触发器;10:T1通道比较触发;11:手动触发

二、寄存器配置

根据寄存器功能表,如果选择 P0_0(AIN0)单通道采集数据,则配置为

```
APCFG|= 0x01;
ADCCON3 = 0x00;
```

如果 ADC 参考电压为 AVDD5 引脚的电压,则配置为

```
ADCCON3|= 0x80;
```

如果 ADC 分辨率为 12 位,则配置为

```
ADCCON3|= 0x30;
```

上面两句代码可合并为

```
ADCCON3|= 0xb0;
```

根据功能表可知,启动转化需要配置寄存器 ADCCON1:

```
ADCCON1|= 0x30;
ADCCON1|= 0x40;
```

另外,ADC 完成与否,可通过判断 ADCCON1 的最高位的值是 0 还是 1 来确定。

■ 任务实施

一、实施设备

安装 IAR 开发环境的计算机、CC2530 实验板、下载器、光敏传感器和杜邦线若干。

二、实施过程

1. 新建工程

新建工程的名称为 ADC,包括工作空间文件(后缀为.eww)、工程文件(后缀为.ewp)和程序文件(后缀为.c)。对工程进行配置,并将程序文件加入工程中。

2. 编写程序

光敏传感器驱动程序

为了方便传感器程序移植,可按照模块化思想编写串口驱动程序,将串口相关函数单独编写成一个程序文件,并存储为 UART0.c。该程序文件包括系统时钟初始化函数、串口初始化函数和串口发送函数。任务 5 中已经有了这些函数,UART0.c 文件的程序代码结构如下:

```
#include <ioCC2530.h>
#include "UART0.h"
void Clock_Init(void)
{…
```

```
}
void Uart_Init(void)
{…
}
void UartSend_String(uint8 * Data, uint16 len)
{…
}
```

为了方便 UART0.c 中的函数被其他程序文件调用，可在 UART0.h 中先声明其为外部函数，UART0.h 的具体代码如下：

```
#ifndef __UART0_H__
#define __UART0_H__
#define uint8 unsigned char
#define uint16 unsigned short
#define uint32 unsigned long
extern void Clock_Init(void);
extern void Uart_Init(void);
extern void UartSend_String(uint8 * Data,int len);
#endif
```

利用同样方法编写传感器采集数据的驱动程序，创建文件 SENSORAD.c 和 SENSORAD.h。在 SENSORAD.c 文件中，配置 P0_0 作为连接光敏电路的 ADC 输出引脚，配置参考电压为 AVDD5 引脚(3.3 V)的电压。具体代码如下：

```
#include <ioCC2530.h>
#include "SENSORAD.h"
uint16 ReadAdcValue(void)
{
  uint16 AdValue;
  APCFG|= 0x01;               //0000 0001,P0_0 模拟 I/O 使能
  ADCCON3 = 0x00;             //0000 0000,选择 P0_0(AIN0)单通道,可选单通道 P0_0-P0_7
  ADCCON3|= 0xb0;             //1011 0000,ADC 分辨率 12 位有效,参考电压选择 AVDD5 引脚电压
  ADCCON1|= 0x30;             //0011 0000,设置手动触发,与 ADCCON1 的 bit6 配合实现
  ADCCON1|= 0x40;             // 0100 0000,手动启动转换
  while(!(ADCCON1&0x80));  //1000 0000,等待 bit7 置 1,转换完成
  AdValue = ADCH;
  AdValue = (AdValue<<5) + (ADCL>>3);   //12 位转换分辨率
  ADCCON1 & =~0x80;           //0111 1111,bit7 置 0,为下次转换做准备
  return AdValue;
}
```

ADC 转换完成后，将数据存储在 ADCH 和 ADCL 中，两个寄存器均为 8 位。根据 CC2530 数据手册的说明，ADCL 的 bit[1:0]是无效位，故 ADCH 和 ADCL 的数据位共为 14。在 12 位 ADC 分辨率配置下，ADCH 的 bit[7]为符号位，其值为 0，ADCL 的 bit[2]为精度位，需要舍弃。故实际有效数据位为 12，分别是 ADCH 的 bit[6:0]（高，共 7 位）和 ADCL 的 bit[7:3]（低，共 5 位）。

传感器驱动程序中设置 ADC 分辨率为 12 位。将 ADCL 右移 3 位即取出其 bit[7:3]。因为 ADCL 的 bit[7:3]占了 5 位，所以 ADCH 需要左移 5 位，这样就可以将 ADCH 的 bit[6:0]和 ADCL 的 bit[7:3]共 12 位数据合并在一起，并存储在 16 位变量 AdValue（高 4 位为 0）中。

```
#include <ioCC2530.h>
#include "UART0.h"
#include "SENSORAD.h"
void Delayms(uint16 xms)                    //i=xms 即延时 i 毫秒
{…                                          //延时函数主体省略未写
}
void main(void)
{
  uint8 buf[8];
  uint16 temp;
  Clock_Init();                             //系统时钟初始化
  Uart_Init();                              //串口初始化
  UartSend_String("Testing...\r\n",12);     //发送字符串
  while(1)
  {
    temp = ReadAdcValue();                  //ADC 数字量
    //数字量需要乘上参考电压 3.3V,除以 4096(2 的 12 次方,12 位分辨率对应的最大数字量)。
为了不舍弃小数点后一位数据,计算公式(temp * 32 + temp)>> 12 中多乘以了 10,后面再除以 10 即可
    buf[0] = (uint8)((temp >> 7) + (temp >> 12));
    buf[1] = (uint8)(buf[0]/10);            //取出 buf[0]的十位,是实际电压值的个位
    buf[2] = (uint8)(buf[0] % 10);          //取出 buf[0]的个位,是实际电压值的小数点后一位
    buf[1] = buf[1] + 0x30;                 //转化为字符
    buf[2] = buf[2] + 0x30;
    UartSend_String("LIGHT = ",8);          //串口输出光照强度数据,实际为电压值
    UartSend_String(&buf[1],1);
    UartSend_String(".",1);
    UartSend_String(&buf[2],1);
    UartSend_String("\r\n",2);
    Delayms(2000);
```

```
    }
}
```

在主函数中，需要调用 Clock_Init 时钟初始化函数、Uart_Init 串口初始化函数、UartSend_String 串口发送字符串函数以及 ReadAdcValue 函数。头文件除了需要包含 ioCC2530.h 外，还需包含 UART0.h 和 SENSORAD.h，否则无法调用这些函数。

主函数通过调用 ReadAdcValue 函数配置 ADC 参考电压和 ADC 分辨率，并获取 ADC 数字量。程序中设置的 ADC 分辨率为 12 位，所以在将 ADC 数字量换算为电压值时需要除以 2 的 12 次方(4 096)，故实际电压值为

$$\text{实际电压值}=\text{参考电压}\times\frac{\text{Advalue}}{2^{12}}=3.3\times\frac{\text{Advalue}}{4\,096}(\text{V}) \tag{1-2}$$

程序中对 temp(即 ADC 数字量)乘以 33 并右移 12 位，所得结果为 10 倍实际电压值：

$$\text{buf}[0]=10\times\text{实际电压值}=(2^5+2^0)\times\frac{\text{Advalue}}{2^{12}}=\left(\frac{\text{Advalue}}{2^7}+\frac{\text{Advalue}}{2^{12}}\right) \tag{1-3}$$

在接下来获取电压值的各位数值时，buf[0]的十位相当于实际电压值的个位，buf[0]的个位相当于实际电压值的小数点后一位，即 buf[1]和 buf[2]。最后，将 buf[1]和 buf[2]转化为字符，通过串口打印输出，显示当前实际电压值。

从 ADCH 和 ADCL 获取 ADC 数字量并转换得到电压值的算法并不唯一，比如将 ADCL 右移 4 位即取出其 bit[7:4](共 4 位)，ADCH 左移 4 位取出其 bit[6:0](共 7 位)，合并在一起可得到 11 位数字量(也可以认为是 12 位数字量，但最高位是 ADCH 的 bit[7]，值为 0)，其值为例程中 12 位数字量的 1/2，ReadAdcValue 函数中求 ADC 数字量的语句可修改为 AdValue=(AdValue ≪ 4)+(ADCL ≫ 4)。在计算 10 倍实际电压值时，将除以 4 096 改为除以 2 048(2 的 11 次方)即可，main 函数中的换算语句可修改为 buf[0]=(uint8)((temp ≫ 6)+(temp ≫ 11))。不同算法对数字量的低位的处理不同，虽然对精度稍有影响，但都是正确的，具体可以自行研究。

3. 硬件连接

通过杜邦线将光敏传感器模块与 CC2530 底板连接起来，见图 1-24，实物连接图见图 1-25。通过下载器将 CC2530 和计算机连接起来，并通过方口 USB 线将 CC2530 和计算机连接起来。复位下载器即可进行程序的下载和运行。

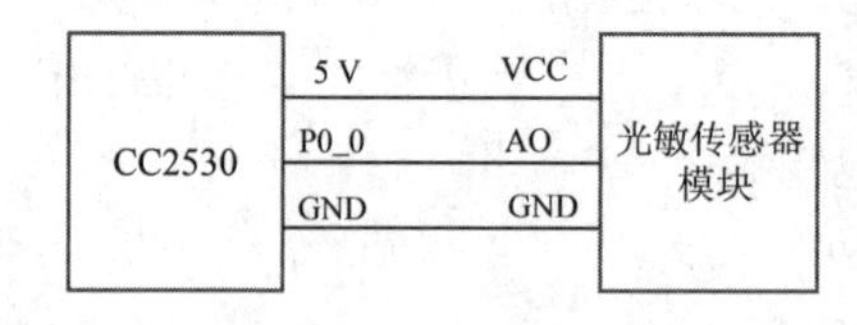

图 1-24　硬件连接示意图

光敏传感器
实验现象

4. 运行测试

下载程序验证结果，打开串口调试助手，波特率选择为 115 200 bps，可在串口调试助手窗口观察到传感器数据，如图 1-26 所示。

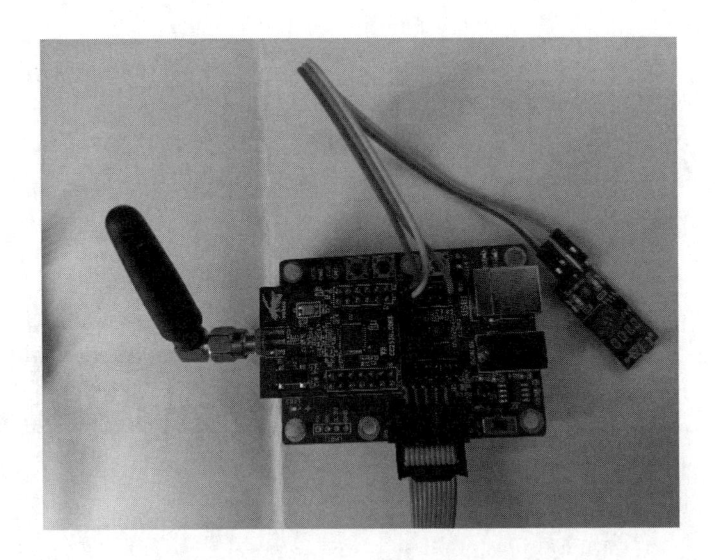

图 1-25　光敏传感器实物连接图

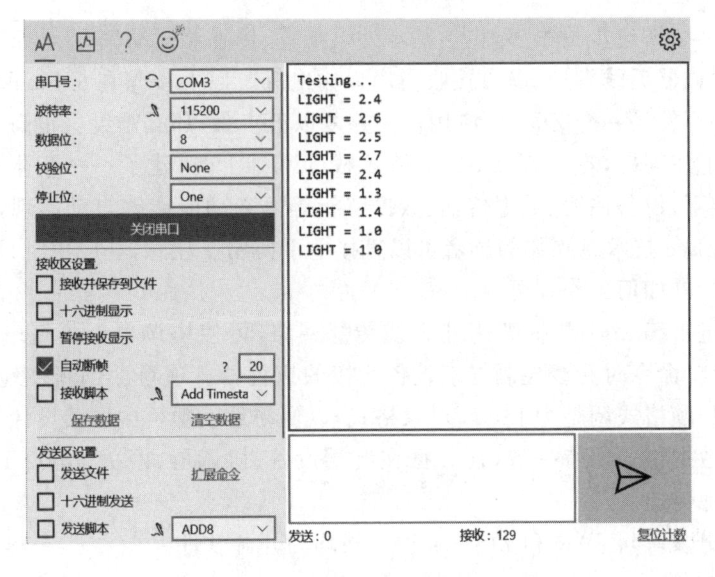

图 1-26　串口调试助手显示传感器数据

■ 任务小结

任务 6 通过编写传感器驱动程序采集模拟量数据,并经过 ADC 得到数字量。为了方便程序的移植,增加程序的可读性,可以采用模块化思想编写传感器驱动程序。

■ 实践练习

修改传感器接入的引脚和驱动程序,并通过串口调试助手观察传感器数据。

项目 2 ZigBee框架搭建

● 项目概述/项目要点

无线传感网络搭建步骤很多，包括基本外设配置、传感器驱动编写、驱动加入协议栈、终端无线发送、协调器无线发送、串口接收与串口输出等。以上步骤在 Z-Stack 协议栈例程中并不完整，如果开发每一个 ZigBee 应用都要重复以上步骤，那么难度会很高。

为了解决上述问题，本书在 Z-Stack 协议栈的基础上，搭建了一个积木式的 ZigBee 框架，在这个框架下，设备注册、数据传输、数据解析等复杂功能能够自动实现，有专业基础的学生或者对 ZigBee 技术感兴趣的读者可以直接上手使用。注意，在应用时只需要关注新增的传感器和执行器如何工作即可。

项目 2 通过自编 ZigBee 框架组建无线传感网络，可使协调器汇集终端设备的传感数据，并在收到串口命令时无线控制终端设备所接的执行器。项目 2 创新性地将通信时的数据格式由常用的帧格式调整为 JSON 对象格式，以便与后续项目中网关设计、App 设计以及后端设计中的数据格式保持一致，让数据在终端设备、协调器、网关、MQTT 服务器、App、后端之间顺畅地传递。

ZigBee 的开发环境 IAR 和 Z-Stack 协议栈均为开源软件。

● 学习目标

1. 知识目标

- 了解 SampleApp 工程和 OSAL 任务调度流程；
- 了解 Z-Stack 协议栈中常用的 LED 控制函数；
- 理解 Z-Stack 协议栈中按键中断方式的配置方法；
- 理解应用层事件处理函数中对事件的判断和处理步骤；
- 掌握射频无线发送函数的关键参数设置方法；
- 掌握通过字符串截取函数对 JSON 对象格式字符串进行解析的过程。

2. 技能目标

- 熟练地在 SampleApp 工程中编译、下载和调试程序；

- 熟练地将传感器驱动文件加载到 Z-Stack 协议栈中；
- 熟练地通过启动设备宏和给设备 ID 赋值为不同节点下载程序；
- 熟练调用传感器检测函数并将检测值拼接为无线发送消息载荷。

3. 素养目标

- 提高逻辑思维能力和实际动手能力；
- 提高分析问题、解决问题的能力；
- 养成规范、严谨的工作态度；
- 提高全局把控能力；
- 遵守诚实、守信的道德规范。

任务1 Z-Stack 协议栈安装

■ 任务引入

项目 2 通过自编 ZigBee 框架组建无线传感网络，这是在官方开源 Z-Stack 协议栈基础上进行的，所以需要安装 Z-Stack 协议栈。

■ 任务目标

任务 1 将安装 Z-Stack 协议栈，并介绍其中的 SampleApp 工程。整个项目 2 将在 SampleApp 示例工程的基础上逐步完善，将设备注册、数据传输、数据解析等复杂功能整合到 ZigBee 框架中，实现自动处理。

■ 相关知识

一、Z-Stack 协议栈

TI 公司搭建一个小型的操作系统，名叫 Z-Stack。设计好底层和网络层的内容，将复杂部分屏蔽掉，就可以通过 API 函数使用 ZigBee。

协议栈是协议和用户之间的一个接口，开发人员通过使用协议栈来使用这个协议，进而实现无线数据收发。Z-Stack 协议栈（简称 Z-Stack）就是将各个层定义的协议都集合在一起，以函数的形式实现，并向用户提供应用程序接口（Application Programming Interface，API）。

Z-Stack 循环处理任务和事件的机制称为 OSAL。

二、Z-Stack 的 OSAL 任务调度流程

Z-Stack 从 main 函数开始执行，路径为 Zmain→ZMain. c→main()，步骤为先执行各种初始化工作，然后执行 osal_start_system 函数运行操作系统，不再退出。Z-Stack 的 OSAL 任务调度流程如图 2-1 所示。

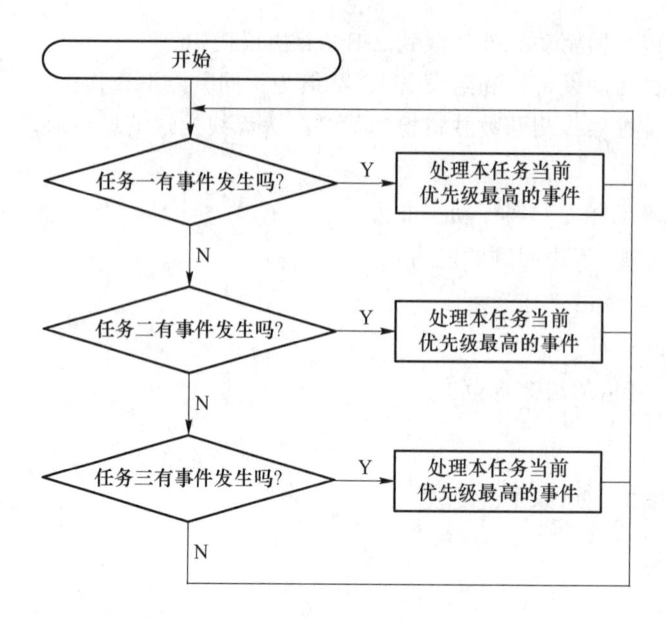

图 2-1　Z-Stack 的 OSAL 任务调度流程图

任务就是进程,事件就是请求,Z-Stack 的每个任务都可添加 16 个事件。每个任务有一个对应的事件处理函数,也就是说,一个任务的多个事件共用一个事件处理函数,排在一个表单里面。在任务对应的事件处理函数中,要根据不同的事件名进行不同的处理。

任务的事件表单官方已经做好,大致了解即可。事件的处理需要用户编写代码实现,以按键检测为例,KEY_CHANGE(按键按下)事件属于应用层任务(ID=SampleApp_TaskID)的事件,可以看看 Z-Stack 中应用层的事件处理函数 SampleApp_ProcessEvent,再根据需要编写后续代码。函数 SampleApp_ProcessEvent 代码如下:

```
// Received when a key is pressed
case KEY_CHANGE:
  SampleApp_HandleKeys(((keyChange_t *)MSGpkt)->state, ((keyChange_t *)MSGpkt)->keys);
  break;
```

可以发现,发生按键事件后,操作系统会调用按键处理函数 SampleApp_HandleKeys。

■ 任务实施

一、实施设备

安装 IAR 开发环境的计算机。

二、实施过程

Z-Stack 安装

1. 安装 Z-Stack

可以在 TI 官网 https://www.ti.com/tool/Z-STACK 下载 Z-Stack,如图 2-2 所示。

下载完成后进行安装,进入如图 2-3 所示的界面,选择“I accept the agreement”。进入如图 2-4 所示的界面,选择合适的目录。其他步骤选择默认设置,即可完成安装。

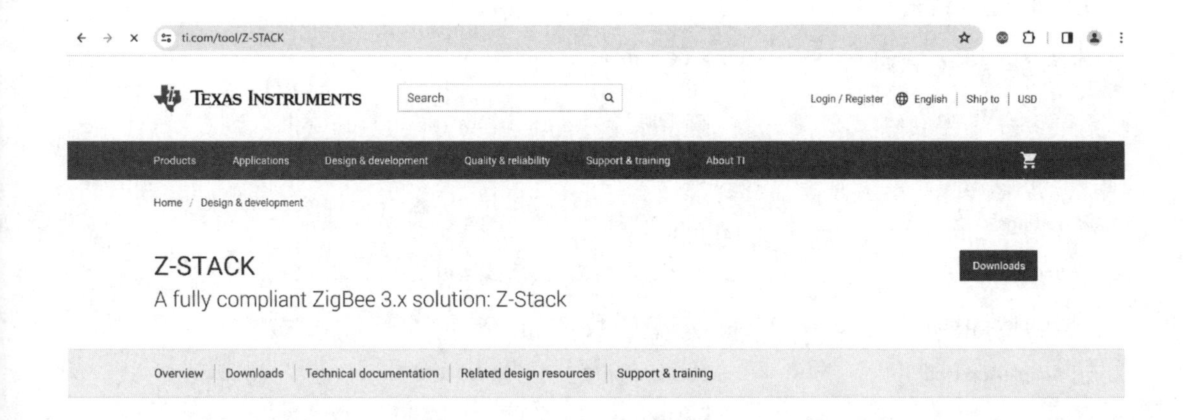

图 2-2　下载 Z-Stack

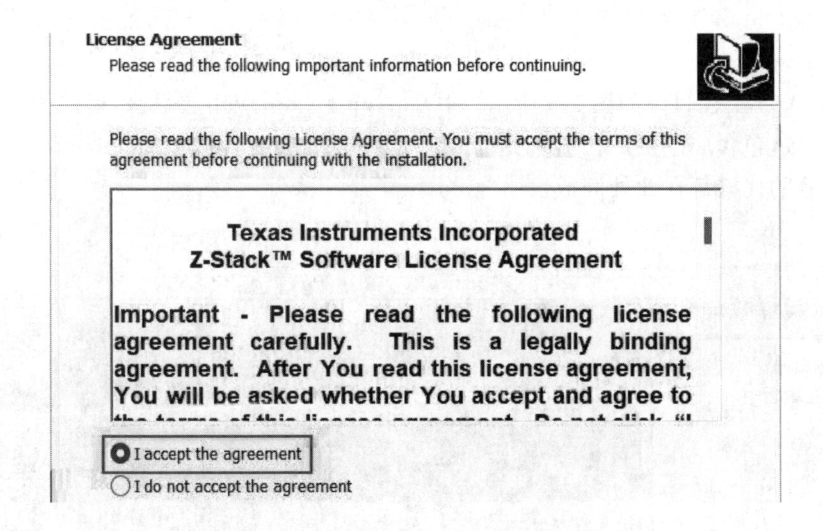

图 2-3　选择“I accept the agreement”

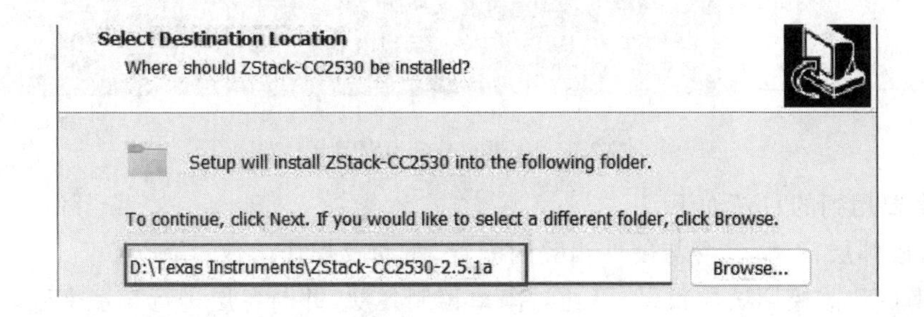

图 2-4　选择 Z-Stack 安装目录

2. 打开 SampleApp 工程

SampleApp 工程是 Z-Stack 提供的一个非常简单的示例，后面将以此为基础编写 ZigBee 框架。

在\Projects\zstack\Samples\SampleApp\CC2530DB 下找到 SampleApp.eww 文件并

打开，如图 2-5 所示。

Projects › zstack › Samples › SampleApp › CC2530DB

名称	修改日期	类型	大小
DemoEB	2023/2/3 21:20	文件夹	
settings	2023/2/3 21:20	文件夹	
Source	2023/2/3 21:20	文件夹	
SampleApp.dep	2022/12/21 15:27	DEP 文件	56 KB
SampleApp.ewd	2011/6/2 11:33	EWD 文件	67 KB
SampleApp.ewp	2011/6/2 11:33	EWP 文件	138 KB
SampleApp.eww	2010/10/28 13:16	IAR IDE Workspa...	1 KB

图 2-5　找到 SampleApp. eww 文件

SampleApp 工程目录如图 2-6 所示。其中 App 目录是应用层目录，是用户创建各种不同工程的区域，包含应用层的内容和这个项目的主要内容，里面的 SampleApp. c 文件非常重要，大部分的代码都在此处完成。

图 2-6　SampleApp 工程目录

接下来要用到的目录如下。

HAL：硬件层目录，包含与硬件相关的配置、驱动及操作函数。

MT：串口和监控调试层目录，可通过串口控制各层，并与各层进行直接交互。

Tools：工程配置目录，包括空间划分及 Z-Stack 相关配置信息。

ZMain：主函数目录，包括入口函数及硬件配置文件。

■ 任务小结

任务 1 安装了 Z-Stack，并介绍了其中的 SampleApp 工程和 OSAL 任务调度流程。

■ 实践练习

在 IAR 中找到 SampleApp 工程的编译、下载、运行按钮，并操作一遍。

任务2　框架基础配置——LED

■ 任务引入

Z-Stack 协议栈的 SampleApp 工程中的 LED 设置和实际使用的开发板中的 LED 硬件电路很可能不一致，所以学习 Z-Stack 协议栈的一个重要任务就是修改硬件驱动程序。

■ 任务目标

任务 2 在官方 Z-Stack 协议栈的 SampleApp 工程的基础上，修改 LED 的驱动程序，方便后续使用。

■ 相关知识

Z-Stack 协议栈采用分层结构，通过不同的协议层完成数据传输和处理。

一、应用层

应用层(Application Layer) 提供了一系列标准的应用层协议规范，如 ZigBee 集群库(ZigBee Cluster Library，ZCL)，以便开发人员进行应用程序的开发。

二、网络层

网络层(Network Layer)提供了对 ZigBee 本地区域无线网络的管理和控制服务，包括节点寻址、路由表管理、安全管理等。

三、MAC 层

MAC 层(Media Access Control Layer)提供了对物理介质的访问和控制服务，包括选择无线信道、确认 ACK、配置传输帧的格式等。

四、PHY 层

PHY 层(Physical Layer)即物理层，定义了物理无线信道和 MAC 子层之间的接口，提供物理层数据服务和物理层管理服务。

五、HAL 层

HAL 层(Hardware Abstraction Layer)提供了通用的硬件访问接口，可使 Z-Stack 协议栈在不同的硬件平台上运行。

在 Z-Stack 协议栈的分层结构中，每一层都有自己的特定功能，上层的数据需要通过下层进行处理和传输。

■ 任务实施

一、实施设备

LED操作的宏定义

安装 IAR 和 Z-Stack 开发环境的计算机。

二、实施过程

1. LED 操作的宏定义

如图 2-7 所示，在目录 SampleApp-DemoEB→HAL→Target→CC2530EB→Config 的 hal_board_cfg.h 文件中，定义了对 LED 进行操作的宏。尽管各层对 LED 有一些其他操作，但最终都是用这些宏实现的。LED 操作的宏包括打开 LED、关闭 LED、切换 LED 至相反状态、设置 LED 有效电平 4 类。

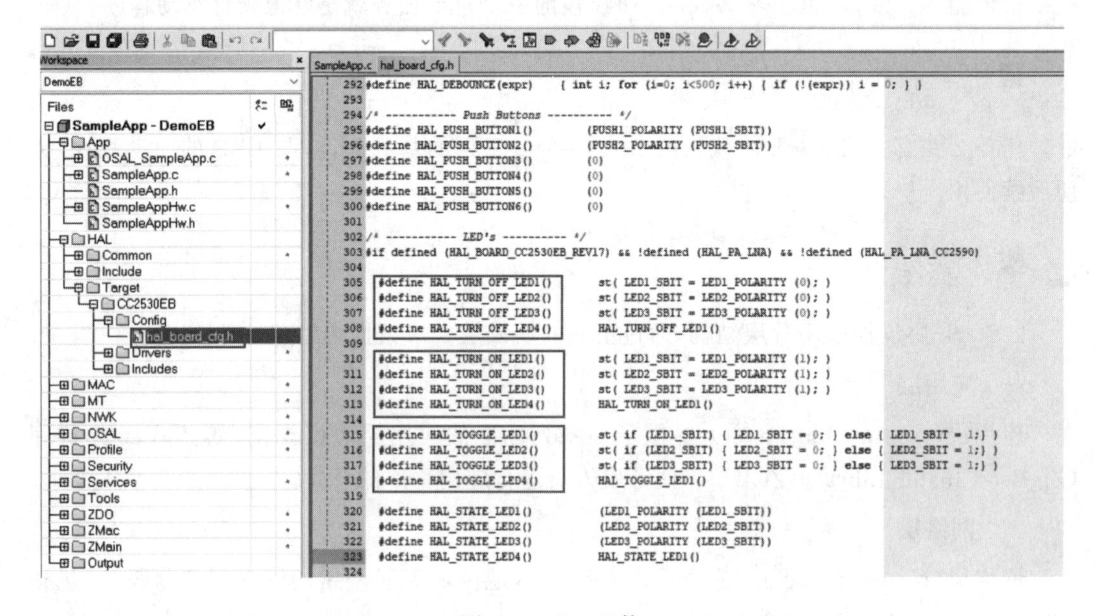

图 2-7 LED 函数

2. 修改 LED 引脚的定义

hal_board_cfg.h 文件定义了和 LED 相关的参数，包括 4 个 LED(其实是 3 个)：LED1(P1_0)，LED2(P1_1)，LED3(P1_4)。3 个 LED 均被设置为高电平有效，即高电平时点亮 LED。代码如下：

```
/*1-Green*/
#define LED1_BV           BV(0)          //LDE1 位于 D0 位
#define LED1_SBIT         P1_0           //LED1 为 P1_0
#define LED1_DDR          P1DIR          //将 LED1 设为输出
#define LED1_POLARITY     ACTIVE_HIGH    //LED1 高电平有效

#if defined (HAL_BOARD_CC2530EB_REV17)
/*2-Red*/
```

```
#define LED2_BV            BV(1)
#define LED2_SBIT          P1_1
#define LED2_DDR           P1DIR
#define LED2_POLARITY      ACTIVE_HIGH

/* 3-Yellow */
#define LED3_BV            BV(4)
#define LED3_SBIT          P1_4
#define LED3_DDR           P1DIR
#define LED3_POLARITY      ACTIVE_HIGH
```

假如使用的开发板上设置了 2 个 LED:P1_1 和 P2_0,均为低电平时被点亮,可以修改代码如下:

```
/* 修改后的代码 */
/* 1-Green */
#define LED1_BV              BV(0)
#define LED1_SBIT            P2_0
#define LED1_DDR             P2DIR
#define LED1_POLARITY        ACTIVE_LOW

#if defined (HAL_BOARD_CC2530EB_REV17)
/* 2-Red */
#define LED2_BV              BV(1)
#define LED2_SBIT            P1_1
#define LED2_DDR             P1DIR
#define LED2_POLARITY        ACTIVE_LOW

/* 3-Yellow */
#define LED3_BV              BV(4)
#define LED3_SBIT            P1_4
#define LED3_DDR             P1DIR
#define LED3_POLARITY        ACTIVE_HIGH
```

注意,以上修改的代码仅为示例,具体要根据硬件而定。

修改 LED 引脚的定义

■ 任务小结

任务 2 以 Z-Stack 协议栈的 SampleApp 工程为基础,介绍了 LED 的相关函数,并介绍了如何根据硬件情况定义 LED 引脚。

■ 实践练习

根据硬件配置 LED。

任务3　框架基础配置——按键

■ 任务引入

在 Z-Stack 协议栈的 SampleApp 工程中，按键默认采用查询方式进行检测，但也对中断方式进行了配置。为了节约系统资源，应该采用中断方式，那么该如何设置呢?

■ 任务目标

针对官方的套件，Z-Stack 协议栈自带按键的驱动和使用函数，有一个独立按键 P0_1，还有 1 个摇杆。以两个按键为例，任务 3 在任务 2 的基础上，将按键引脚改到 P0_0 和 P0_1 上，并采用中断方式。这一过程分为 2 步：将 P0_1 按键修改为中断方式；新增按键 P0_0。

■ 相关知识

按键检测通常有两种方式：轮询(Polling)方式和中断(Interrupt)方式。

一、轮询方式

在轮询方式中，应用程序周期性地扫描按键状态，并根据检测到的按键事件进行相应的处理。这种方式的优点是实现起来比较简单、对硬件要求低，缺点是会占用一定的 CPU 时间，导致系统效率降低。

二、中断方式

在中断方式中，当按键被按下或松开时，硬件会向 CPU 发出中断请求，CPU 收到该中断请求后会暂停当前的任务并立即响应中断，执行相应的中断服务程序(Interrupt Service Routine，ISR)。这种方式的优点是响应速度快、占用的 CPU 时间少、不影响系统效率，但需要支持硬件中断请求，对硬件要求高。

■ 任务实施

一、实施设备

安装了 IAR 和 Z-Stack 开发环境的计算机。

P0_1 按键初始化

二、实施过程

1. 将 P0_1 按键修改为中断方式

(1) P0_1 按键初始化

ZMain.c 的 main 函数调用了 HalKeyInit 和 InitBoard 这 2 个和按键相关的初始化语句。在目录 SampleApp→HAL→Target→CC2530EB→Drivers 的 hal_key.c 文件中可以找到 HalKeyInit 函数，其中 HAL_KEY_SW_6 就是 P0_1，注释掉或删除摇杆 HAL_KEY_JOY_MOVE 的初始化，修改后的 HalKeyInit 函数代码如下：

```
void HalKeyInit(void)
{
  /* Initialize previous key to 0 */
  halKeySavedKeys = 0;

  HAL_KEY_SW_6_SEL &= ~(HAL_KEY_SW_6_BIT);      /* Set pin function to GPIO */
  HAL_KEY_SW_6_DIR &= ~(HAL_KEY_SW_6_BIT);      /* Set pin direction to Input */

  //HAL_KEY_JOY_MOVE_SEL &= ~(HAL_KEY_JOY_MOVE_BIT); /* Set pin function to GPIO */
  //HAL_KEY_JOY_MOVE_DIR &= ~(HAL_KEY_JOY_MOVE_BIT); /* Set pin direction to Input */

  /* Initialize callback function */
  pHalKeyProcessFunction  = NULL;

  /* Start with key is not configured */
  HalKeyConfigured = FALSE;
}
```

在目录 SampleApp→ZMain 的 OnBoard.c 文件中可以找到 InitBoard 函数，其中语句 HalKeyConfig(HAL_KEY_INTERRUPT_DISABLE, OnBoard_KeyCallback)是配置按键的检测方式（是否中断）和回调函数的，默认按键检测采用查询方式（HAL_KEY_INTERRUPT_DISABLE 表示中断禁止），修改为中断方式（HAL_KEY_INTERRUPT_ENABLE 表示中断使能）：

```
HalKeyConfig(HAL_KEY_INTERRUPT_ENABLE, OnBoard_KeyCallback);
```

修改后的 InitBoard 函数代码如下：

```
void InitBoard(uint8 level)
{
  if (level == OB_COLD)
  {
    // IAR does not zero-out this byte below the XSTACK.
    *(uint8 *)0x0 = 0;
    // Interrupts off
    osal_int_disable(INTS_ALL);
    // Check for Brown-Out reset
    ChkReset();
  }
  else  // !OB_COLD
  {
    /* Initialize Key stuff */
```

```
        HalKeyConfig(HAL_KEY_INTERRUPT_ENABLE, OnBoard_KeyCallback);
      }
    }
```

通过右键跟踪进入 HalKeyConfig 函数体（在 hal_key.c 文件中），可以找到如下两段代码：

```
/* Rising/Falling edge configuratinn */

PICTL &= ~(HAL_KEY_SW_6_EDGEBIT);        /* Clear the edge bit */
/* For falling edge, the bit must be set. */
#if (HAL_KEY_SW_6_EDGE == HAL_KEY_FALLING_EDGE)
    PICTL |= HAL_KEY_SW_6_EDGEBIT;
#endif

/* Interrupt configuration:
 * -Enable interrupt generation at the port
 * -Enable CPU interrupt
 * -Clear any pending interrupt
 */
HAL_KEY_SW_6_ICTL |= HAL_KEY_SW_6_ICTLBIT;
HAL_KEY_SW_6_IEN |= HAL_KEY_SW_6_IENBIT;
HAL_KEY_SW_6_PXIFG = ~(HAL_KEY_SW_6_BIT);
```

如果 HalKeyConfig 函数判断第一个参数为真，即开启了中断方式的话，则在上面两段代码中分别对 P0_1 按键进行上升/下降沿配置和中断使能配置。上面两段代码不用修改。

（2）中断服务函数和中断处理函数

经过上面设置后，如果用户按下按键，则会触发 P0 口的 GPIO 中断服务函数 HAL_ISR_FUNCTION(halKeyPort0Isr, P0INT_VECTOR)或者 P2 口的 GPIO 中断服务函数。在中断服务函数中，通过调用中断处理函数 halProcessKeyInterrupt 向 Hal_TaskID 所在任务发送事件 HAL_KEY_EVENT。

按键中断服务

HAL_ISR_FUNCTION 函数在 hal_key.c 文件中，代码（暂不用修改）如下：

```
HAL_ISR_FUNCTION(halKeyPort0Isr, P0INT_VECTOR)
{
  HAL_ENTER_ISR();

  if (HAL_KEY_SW_6_PXIFG & HAL_KEY_SW_6_BIT)
  {
    halProcessKeyInterrupt();
  }
```

```
    /*
      Clear the CPU interrupt flag for Port_0
      PxIFG has to be cleared before PxIF
    */
    HAL_KEY_SW_6_PXIFG = 0;
    HAL_KEY_CPU_PORT_0_IF = 0;

    CLEAR_SLEEP_MODE();
    HAL_EXIT_ISR();
}
```

P0_1引脚的按键按下，肯定是进入P0端口的中断服务函数HAL_ISR_FUNCTION(halKeyPort0Isr，P0INT_VECTOR)。在中断服务函数中，通过中断标志HAL_KEY_SW_6_PXIFG & HAL_KEY_SW_6_BIT判断是不是P0_1引脚触发的中断(毕竟也有可能是P0_2、P0_3等其他P0端口的引脚触发的中断)，是的话则调用中断处理函数halProcessKeyInterrupt，否则清除标志HAL_KEY_SW_6_PXIFG。

halProcessKeyInterrupt函数代码(暂不用修改)如下：

```
void halProcessKeyInterrupt (void)
{
  bool valid = FALSE;

  if (HAL_KEY_SW_6_PXIFG & HAL_KEY_SW_6_BIT)   /* Interrupt Flag has been set */
  {
    HAL_KEY_SW_6_PXIFG = ~(HAL_KEY_SW_6_BIT); /* Clear Interrupt Flag */
    valid = TRUE;
  }

  if (HAL_KEY_JOY_MOVE_PXIFG & HAL_KEY_JOY_MOVE_BIT)   /* Interrupt Flag has been set */
  {
    HAL_KEY_JOY_MOVE_PXIFG = ~(HAL_KEY_JOY_MOVE_BIT); /* Clear Interrupt Flag */
    valid = TRUE;
  }

  if (valid)
  {
    osal_start_timerEx (Hal_TaskID, HAL_KEY_EVENT, HAL_KEY_DEBOUNCE_VALUE);
  }
}
```

进入halProcessKeyInterrupt函数后，清除中断标志HAL_KEY_SW_6_PXIFG，25 ms(HAL_KEY_DEBOUNCE_VALUE为25，单位为ms)后，向OSAL操作系统发送HAL_KEY_EVENT事件(HAL层的按键事件)。

任务 1 介绍过，在 OSAL 任务调度流程中，操作系统会通过轮询的方式检查各级任务是否有事件发生，如果有，则按照优先级处理。那么，应如何处理 HAL 层任务的 HAL_KEY_EVENT 事件呢？

(3) 按键检测函数与发往应用层的消息

在 OSAL 操作系统中，HAL 层任务的事件处理函数是 Hal_ProcessEvent。在目录 SampleApp→HAL→Common 的 hal_drivers.c 文件中有 Hal_ProcessEvent 函数的定义，可以在该定义中找到以下代码（暂不用修改）：

按键检测函数

```
#if (defined HAL_KEY) && (HAL_KEY == TRUE)
    /* Check for keys */
    HalKeyPoll();
```

可见，Hal_ProcessEvent 函数会调用按键检测函数 HalKeyPoll。跟踪函数 HalKeyPoll，在 hal_key.c 文件中，将代码修改如下：

```
void HalKeyPoll (void)
{
  uint8 keys = 0;

  if (!PUSH1_SBIT)
  {
    keys|= HAL_KEY_SW_6;    //如果 P0_1 是低电平，读取键值
  }

  /* 调用注册的回调函数 */
  if (keys && (pHalKeyProcessFunction))
  {
    (pHalKeyProcessFunction) (keys, HAL_KEY_STATE_NORMAL);
  }
}
```

在按键检测函数 HalKeyPoll 中扫描 IO，其中 PUSH1_SBIT 就是 P0_1。如果 P0_1 是低电平，则向变量 keys 赋值，并调用注册的回调函数，传入的参数就是键值 keys。

在 OnBoard.c 文件的初始化函数 InitBoard 中，通过下面语句注册回调函数 OnBoard_KeyCallback：

```
HalKeyConfig(HAL_KEY_INTERRUPT_ENABLE, OnBoard_KeyCallback);
```

如图 2-8 所示，回调函数 OnBoard_KeyCallback 会调用 OnBoard_SendKeys 函数，将包含键值的消息传入应用层。OnBoard_SendKeys 函数仍然在 OnBoard.c 文件中，代码（暂不用修改）如下：

```
uint8 OnBoard_SendKeys(uint8 keys, uint8 state)
{
  keyChange_t * msgPtr;
  if (registeredKeysTaskID ! = NO_TASK_ID)
  {
    // Send the address to the task
    msgPtr = (keyChange_t * )osal_msg_allocate(sizeof(keyChange_t));
    if (msgPtr)
    {
      msgPtr - > hdr.event = KEY_CHANGE;
      msgPtr - > state = state;
      msgPtr - > keys = keys;

      osal_msg_send(registeredKeysTaskID, (uint8 * )msgPtr);
    }
    return (ZSuccess);
  }
  else
    return (ZFailure);
}
```

可见,在传入应用层的消息 msgPtr 中,事件为 KEY_CHANGE,键值为 keys。

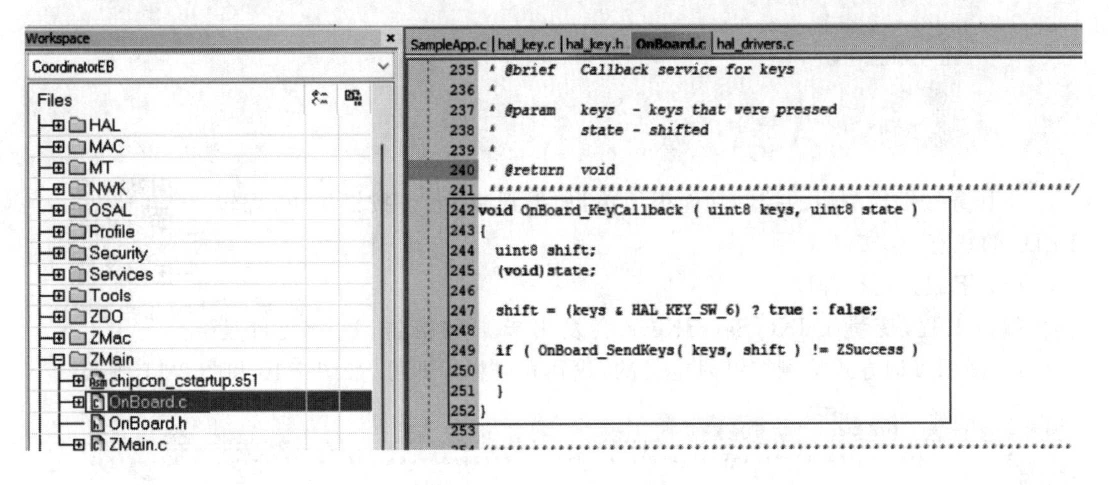

图 2-8　回调函数 OnBoard_KeyCallback

(4) 应用层按键处理

在目录 SampleApp→App 可以找到 SampleApp.c 文件,任务 1 介绍过,大部分用户的应用开发代码都要在此文件完成,所以请务必熟悉。如图 2-9 所示,应用层的事件处理都是在 SampleApp.c 中的 SampleApp_ProcessEvent 函数中进行的。在自编 ZigBee 框架中,将对这个函数做出大量的改动。

应用层按键处理

```
Workspace
CoordinatorEB
Files
SampleApp - CoordinatorEB
  App
    OSAL_SampleApp.c
    SampleApp.c
    SampleApp.h
    SampleAppHw.c
    SampleAppHw.h
  HAL
  MAC
  MT
  NWK
  OSAL
  Profile
  Security
  Services
  Tools
  ZDO
  ZMac
```

```
SampleApp.c
247 */
248 uint16 SampleApp_ProcessEvent( uint8 task_id, uint16 events )
249 {
250   afIncomingMSGPacket_t *MSGpkt;
251   (void)task_id;  // Intentionally unreferenced parameter
252
253   if ( events & SYS_EVENT_MSG )
254   {
255     MSGpkt = (afIncomingMSGPacket_t *)osal_msg_receive( SampleApp_TaskID );
256     while ( MSGpkt )
257     {
258       switch ( MSGpkt->hdr.event )
259       {
260         // Received when a key is pressed
261         case KEY_CHANGE:
262           SampleApp_HandleKeys( ((keyChange_t *)MSGpkt)->state, ((keyChange_t *)MSGpkt)->keys );
263           break;
264
265         // Received when a messages is received (OTA) for this endpoint
266         case AF_INCOMING_MSG_CMD:
267           SampleApp_MessageMSGCB( MSGpkt );
268           break;
```

图 2-9　SampleApp_ProcessEvent 函数

如图 2-9 所示，在应用层的事件处理函数 SampleApp_ProcessEvent 中，系统判断发生 KEY_CHANGE 事件的话，会调用应用层的按键处理函数 SampleApp_HandleKeys。函数 SampleApp_HandleKey 仍然可以在 SampleApp.c 文件中找到，代码修改如下：

```
void SampleApp_HandleKeys(uint8 shift, uint8 keys)
{
  (void)shift;  // Intentionally unreferenced parameter

  if (keys & HAL_KEY_SW_6)
  {
    HAL_TOGGLE_LED1();
  }
}
```

本任务按键检测后的控制功能很简单：如果判断 P0_1 按键按下，翻转 LED1 的状态。

P0_1 按键测试

(5) 下载并运行程序

编译工程，变量 halKeySavedKeys 会发出异常和警告，这个变量是 Z-Stack采用查询方式检测按键时定义的，找到并注释掉即可，如图 2-10 和图 2-11 所示。

```
SampleApp.c | hal_led.c | hal_board_cfg.h | hal_key.c
150 ***************************************************************************
151
152
153 /**************************************************************************
154  *                        GLOBAL VARIABLES
155  **************************************************************************
156 //static uint8 halKeySavedKeys;     /* used to store previous key state in polling mode */
157 static halKeyCBack_t pHalKeyProcessFunction;
158 static uint8 HalKeyConfigured;
159 bool Hal_KeyIntEnable;              /* interrupt enable/disable flag */
```

图 2-10　注释掉变量 halKeySavedKeys 的定义

```
SampleApp.c | hal_led.c | hal_board_cfg.h | hal_key.c
182 ****************************************************************
183 void HalKeyInit( void )
184 {
185   /* Initialize previous key to 0 */
186   //halKeySavedKeys = 0;
187
188   HAL_KEY_SW_6_SEL &= ~(HAL_KEY_SW_6_BIT);    /* Set pin function to GPIO */
189   HAL_KEY_SW_6_DIR &= ~(HAL_KEY_SW_6_BIT);    /* Set pin direction to Input */
190
```

图 2-11　注释掉变量 halKeySavedKeys 的赋值

下载并运行程序，工作效果如图 2-12 所示，每按下一次 P0_1 按键，红灯 LED1(P1_0)状态翻转一次。

图 2-12　P0_1 按键控制 LED1

2. 新增按键 P0_0

查看键值

前面我们在 Z-Stack 协议栈的 P0_1(SW_6)按键的基础上做了修改，接下来添加一个自定义按键，并把其接在 P0_0 引脚上，命名为 SW_7。这个过程与上面流程类似。

如图 2-13 所示，在 hal_key.h 文件中已经有了 Button S2(SW_7)的按键名定义，同样也可以看到 Button S1(SW_6)的按键名定义。

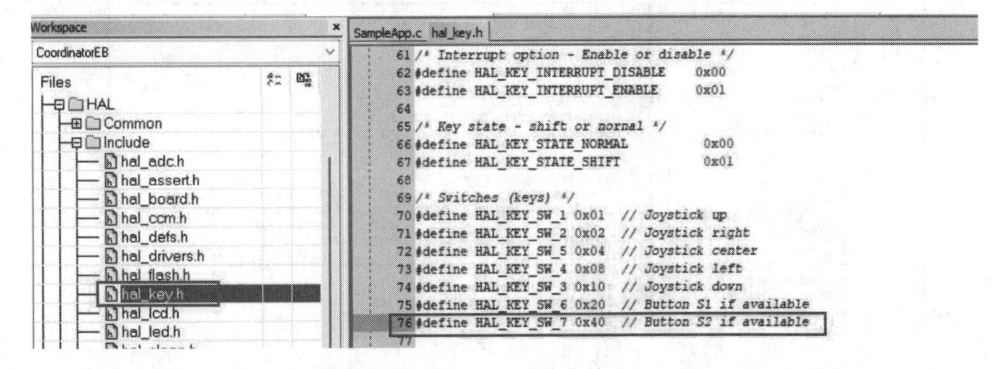

图 2-13　hal_key.h 文件中的按键名定义

(1) 按键 P0_0 定义

按键 P0_0 定义

参照 Button S1 引脚的定义，在目录 SampleApp→HAL→Target→CC2530EB→Config 的 hal_board_cfg. h 文件中添加 Button S2 引脚的定义。代码如下：

```
/* S1:P0_1 */
#define PUSH1_BV              BV(1)
#define PUSH1_SBIT            P0_1

#if defined (HAL_BOARD_CC2530EB_REV17)
  #define PUSH1_POLARITY      ACTIVE_HIGH
#elif defined (HAL_BOARD_CC2530EB_REV13)
  #define PUSH1_POLARITY      ACTIVE_LOW
#else
  #error Unknown Board Indentifier
#endif

/* S2:P0_0,参照 S1 编写 */
#define PUSH7_BV              BV(0)
#define PUSH7_SBIT            P0_0

#if defined (HAL_BOARD_CC2530EB_REV17)
  #define PUSH7_POLARITY           ACTIVE_HIGH
#elif defined (HAL_BOARD_CC2530EB_REV13)
  #define PUSH7_POLARITY           ACTIVE_LOW
#else
  #error Unknown Board Indentifier
#endif
```

目录 SampleApp→HAL→Target→CC2530EB→Drivers 的 hal_key. c 文件中已经有了 Button S1(SW_6)按键寄存器和位的宏定义，如图 2-14 所示。

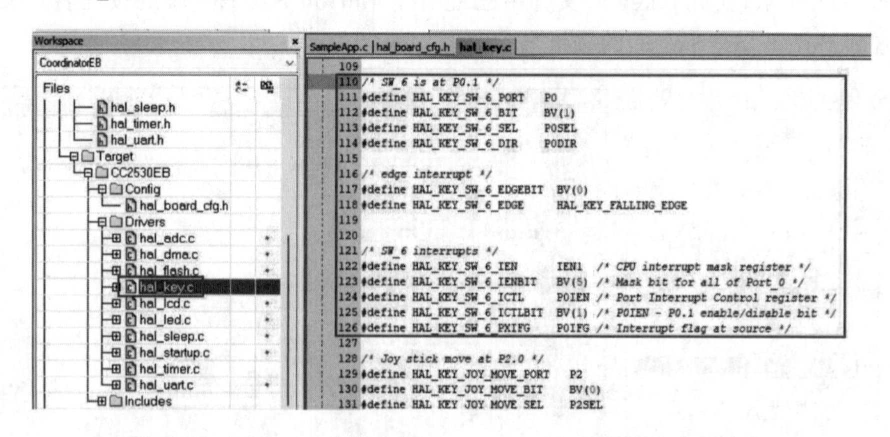

图 2-14 hal_key. c 文件中的 Button S1(SW_6)按键寄存器和位

参照 Button S1(SW_6)的代码,增加 P0_0(SW_7)按键的代码如下:

```
/* 自定义:SW_7 is at P0_0 */
#define HAL_KEY_SW_7_PORT     P0
#define HAL_KEY_SW_7_BIT      BV(0)
#define HAL_KEY_SW_7_SEL      P0SEL
#define HAL_KEY_SW_7_DIR      P0DIR

/* 自定义:edge interrupt */
#define HAL_KEY_SW_7_EDGEBIT BV(0)
#define HAL_KEY_SW_7_EDGE     HAL_KEY_FALLING_EDGE


/* 自定义:SW_7 interrupts */
#define HAL_KEY_SW_7_IEN      IEN1   /* CPU interrupt mask register */
#define HAL_KEY_SW_7_IENBIT   BV(5) /* Mask bit for all of Port_0 */
#define HAL_KEY_SW_7_ICTL     P0IEN /* Port Interrupt Control register */
#define HAL_KEY_SW_7_ICTLBIT BV(0) /* P0IEN-P0_0 enable/disable bit */
#define HAL_KEY_SW_7_PXIFG    P0IFG /* Interrupt flag at source */
```

(2) 按键 P0_0 配置

按键 P0_0 配置

在 hal_key.c 文件中,HalKeyInit 函数配置了 P0_1 按键的端口功能和端口方向,分别为 GPIO 功能和输入,P0_0 按键的配置与 P0_1 按键类似,代码如下:

```
HAL_KEY_SW_6_SEL &=~(HAL_KEY_SW_6_BIT);     /* Set pin function to GPIO */
HAL_KEY_SW_6_DIR &=~(HAL_KEY_SW_6_BIT);     /* Set pin direction to Input */

HAL_KEY_SW_7_SEL &=~(HAL_KEY_SW_7_BIT);     /* Set pin function to GPIO */
HAL_KEY_SW_7_DIR &=~(HAL_KEY_SW_7_BIT);     /* Set pin direction to Input */
```

在 hal_key.c 文件中,HalKeyConfig 函数对 P0_1 按键进行上升/下降沿配置、中断使能配置,P0_0 按键的配置与 P0_1 按键类似,代码如下:

```
/* Rising/Falling edge configuratinn */

  PICTL &=~(HAL_KEY_SW_7_EDGEBIT);      /* Clear the edge bit */
  /* For falling edge, the bit must be set. */
#if (HAL_KEY_SW_7_EDGE == HAL_KEY_FALLING_EDGE)
  PICTL|= HAL_KEY_SW_7_EDGEBIT;
#endif


/* Interrupt configuration:
  *-Enable interrupt generation at the port
```

```
    *-Enable CPU interrupt
    *-Clear any pending interrupt
    */
  HAL_KEY_SW_7_ICTL|=HAL_KEY_SW_7_ICTLBIT;
  HAL_KEY_SW_7_IEN|=HAL_KEY_SW_7_IENBIT;
  HAL_KEY_SW_7_PXIFG=~(HAL_KEY_SW_7_BIT);
```

(3) 按键中断服务和事件处理

按键中断服务

在 hal_key. c 文件中找到 P0 端口的中断服务函数 HAL_ISR_FUNCTION(halKeyPort0Isr, P0INT_VECTOR),参考 P0_1 按键,代码修改如下:

```
HAL_ISR_FUNCTION(halKeyPort0Isr, P0INT_VECTOR)
{
  HAL_ENTER_ISR();

  if (HAL_KEY_SW_6_PXIFG & HAL_KEY_SW_6_BIT)
  {
    halProcessKeyInterrupt();
  }
  if (HAL_KEY_SW_7_PXIFG & HAL_KEY_SW_7_BIT)
  {
    halProcessKeyInterrupt();
  }
  /*
    Clear the CPU interrupt flag for Port_0
    PxIFG has to be cleared before PxIF
  */
  HAL_KEY_SW_6_PXIFG=0;
  HAL_KEY_SW_7_PXIFG=0;
  HAL_KEY_CPU_PORT_0_IF=0;

  CLEAR_SLEEP_MODE();
  HAL_EXIT_ISR();
}
```

在 hal_key. c 文件中找到 P0 端口的中断处理函数 halProcessKeyInterrupt,参考 P0_1 按键的代码,增加 P0_0 按键的代码如下:

```
if (HAL_KEY_SW_7_PXIFG & HAL_KEY_SW_7_BIT)      /* Interrupt Flag has been set */
{
  HAL_KEY_SW_7_PXIFG=~(HAL_KEY_SW_7_BIT);    /* Clear Interrupt Flag */
  valid=TRUE;
}
```

(4) 按键检测函数 HalKeyPoll

在 hal_key.c 文件中找到按键检测函数 HalKeyPoll,参考 P0_1 按键的代码,增加 P0_0 按键的代码如下:

```
void HalKeyPoll (void)
{
  uint8 keys = 0;

  if (!PUSH1_SBIT)
  {
    keys|= HAL_KEY_SW_6;      //如果 P0_1 是低电平,读取键值
  }

  if (!PUSH7_SBIT)
  {
    keys|= HAL_KEY_SW_7;      //如果 P0_0 是低电平,读取键值
  }
  /*调用注册的回调函数*/
  if (keys && (pHalKeyProcessFunction))
  {
    (pHalKeyProcessFunction) (keys, HAL_KEY_STATE_NORMAL);
  }
}
```

按键检测函数

(5) 应用层处理

在 SampleApp.c 文件中找到按键的应用层事件处理函数 SampleApp_HandleKeys,修改代码如下:

```
void SampleApp_HandleKeys(uint8 shift, uint8 keys)
{
  (void)shift;  // Intentionally unreferenced parameter

  if (keys & HAL_KEY_SW_6)
  {
    HAL_TOGGLE_LED1();      //按键 S1 按下,LED1 状态翻转
  }
  if (keys & HAL_KEY_SW_7)
  {
    HAL_TOGGLE_LED2();      //按键 S2 按下,LED2 状态翻转
  }
}
```

应用层处理

（6）下载并运行程序

编译程序，并下载、运行，效果如图 2-15 所示，按键 S1 和 S2 可以分别控制 LED1 和 LED2。

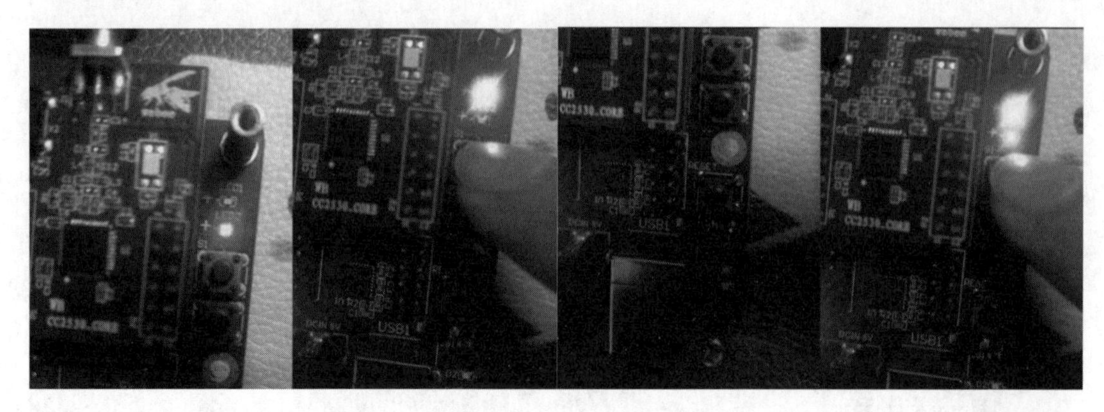

图 2-15　按键 S1 和 S2 分别控制 LED1 和 LED2

两个按键测试效果

■ 任务小结

任务 3 在任务 2 的基础上，将 P0_1 按键默认的查询方式修改为中断方式，并新增了 P0_0 按键。

■ 实践练习

根据硬件情况配置按键。

任务 4　框架基础配置——串口

■ 任务引入

串口作为一种最简单的调试者接口，在 ZigBee 的学习和应用过程中非常重要，那么怎么在协议栈中加入串口功能呢？

■ 任务目标

任务 4 以任务 3 为基础，在自编 ZigBee 框架中加入串口 0 并进行配置，即可使用串口功能，如打印调试信息。接下来在自编 ZigBee 框架中加入串口 1，开启双串口功能。

■ 相关知识

一、ZigBee 串口的功能

串口在 ZigBee 的学习和应用过程中具有非常重要的作用，主要包括：打印调试，利用打印信息的功能进行程序调试；发送数据（如协调器汇集无线传感数据后，可以通过串口将数据发送给网关）；接收数据（如协调器可通过串口接收网关发送的串口数据包，取出其中包含命令值的数据部分，无线转发给执行器终端设备）。

ZigBee 中共有 2 个串口，分别是 UART0 和 UART1。

串口预定义

二、默认的串口预定义

在工程的 Options 选项卡里面，有 ZTOOL_P1 的预定义，如图 2-16 所示，此预定义的功能是将串口 0 的工作模式配置为 DMA，对应引脚为位置 1。

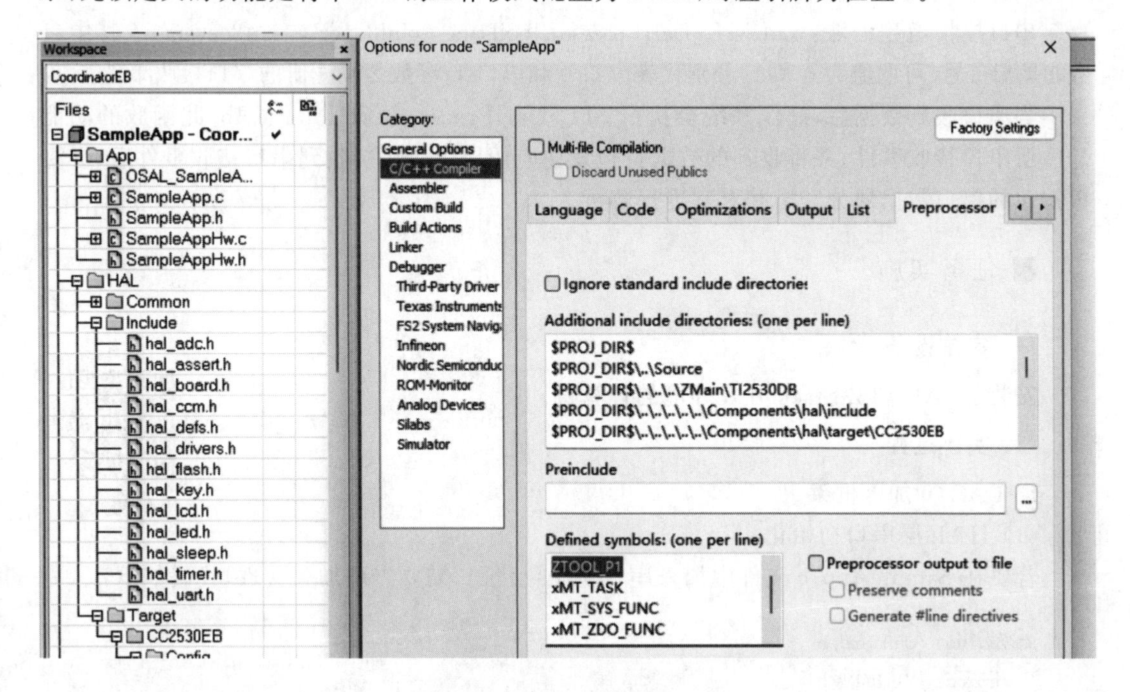

图 2-16 默认的串口预定义

三、串口引脚

串口和对应的引脚如表 2-1 所示。其中串口 0 的位置 1 对应引脚 P0_3(UART0_TX)、P0_2(UART0_RX)。如果配置串口 1 的引脚在位置 2 的话，就可以让两个串口都正常工作，那么串口 1 的引脚就是 P1_6(UART1_TX)、P1_7(UART1_RX)。

表 2-1 串口和对应的引脚

端口		P0				P1					
		.5	.4	.3	.2	.7	.6	.5	.4	.3	.2
串口 0	位置 1	RT	CT	**TX**	**RX**						
	位置 2							TX	RX	RT	CT
串口 1	位置 1	RX	TX	RT	CT						
	位置 2					**RX**	**TX**	RT	CT		

四、串口关键函数

串口发送函数的语句是 uint16 HalUARTWrite(uint8 port, uint8 * buf, uint16 len)。其中参数 1 是端口号,可取值为 0 和 1,分别代表串口 0 和串口 1;参数 2 是要输出的字符串;参数 3 是字符串长度。

HalUARTWrite 函数可以用于串口打印调试和输出数据,也就是说,打印调试和输出数据使用的是同一个函数。示例:HalUARTWrite(0,(uint8 *)PostPayload, strlen(PostPayload))。

串口接收函数语法:void MT_UartProcessZToolData (uint8 port, uint8 event)。其中参数 1 是端口号,可取值为 0 和 1,分别代表串口 0 和串口 1;参数 2 是注册的串口接收事件。

当串口收到数据后,操作系统会执行 MT_UartProcessZToolData 函数,此函数的功能是注册串口接收事件,并将收到的数据打包发往应用层。应用层收到串口接收事件后,会将数据包的串口数据部分取出并对其进行解析。

■ 任务实施

一、实施设备

安装了 IAR 和 Z-Stack 开发环境的计算机。

串口初始化

二、实施过程

1. UART0 加入框架

(1) HAL 层串口初始化

若要在 SampleApp.c 文件中加入串口初始化代码,需要先添加头文件,代码如下:

```
#include "OnBoard.h"
#include "MT_UART.h"          //用于串口

/* HAL */
#include "hal_lcd.h"
#include "hal_led.h"
#include "hal_key.h"
```

然后在应用层初始化函数 SampleApp_Init 中进行串口初始化,部分代码如下:

```
void SampleApp_Init(uint8 task_id)
{
  SampleApp_TaskID = task_id;
  SampleApp_NwkState = DEV_INIT;
  SampleApp_TransID = 0;

  /************* 串口初始化 *************/
MT_UartInit();
MT_UartRegisterTaskID(task_id);    //登记任务号
```

跟踪进入 MT_UartInit 函数,在 SampleApp→MT 目录的 MT_UART.c 文件中找到如下代码:

```
uartConfig.baudRate              = MT_UART_DEFAULT_BAUDRATE;
uartConfig.flowControl           = MT_UART_DEFAULT_OVERFLOW;
```

上面2行分别设置了波特率和流控,默认波特率为38 400 bps,默认打开串口流控。我们需要将波特率修改为更常用的115 200 bps,并关闭串口流控。跟踪找到并修改2个默认的宏定义,在目录 SampleApp→MT 的 mt_uart.h 头文件中,修改代码如下:

```
#if !defined(MT_UART_DEFAULT_OVERFLOW)
  #define MT_UART_DEFAULT_OVERFLOW          FALSE
#endif

#if !defined MT_UART_DEFAULT_BAUDRATE
#define MT_UART_DEFAULT_BAUDRATE            HAL_UART_BR_115200
#endif
```

(2) 应用层控制 UART0 输出

应用层控制 UART0 输出

在 SampleApp.c 的按键事件处理函数 SampleApp_HandleKeys 中,当检测到 S1 和 S2 某个按键按下时,调用 HalUARTWrite 函数,从串口0打印提示信息,修改代码如下:

```
void SampleApp_HandleKeys(uint8 shift, uint8 keys)
{
  (void)shift;  // Intentionally unreferenced parameter

  if (keys & HAL_KEY_SW_6)
  {
    HAL_TOGGLE_LED1();          //按键 S1 按下,LED1 状态翻转
    HalUARTWrite(0,"S1 is pressed!\n",15);
  }
  if (keys & HAL_KEY_SW_7)
  {
    HAL_TOGGLE_LED2();          //按键 S2 按下,LED2 状态翻转
    HalUARTWrite(0,"S2 is pressed!\n",15);
  }
}
```

(3) 下载并运行程序

串口0测试

编译程序,并下载、运行,串口0输出效果如图2-17所示,按键S1和S2按下后,除了可以分别控制LED1和LED2之外,还可以分别从串口0打印提示信息。

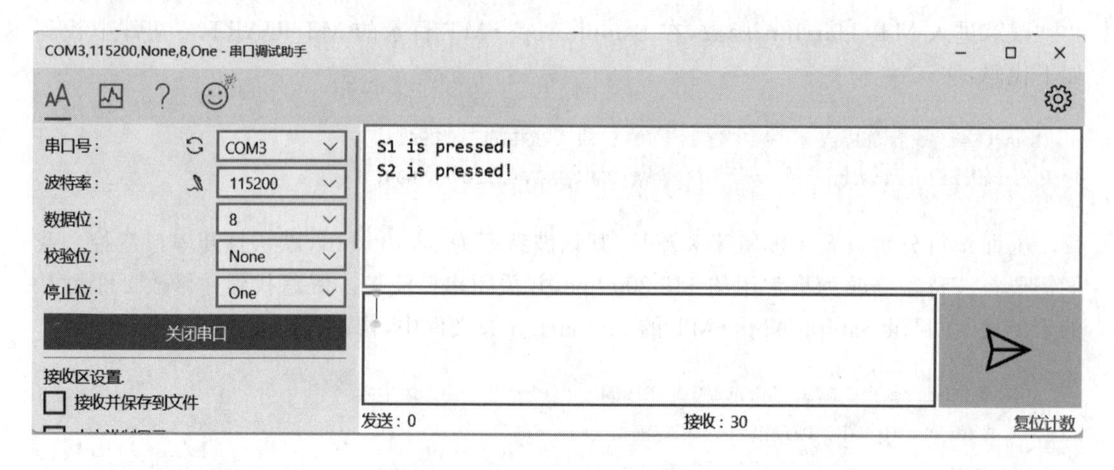

图 2-17　串口 0 输出效果

2. UART1 加入框架

接下来将 UART1 加入框架中，即实现双串口功能。

(1) 增加 UART1 的预编译

增加 UART1 的预编译

在 Workspace 栏选择协调器，右键单击 SampleApp 目录，在选项中单击 options，即可打开 SampleApp 的 Options 选项卡，如图 2-18 所示。在 SampleApp 的 Options 选项卡的 C/C++Compler 分类中打开 Preprocessor 选项卡，增加 HAL_UART_ISR=2 的预编译。

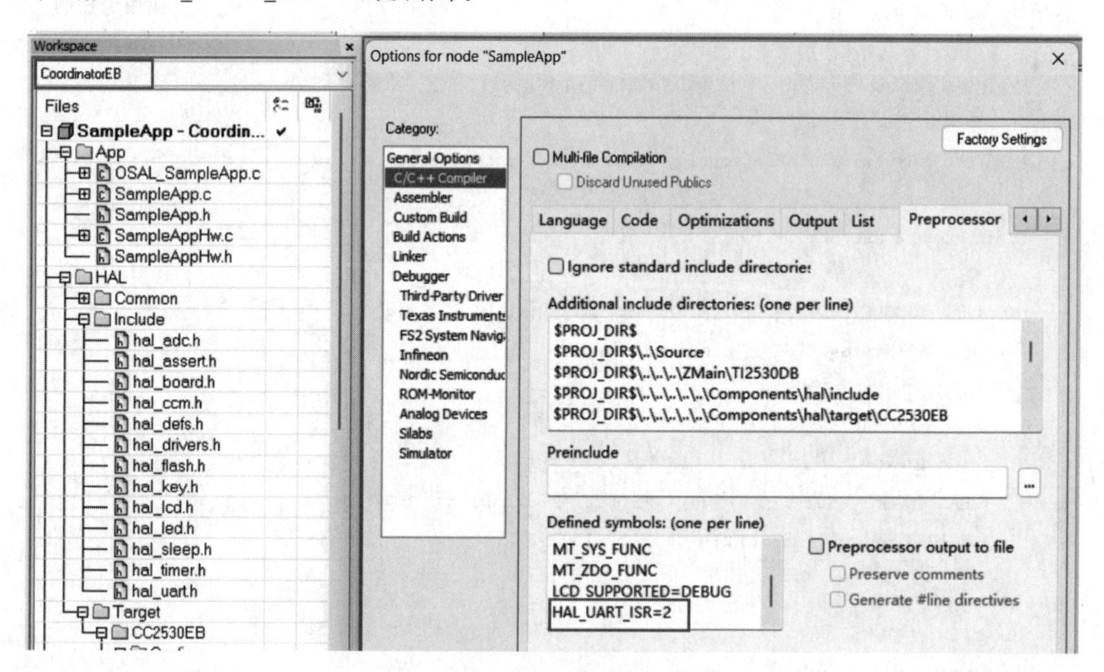

图 2-18　增加 UART1 的预编译

在 Workspace 栏选择协调器是因为框架中只有协调器需要使用 UART1。当然如果终端节点需要使用 UART1，在 Workspace 栏选择终端后增加预编译 HAL_UART_ISR=2 即可。这条预编译是为 UART1 而准备的，设置了 UART1 使用中断方式，默认引脚配置在

P1(ISR＝2 的作用)，即 UART1 的引脚为 P1_6(UART1_TX)、P1_7(UART1_RX)。

(2) 开启 2 个串口

开启 2 个串口

在 MT_UART. c 文件的 MT_UartInit 函数中，原来是仅开启 MT_UART_DEFAULT_PORT，即 HAL_UART_PORT_0，现在改成开启 HAL_UART_PORT_0 和 HAL_UART_PORT_1，使用的配置 uartConfig 是一样的，比如波特率还是 115 200 bps，修改代码如图 2-19 所示。

```
115 #if defined (ZTOOL_P1) || defined (ZTOOL_P2)
116   uartConfig.callBackFunc         = MT_UartProcessZToolData;
117 #elif defined (ZAPP_P1) || defined (ZAPP_P2)
118   uartConfig.callBackFunc         = MT_UartProcessZAppData;
119 #else
120   uartConfig.callBackFunc         = NULL;
121 #endif
122
123   /* Start UART */
124   HalUARTOpen (HAL_UART_PORT_0, &uartConfig);
125   HalUARTOpen (HAL_UART_PORT_1, &uartConfig);
126
127 //#if defined (MT_UART_DEFAULT_PORT)
128 //  HalUARTOpen (MT_UART_DEFAULT_PORT, &uartConfig);
129 //#else
130 //  /* Silence IAR compiler warning */
131 //  (void)uartConfig;
132 //#endif
133
134   /* Initialize for ZApp */
135 #if defined (ZAPP_P1) || defined (ZAPP_P2)
136   /* Default max bytes that ZAPP can take */
137   MT_UartMaxZAppBufLen  = 1;
138   MT_UartZAppRxStatus   = MT_UART_ZAPP_RX_READY;
139 #endif
140
141 }
```

图 2-19 开启 2 个串口

(3) 在应用层控制 UART1 输出

应用层控制 UART1 输出

在应用层控制 UART1 输出，需要修改 SampleApp. c 文件的按键事件处理函数 SampleApp_HandleKeys，代码如下：

```
void SampleApp_HandleKeys(uint8 shift, uint8 keys)
{
  (void)shift;  // Intentionally unreferenced parameter

  if (keys & HAL_KEY_SW_6)
  {
    HAL_TOGGLE_LED1();          //按键 S1 按下，LED1 状态翻转
    HalUARTWrite(0,"S1 is pressed!\n",15);
  }
  if (keys & HAL_KEY_SW_7)
  {
    HAL_TOGGLE_LED2();          //按键 S2 按下，LED2 状态翻转
    HalUARTWrite(1,"S2 is pressed!\n",15);
  }
}
```

（4）下载运行

如果需要连接开发板的串口1进行测试的话，需要有一根一端为USB口而另一端为杜邦线的转接线。后面在连接上位机使用时直接用杜邦线即可正常使用。在Workspace栏选择CoordinatorEB，编译程序，并下载、运行，两个串口都可以正常输出，如图2-20所示。

双串口测试

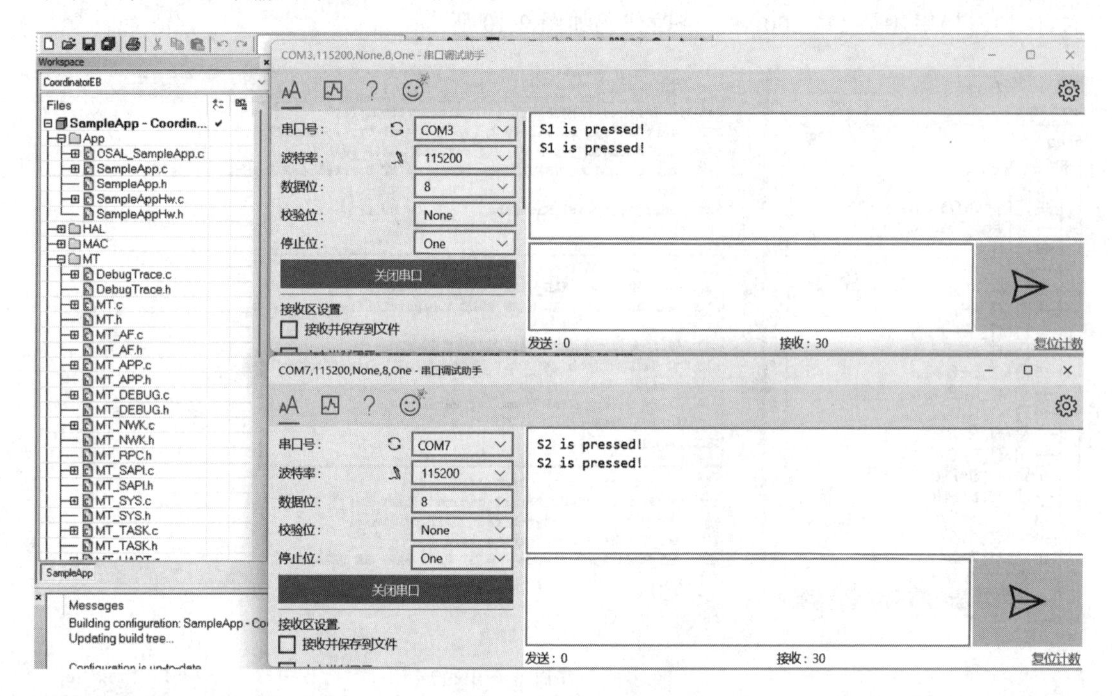

图2-20　UART0和UART1串口打印输出

另外，MT_UartInit里设置了串口收到数据的回调函数，在接收上位机数据时需要重新编写这个函数，可以暂时不管。

```
uartConfig.callBackFunc        = MT_UartProcessZToolData;
```

■ 任务小结

任务4在任务3的基础上，在自编ZigBee框架中分别加入了UART0和UART1串口，实现了终端和协调器节点通过UART0打印调试信息，也实现了协调器节点通过UART1打印调试信息。这为后续协调器节点通过UART1将串口数据发送给网关做了铺垫。

■ 实践练习

修改按键按下后调用的HalUARTWrite函数的第2个和第3个参数，输出不同的打印内容。

任务5 框架基础配置——字符串处理

■ 任务引入

物联网中广泛使用JSON对象格式数据，在传输和解析这种类型的数据时需要用到相关字符串处理函数或方法。这些函数或方法在ESP32网关开发环境Arduino使用的C语言、App开发环境Android Studio使用的Java语言、Node-RED后端开发使用的JavaScript语言中均有提供。为了方便和网关、MQTT服务器、App、后端进行数据通信，在自编ZigBee框架中将采用JSON对象格式，但官方Z-Stack协议栈并没有提供相关函数，该怎么解决呢？

■ 任务目标

为了方便自编ZigBee框架中JSON对象格式数据的传输和解析，任务5将创建mystr.c源文件和mystr.h头文件，用于放置自定义字符串处理函数的定义和声明，供其他文件调用。

■ 相关知识

一、C语言中的跨文件调用函数

如果C语言中的程序功能较多、规模较大，把所有的程序代码都写在一个文件中的话，就会显得凌乱并且难以维护，可以通过模块化的方式来解决这个问题，其中比较关键的就是函数的跨文件调用。比如有两个函数function1和function2，它们分别位于文件A.c和B.c中，如果希望function1调用function2的话，可以通过以下步骤实现：

第一步，在B.c源文件中定义将要被调用的函数function2，代码为：void function2(参数类型 参数名){函数体}；

第二步，在B.h头文件声明将要被调用的函数function2，代码为：extern void function2(参数类型 参数名)；

第三步，使A.c源文件包含B.h头文件，代码为：#include "B.h"；

第四步，在A.c源文件的函数function1中调用函数function2，代码为：function2(实参)。

二、IAR中的char类型

char型数据是计算机编程语言中只可容纳单个字符的一种基本数据类型。在IAR中经常会发现unsigned char和uint8，它们分别是什么意思呢？

在IAR的目录Project→Options→C/C++ Compiler→Language中有默认的设置：Plain 'char' is Unsigned，也就是说，char和unsigned char是一样的。

在目录SampleApp→HAL→Target→CC2530EB→Includes的hal_types.h头文件中有这样一个定义：typedef unsigned char uint8，也就是说，char和uint8是一样的。

■ 任务实施

一、实施设备

安装了 IAR 和 Z-Stack 开发环境的计算机。

二、实施过程

文件加入工程

1. 将文件加入协议栈

新建 mystr. c 源文件和 mystr. h 头文件，并放在本地路径 Projects\zstack\Samples\SampleApp\Source 中，如图 2-21 所示。

名称	修改日期	类型	大小
mystr.c	2022/12/26 18:54	C Source	2 KB
mystr.h	2022/12/17 14:11	H 文件	1 KB
OSAL_SampleApp.c	2008/2/7 13:10	C Source	5 KB
SampleApp.c	2022/12/26 17:48	C Source	16 KB
SampleApp.h	2007/10/27 17:22	H 文件	5 KB
SampleAppHw.h	2007/10/27 17:22	H 文件	4 KB

图 2-21　新建 mystr. c 源文件和 mystr. h 头文件

依次右击“App”→“Add”→“Add Files”，选择保存在本地的 mystr. c 即可，如图 2-22 所示。

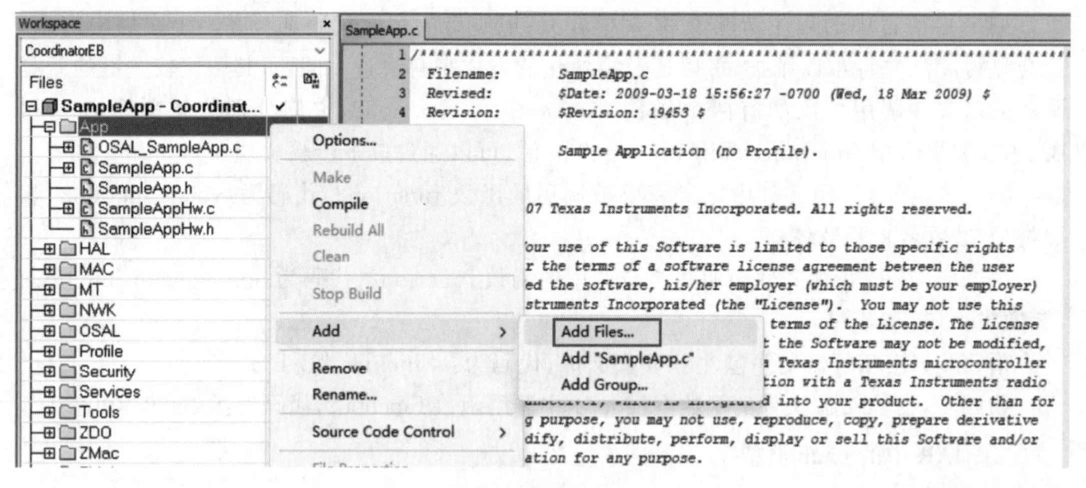

图 2-22　将 mystr. c 加入协议栈

2. 在文件中定义字符串处理函数

使 mystr. c 包含头文件

在 mystr. c 文件中定义 5 个字符串处理函数：substring 函数（截取字符串）、indexOf 函数（计算索引值）、atoi 函数（字符串转数字）、itoa 函数（数字转字符串）、reverse 函数（倒置字符串）。

mystr.c若要调用其他源文件中定义的函数，就需要包含其他源文件对应的头文件，代码如下：

```
#include <string.h>
#include <stdio.h>
#include <mystr.h>
#include <math.h>
```

substring 函数

(1) substring 函数

定义 substring 函数的代码如下：

```
/*截取src字符串函数，取出从下标为start开始到end-1(end前面)结束的字符串，将其保存在dest变量中*/
char * substring(char * src,int start,int end)
{
  char * dest;
  int i = start;
  if(start > strlen(src))return '\0';
  if(end > strlen(src))
    end = strlen(src);
  while(i < end)
  {   dest[i-start] = src[i];
  i++; }
  dest[i-start] = '\0';
  return dest;
}
```

substring 函数将从源字符串中截取子字符串，调用该函数时需要清楚开始和结束的索引值。有了这个函数，就可以在一个字符串中截取感兴趣的内容，如命令字符串中的命令值。

indexOf 函数

(2) indexOf 函数

定义 indexOf 函数的代码如下：

```
/*返回str2第一次出现在str1中的位置(索引)，若不存在，返回-1*/
int indexOf(char * str1, char * str2)
{
  char * p = str1;
  int i = 0;
  p = strstr(str1,str2);
  if(p == NULL)
    return-1;
  else{
```

```
    while(str1 ! = p)
    {   str1 ++ ;
    i ++ ; }
  }
  return i;
}
```

indexOf 函数可以很方便地求出 str2 在 str1 中的位置，返回值即索引值。根据函数特点可知，indexOf 函数也可以用来判断字符串的包含关系。

atoi 函数

(3) atoi 函数

定义 atoi 函数的代码如下：

```
//字符串转数字
int atoi(char * p)
{
  int number = 0;
  if(p == NULL)
  {
    return 0;
  }
  else
  {
    while( * p >='0'&& * p <='9')
    {
      number = number * 10 + ( * p -'0');
      p ++ ;
    }
    return number;
  }
}
```

atoi 函数可将字符串转为十进制的数字。比如在后面的任务中，协调器查询终端节点短地址时，收到网关通过串口发来的字符串{"DeviceID":12,"Led":0}，取出的终端设备 ID 值("12")是一个字符串，然后作为索引(12)去查询路由表数组取出短地址。很明显，从字符串中取出的终端设备 ID 是字符串类型，路由表数组的索引是 int 整型，可使用 atoi 函数完成转换。

itoa 函数

(4) itoa 函数

定义 itoa 函数的代码如下：

```
/* itoa 函数，将数字转换为字符串 */
char * itoa(int n)
{
```

```
    char * s;
    int i = 0;
    int sign = 0;
    if((sign = n) < 0)              //记录符号
      n =- n;                       //使 n 成为正数
    do
    { s[i++] = n%10 + '0';          //取下一个数字
    }while((n /= 10) > 0);          //删除当前位上的数值

    if(sign < 0)
      s[i++] = '-';
    s[i] = '\0';
    return reverse(s);
}
```

当传感器检测到的是数字，终端设备无线发送给协调器的数据是字符串时，需要使用 itoa 函数进行转换。

(5) reverse 函数

定义 reverse 函数的代码如下：

```
/* reverse 函数:倒置字符串 S 中各个字符的位置 */
char * reverse(char * s)
{
  int tmp = 0;

  for(int i = 0,j = strlen(s) - 1; i < j; i++ , j-- )
  {
    tmp = s[i];
    s[i] = s[j];
    s[j] = tmp;
  }
  return s;
}
```

itoa 函数会用到 reverse 函数。比如，数字 12 转换为字符串"12"的过程为：先求出个位 2，并将其作为字符串数据的第 0 个字符；其次，求出十位 1，并将其作为字符串数据的第 1 个字符；最后得到的字符数组为"21"，需要利用 reverse 函数将其翻转，才能得到正确的字符串"12"。

头文件的
函数声明

3. 在头文件 mystr.h 中声明字符串处理函数

头文件 mystr.h 的代码如下：

```
extern char * substring(char * src,int start,int end);
extern int indexOf(char * str1,char * str2);
```

```
extern int atoi(char * p);
extern char * itoa(int n);
extern char * reverse(char * s);
```

由于后面将在 SampleApp.c 中调用 substring 函数、indexOf 函数、atoi 函数以及 itoa 函数，故需在声明时加上 extern 关键字。

■ 任务小结

任务 5 创建了 mystr.c 源文件和 mystr.h 头文件。mystr.c 源文件放置自定义字符串处理函数的定义和声明，后续 substring 函数、indexOf 函数、atoi 函数以及 itoa 函数将在 SampleApp.c 中被调用。注意，SampleApp.c 还需要包含 mystr.h 头文件。

■ 实践练习

尝试修改源文件名和头文件名，如 MyStr.c 和 MyStr.h。

任务 6　框架思路——三发三收

■ 任务引入

ZigBee 中的设备注册、数据传输、数据解析等功能较为复杂，那么，能不能在自编 ZigBee 框架中自动实现以上功能呢？这样，有专业基础的学生或者对 ZigBee 技术感兴趣的人员可以直接拿来使用，在应用时只需要关注新增加的传感器和执行器如何工作即可。

■ 任务目标

任务 2 到 5 完成了自编 ZigBee 框架的基础配置，任务 6 将在此基础上介绍自编 ZigBee 框架的设计思路——三发三收，并做一些准备工作。

■ 相关知识

在 Z-Stack 协议栈中，节点类型分为三种：协调器、路由器和终端设备。这些节点类型的区别主要在于其对无线网络的管理能力和功耗控制能力。

一、协调器

协调器(Coordinator)是无线网络的主控节点，负责创建和管理整个网络，具有节点加入、路由表管理、数据转发等功能。协调器需要具备较强的处理能力和较高的稳定性，通常用于智能电网、自动化工业等领域。

二、路由器

路由器(Router)是从属于协调器的中间节点，可以接收和转发其他节点的数据，并通过路由表选择最优路径进行数据传输。路由器通常需要外部供电和长时间稳定运行，是无线网络中重要的中间节点。

三、终端设备

终端设备(End Device)是从属于协调器或路由器的末端节点，通常依赖协调器或路由器进行无线通信，并需要通过低功耗模式来延长电池寿命。终端设备通常用于自动化家庭、智能家居等领域。

【课堂讨论】

协调器适合用电池供电吗？

■ 任务实施

一、实施设备

三发三收的设计思路

安装了 IAR 和 Z-Stack 开发环境的计算机。

二、实施过程

1. 三发三收的设计思路

(1) 一类收发

一类收发：终端设备入网时无线发送设备 ID，协调器接收设备 ID 后将其存入路由表。

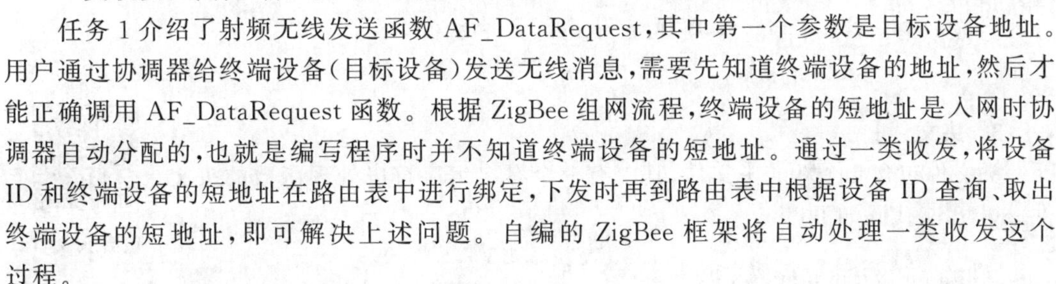

任务 1 介绍了射频无线发送函数 AF_DataRequest，其中第一个参数是目标设备地址。用户通过协调器给终端设备(目标设备)发送无线消息，需要先知道终端设备的地址，然后才能正确调用 AF_DataRequest 函数。根据 ZigBee 组网流程，终端设备的短地址是入网时协调器自动分配的，也就是编写程序时并不知道终端设备的短地址。通过一类收发，将设备 ID 和终端设备的短地址在路由表中进行绑定，下发时再到路由表中根据设备 ID 查询、取出终端设备的短地址，即可解决上述问题。自编的 ZigBee 框架将自动处理一类收发这个过程。

(2) 二类收发

二类收发：终端设备连接传感器，周期性地将传感数据无线发送到协调器，协调器收到该数据后将通过串口打印到上位机(如网关)。

传感器值的获取需要自己实现，其余部分(包括数据转换、数据整理和发送)将由框架全自动处理。终端设备无线发送的数据(即协调器无线接收的数据)采用 JSON 对象格式，如{"DeviceID":1,"Temp":16}、{"DeviceID":2,"Humi":39}。

(3) 三类收发

三类收发：协调器通过串口接收上位机命令，并根据命令中的设备 ID 查询终端设备的短地址，将命令无线转发到对应的终端设备，终端设备收到消息后解析出命令值，控制执行器。

除了执行器的控制部分需要自行设计外，其余部分将由框架全自动处理。协调器串口接收的数据、无线发送的数据(即终端设备无线接收的数据)采用 JSON 对象格式，如{"DeviceID":1,"Led":0}、{"DeviceID":2,"Fan":1}。

2. 簇 ID

上面介绍的 3 种类型的无线消息都是点播信息。点播(也叫点对点)是指网络中任意一节点向另一个已知网络地址(即短地址)的节点发送数据的过程。簇 ID 即消息的标签,可以用来区分消息的类型,类似于后面项目要学习的 MQTT 消息中的消息主题。3 种无线消息需要设计 3 个簇 ID。

簇 ID

在 SampleApp.h 中将原来簇 ID 的宏定义语句修改如下:

```
#define SAMPLEAPP_MAX_CLUSTERS              3
#define SAMPLEAPP_NetAccessLogin_CLUSTERID 1 //所有设备入网时注册设备信息簇 ID
#define SAMPLEAPP_PropertyPost_CLUSTERID   2 //所有设备上报给协调器的消息簇 ID
#define SAMPLEAPP_PropertySet_CLUSTERID    3 //协调器下发设备控制的消息簇 ID,针对所有终端设备
```

在 SampleApp.c 中定义簇 ID 数组的变量,修改如下:

```
/*********************************************************************
 * GLOBAL VARIABLES,3 个簇 ID(消息主题):设备入网注册,设备属性上报,下发属性设置
 */
const cId_t SampleApp_ClusterList[SAMPLEAPP_MAX_CLUSTERS] =
{
  SAMPLEAPP_NetAccessLogin_CLUSTERID,
  SAMPLEAPP_PropertyPost_CLUSTERID,
  SAMPLEAPP_PropertySet_CLUSTERID
};
```

3. 头文件

包含头文件

头文件包含 4 个新的头文件,其中有一个是自编字符串处理函数的头文件 mystr.h,代码如下:

```
/***** INCLUDES   *****/
#include "OSAL.h"
#include "ZGlobals.h"
#include "AF.h"
#include "aps_groups.h"
#include "ZDApp.h"
#include "SampleApp.h"
#include "SampleAppHw.h"
#include "OnBoard.h"
#include "MT_UART.h"           //用于串口
#include "MT.h"
#include "stdio.h"             //增加头文件:数学
#include "string.h"            //增加头文件:字符串
#include "mystr.h"             //增加头文件:自编字符串处理

/*HAL*/
```

```
#include "hal_lcd.h"
#include "hal_led.h"
#include "hal_key.h"
```

4. 修正

Z-Stack原有的三个消息簇ID被改成三个点播消息簇ID，编译时会出现错误，暂时将出现错误的相关语句和函数注释掉即可。

■ 任务小结

任务6分析了自编ZigBee框架的设计思路——三发三收，并做了一些准备工作。

■ 实践练习

解决编译报错的语句，并重新编译程序。

任务7 一类收发

■ 任务引入

正如任务6在框架设计思路中所介绍的那样，协调器向终端发送无线消息时，需要先知道终端设备的地址，然后才能在程序中调用射频无线发送函数AF_DataRequest。但根据ZigBee组网流程，终端设备短地址是入网时协调器自动分配的，也就是编写程序时并不知道。那么，该怎么解决这个问题呢？

■ 任务目标

任务7将实现一类收发功能：终端设备在入网时会发送无线消息，该消息包含设备ID，协调器收到终端设备发送的消息后，会先取出设备ID，再取出为终端设备分配的短地址，最后在路由表中将两者绑定起来。路由表是一个数组，设备ID是数组元素的索引，分配的短地址是数组元素的值。后面需要终端设备的短地址时，只需要根据设备ID查询路由表，取出对应的短地址即可。

■ 相关知识

一、无线数据通信的一般步骤

用户实现一个简单的无线数据通信的一般步骤如下。

- 组网：调用协议栈的组网函数、加入网络函数，实现网络的建立与节点的加入；
- 发送：发送节点调用协议栈的无线数据发送函数，实现无线数据的发送；
- 接收：接收节点调用协议栈的无线数据接收函数，实现无线数据的接收。

二、射频无线发送函数

射频无线发送函数语法为

```
afStatus_t AF_DataRequest(afAddrType_t * dstAddr,
                          endPointDesc_t * srcEP,
                          uint16 cID,
                          uint16 len,        //发送数据的长度
                          uint8 * buf,       //指向存放发送数据的缓冲区的指针
                          uint8 * transID,
                          uint8 options,
                          uint8 radiuis)
```

其中：第一个参数是结构体变量，包含目标设备地址；第4个参数是发送数据的长度；第5个参数是要发送的数据。

■ 任务实施

一、实施设备

安装IAR和Z-Stack开发环境的计算机。

二、实施过程

路由表定义

1. 定义

(1) 路由表定义

路由表的设计极为简单，它就是一个数组，定义路由表的代码如下：

```
uint16 Routing_Table[20]; //设备路由表，索引值为设备号，值为设备短地址
```

根据C语言的语法，定义数组时需要给定数组元素的个数。这里将数组元素的个数设为20(即最多可以有20个终端设备)，一般情况下足够使用了。

(2) 设备宏定义

设备宏与设备ID

每一个终端设备的下载程序都不一样，比如终端设备1检测温度，终端设备2检测湿度，终端设备3控制Led1，终端设备4控制Led2，等等。但在一个工程中编写的程序可以通过设备宏共存和区分，示例代码如下：

```
//#define Device01        //终端设备1,重要,使用时取消注释
//#define Device02        //终端设备2,重要,使用时取消注释
//#define Device03        //终端设备3,重要,使用时取消注释
```

当使用某个终端设备时，启动对应的设备宏，注释掉其他设备宏。当使用协调器时，注释掉所有的设备宏。

(3) 设备终端ID定义

定义终端设备ID的代码如下：

```
uint8 DeviceID;//终端设备ID,重要,使用某设备时赋值,如终端设备1赋值为1,终端设备2赋值为2
```

当使用某个终端设备时，给 DeviceID 赋值即可。当使用协调器时，DeviceID 无须赋值（赋值也不起作用，DeviceID 是由终端上报的）。

(4) 点播结构体变量定义

建点播结构体

目标设备短地址需要放在一个 afAddrType_t 结构体类型的变量中，Z-Stack定义了包含点播和组播目标设备地址的结构体变量，代码如下：

```
afAddrType_t SampleApp_Periodic_DstAddr;
afAddrType_t SampleApp_Flash_DstAddr;

aps_Group_t SampleApp_Group;

uint8 SampleAppPeriodicCounter = 0;
uint8 SampleAppFlashCounter = 0;
```

自编 ZigBee 框架中，只使用点播结构体变量，定义的包含目标地址的结构体变量名为 SampleApp_P2P_DstAddr。代码修改如下：

```
/*****点播结构体*****/
afAddrType_t SampleApp_P2P_DstAddr;
```

2. 点播函数声明与点播结构体初始化

(1) 点播函数声明

在框架思路里介绍过，无线发送的消息共有三类，分别对应三个无线发送的点播函数。这三个点播函数分别是终端入网、终端上报传感数据、协调器下发控制命令。本任务就需要声明、定义、调用第一个终端入网函数 SampleApp_NetAccessLogin_E2C_Message。

```
void SampleApp_HandleKeys(uint8 shift, uint8 keys);          //按键处理函数
void SampleApp_MessageMSGCB(afIncomingMSGPacket_t * pckt);//接收无线消息处理函数
/*****共3个点播函数:终端入网,终端上报传感数据,协调器下发控制命令*****/
void SampleApp_NetAccessLogin_E2C_Message(void);            //声明点播函数:终端入网注册
```

代码中新声明了终端入网函数，按键处理函数 SampleApp-Handlekeys 和接收无线消息处理函数 SampleApp-MessageMSGCB 的声明是本来就有的。按键处理函数在框架基础部分已经使用过。接收无线消息处理函数接收处理下面三类消息：终端入网消息、终端上报传感数据和协调器下发控制命令。

点播结构体初始化

(2) 点播结构体初始化

在 SampleApp_Init 函数中，需要给点播结构体的成员赋值，原来的代码为

```
// Setup for the periodic message's destination address
// Broadcast to everyone
SampleApp_Periodic_DstAddr.addrMode = (afAddrMode_t)AddrBroadcast;
SampleApp_Periodic_DstAddr.endPoint = SAMPLEAPP_ENDPOINT;
```

```
SampleApp_Periodic_DstAddr.addr.shortAddr = 0xFFFF;

// Setup for the flash command's destination address-Group 1
SampleApp_Flash_DstAddr.addrMode = (afAddrMode_t)afAddrGroup;
SampleApp_Flash_DstAddr.endPoint = SAMPLEApp_ENDPOINT;
SampleApp_Flash_DstAddr.addr.shortAddr = SAMPLEApp_FLASH_GROUP;
```

修改后的代码为

```
// 点播结构体成员赋值
SampleApp_P2P_DstAddr.addrMode = (afAddrMode_t)Addr16Bit;
SampleApp_P2P_DstAddr.endPoint = SAMPLEApp_ENDPOINT;
//SampleApp_P2P_DstAddr.addr.shortAddr = 0x0000; //地址初值,具体点播发送前指定
```

点播函数调用射频无线发送函数 AF_DataRequest 时,第一个参数就是结构体 SampleApp_P2P_DstAddr,其中结构体成员 shortAddr 即短地址,可以在调用函数 AF_DataRequest 时再重新给 shortAddr 赋值目标设备短地址。

3. 终端入网注册相关函数

终端入网注册相关函数包含 3 个:应用层事件处理函数 SampleApp_ProcessEvent;注册设备信息的点播函数 SampleApp_NetAccessLogin_E2C_Message;接收无线消息的处理函数 SampleApp_MessageMSGCB。

(1) 修改应用层事件处理函数 SampleApp_ProcessEvent

调用注册设备信息的点播函数

不同的事件都是在应用层事件处理函数 SampleApp_ProcessEvent 中处理的,处理时调用的函数当然是不同的。

Z-Stack 通过 ZDO_STATE_CHANGE(网络状态改变)事件判断协调器、路由器或终端设备的入网行为,代码如下:

```
case ZDO_STATE_CHANGE:
  SampleApp_NwkState = (devStates_t)(MSGpkt->hdr.status);
  if ((SampleApp_NwkState == DEV_ZB_COORD)
      || (SampleApp_NwkState == DEV_ROUTER)
      || (SampleApp_NwkState == DEV_END_DEVICE))
  {
    // Start sending the periodic message in a regular interval.
    osal_start_timerEx(SampleApp_TaskID,
                       SAMPLEAPP_SEND_PERIODIC_MSG_EVT,
                       SAMPLEAPP_SEND_PERIODIC_MSG_TIMEOUT);
  }
  else
  {
    // Device is no longer in the network
  }
  break;
```

将以上代码修改为

```
// 网络状态改变:当终端入网时,将注册信息上报给协调器,并向应用层注册周期上报传感数据事件,对应第一发和第二发
case ZDO_STATE_CHANGE:
  SampleApp_NwkState = (devStates_t)(MSGpkt -> hdr.status);
  if ((SampleApp_NwkState == DEV_ROUTER)
      || (SampleApp_NwkState == DEV_END_DEVICE))
  {
    //终端设备入网时,调用一次注册设备信息函数
    SampleApp_NetAccessLogin_E2C_Message();

    // Start sending the periodic message in a regular interval.
    osal_start_timerEx(SampleApp_TaskID,
                       SAMPLEAPP_SEND_PERIODIC_MSG_EVT,
                       SAMPLEAPP_SEND_PERIODIC_MSG_TIMEOUT);
  }
  else
  {
    // Device is no longer in the network
  }
  break;
```

终端设备入网后,网络状态发生改变,对应事件ZDO_STATE_CHANGE。在事件处理中,调用注册设备信息的点播函数SampleApp_NetAccessLogin_E2C_Message(第一发),并添加周期性发送事件SAMPLEAPP_SEND_PERIODIC_MSG_EVT,将用于二类收发中的周期性上报传感数据功能(后续再详细说明)。

(2) 创建注册设备信息的点播函数SampleApp_NetAccessLogin_E2C_Message

SampleApp_NetAccessLogin_E2C_Message函数定义如下:

```
/******************************************************************
 * @fn  第一发:终端入网注册消息函数;类型:点播;方向:终端->协调器;框架全自动处理
 */
void SampleApp_NetAccessLogin_E2C_Message(void)
{
  uint8 buffer[1];//存放加入网络的数据
  buffer[0] = DeviceID;
  SampleApp_P2P_DstAddr.addr.shortAddr = 0x0000; //短地址,指向协调器
  if (AF_DataRequest(&SampleApp_P2P_DstAddr, &SampleApp_epDesc,
                     SAMPLEAPP_NetAccessLogin_CLUSTERID,
```

发送函数

```
                            1, //数据长度
                            buffer, //数据地址,数组名就是地址
                            &SampleApp_TransID,
                            AF_DISCV_ROUTE,
                            AF_DEFAULT_RADIUS) == afStatus_SUCCESS)
    {}
    else
    {} // Error occurred in request to send.
}
```

在注册设备信息的点播函数中,定义了只有1个元素的数组 buffer,元素的值为终端设备 ID。调用射频无线发送函数 AF_DataRequest,将 buffer 发送给协调器,其中协调器的短地址为 0x0000。消息携带的簇 ID 为 SAMPLEAPP_NetAccessLogin_CLUSTERID。数组名就是数组的地址。

接收处理

(3) 修改接收无线消息的处理函数 SampleApp_MessageMSGCB

修改接收无线消息的处理函数,修改后的代码如下:

```
void SampleApp_MessageMSGCB(afIncomingMSGPacket_t * pkt)
{
  //uint16 flashTime;

  switch (pkt->clusterId)
  {
    //第一收:协调器收到包含一个字节设备 ID 的设备入网注册消息,pkt->srcAddr.addr.
shortAddr 为数据包中存放的源设备短地址;框架全自动处理
    case SAMPLEAPP_NetAccessLogin_CLUSTERID:
      if(pkt->srcAddr.addr.shortAddr != 0)
      {
        DeviceID = pkt->cmd.Data[0];                          //定位路由表的索引
        Routing_Table[DeviceID] = pkt->srcAddr.addr.shortAddr; //把收到的终端设备的短地
址保存在路由表中
      }
      break;

  }
}
```

判断消息的簇 ID 是不是 SAMPLEAPP_NetAccessLogin_CLUSTERID,假如是的话,表示协调器收到的是设备入网注册消息。绑定路由表过程如下:取出 pkt 结构体的 cmd 成员的 Data 成员的第 0 个元素(终端设备上报消息的数据部分,如值 1),向 DeviceID 赋值,赋值后 DeviceID 等于 1;取出 pkt 结构体的 srcAddr 成员的 addr 成员的 shortAddr,即协调器分配给终端设备的短地址为 0X3003;给路由表的索引为 1 的元素赋值为 0X3003。比如下

一个节点的 DeviceID=2,入网后分配的短地址为 0X9140,则语句为 Routing_Table[2]=0X9140。以此类推,通过一类收发的设计,协调器的路由表清楚地记录了终端设备的短地址。

至此,一类收发部分全部设计完毕,而且整个注册过程是全自动处理的,后续不用修改。如果需要观察的话,可以进行接下来的测试,测试完毕后把相关的测试代码删除即可。

打印短地址程序

4. 打印测试

如果想看新入网设备的短地址,可以到路由表中取出存入的终端设备短地址并打印出来观察,代码如下:

```
void SampleApp_MessageMSGCB(afIncomingMSGPacket_t * pkt)
{
  uint8 buffer_print[4];//用于打印 D3、D2、D1、D0 位

  switch (pkt->clusterId)
  {
    //第一收:协调器收到包含一个字节设备 ID 的设备入网注册消息,pkt->srcAddr.addr.shortAddr 为数据包中存放的源设备短地址;框架全自动处理
  case SAMPLEAPP_NetAccessLogin_CLUSTERID:
    if(pkt->srcAddr.addr.shortAddr != 0)
    {
      DeviceID = pkt->cmd.Data[0];                          //定位路由表的索引
      Routing_Table[DeviceID] = pkt->srcAddr.addr.shortAddr; //把收到的终端设备的短地址保存在路由表中
      //串口打印终端设备短地址
      buffer_print[0] = Routing_Table[DeviceID]/4096;
      buffer_print[1] = Routing_Table[DeviceID] % 4096/256;
      buffer_print[2] = Routing_Table[DeviceID] % 256/16;
      buffer_print[3] = Routing_Table[DeviceID] % 16;
      if(buffer_print[0] < 10){buffer_print[0] = buffer_print[0] + 48;
      }else{
        buffer_print[0] = buffer_print[0] + 55;}
      if(buffer_print[1] < 10){buffer_print[1] = buffer_print[1] + 48;
      }else{
        buffer_print[1] = buffer_print[1] + 55;}
      if(buffer_print[2] < 10){buffer_print[2] = buffer_print[2] + 48;
      }else{
        buffer_print[2] = buffer_print[2] + 55;
      }
      if(buffer_print[3] < 10){buffer_print[3] = buffer_print[3] + 48;
      }else{buffer_print[3] = buffer_print[3] + 55;
      }
```

```
        HalUARTWrite(0,"Device Short Addr:",18);
        HalUARTWrite(0,buffer_print,4);
      }
    break;
  }
}
```

协调器(在 Workspace 栏选 CoordinatorEB)下载程序时,注释掉所有终端设备宏,不用向 DeviceID 赋值:

```
uint16 Routing_Table[20];   //设备路由表,索引值为设备号,值为设备短地址
//#define Device01          //终端设备 1,重要,使用时取消注释 $¥¥¥¥¥$
//#define Device02          //终端设备 2,重要,使用时取消注释 $¥¥¥¥¥$
//#define Device03          //终端设备 3,重要,使用时取消注释 $¥¥¥¥¥$
uint8 DeviceID;             //终端设备 ID,重要,使用某设备时赋值
```

终端设备 1(在 Workspace 栏选 EndDeviceEB)下载程序时,启用 Device01 宏,DeviceID 赋值为 1:

```
uint16 Routing_Table[20];   //设备路由表,索引值为设备号,值为设备短地址
#define Device01            //终端设备 1,重要,使用时取消注释 $¥¥¥¥¥$
//#define Device02          //终端设备 2,重要,使用时取消注释 $¥¥¥¥¥$
//#define Device03          //终端设备 3,重要,使用时取消注释 $¥¥¥¥¥$
uint8 DeviceID = 1;         //终端设备 ID,重要,使用某设备时赋值
```

终端设备 2(在 Workspace 栏选 EndDeviceEB)下载程序时,启用 Device02 宏,DeviceID 赋值为 2:

```
uint16 Routing_Table[20];   //设备路由表,索引值为设备号,值为设备短地址
//#define Device01          //终端设备 1,重要,使用时取消注释 $¥¥¥¥¥$
#define Device02            //终端设备 2,重要,使用时取消注释 $¥¥¥¥¥$
//#define Device03          //终端设备 3,重要,使用时取消注释 $¥¥¥¥¥$
uint8 DeviceID = 2;         //终端设备 ID,重要,使用某设备时赋值
```

下载 2 个终端设备和协调器的程序,打开协调器所接的计算机串口调试助手,当终端设备上电入网时,协调器会打印出终端设备短地址(根据 DeviceID 查询路由表获得),如图 2-23 所示,图中的"3003""9140"就是终端设备短地址 0X3003、0X9140。测试完毕后,最好将打印的语句删除,因为后面用不到。

打印短地址测试

实验发现,如果协调器不断电,终端设备断电重新入网,协调器为其分配的短地址将保持不变,即构建的网络不变。但如果协调器先断电,终端设备再断电重新入网,协调器为其分配的短地址将发生变化,这说明构建了新的网络。这正是 ZigBee 网络的特点,如果网络不变,协调器对终端设备是有记忆的。

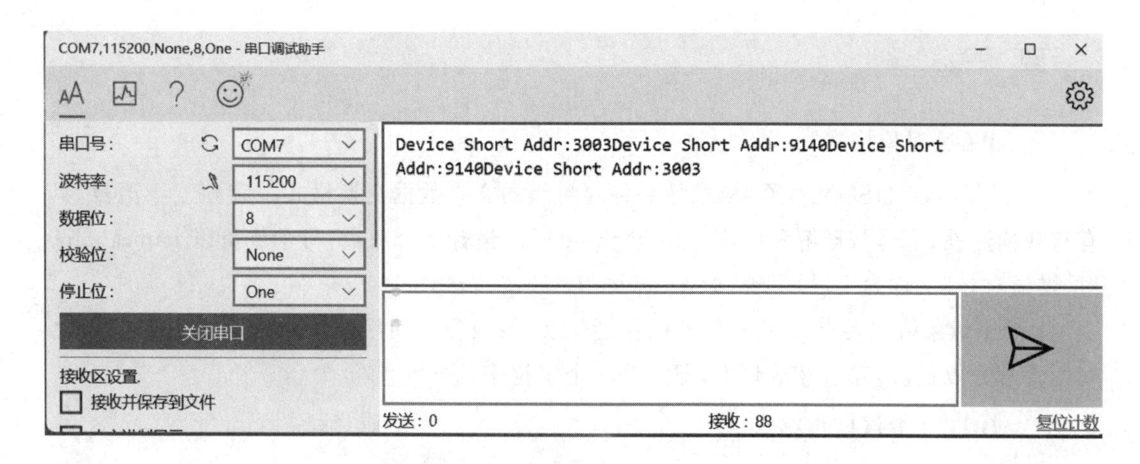

图 2-23　协调器打印终端设备短地址

■ 任务小结

任务 7 实现了一类收发功能。

■ 实践练习

协调器不断电,重启终端设备,测试打印的终端设备短地址;协调器和终端设备都断电重启(注意,协调器先断电重启或者同时断电重启),再测试打印的终端设备短地址。

任务 8　二类收发

■ 任务引入

终端设备周期性地将传感数据无线发送给协调器。当协调器收到无线数据后,在无线数据接收处理函数 SampleApp_MessageMSGCB 中,除了可以通过 UART0 打印调试信息外,还可以怎么和上位机(如物联网网关)通信呢?传统的无线发送和接收的数据格式为帧格式,不易理解,那么,有没有更简便的数据格式呢?

■ 任务目标

任务 8 将实现二类收发功能:发送是指终端设备连接传感器,周期性地将传感数据无线发送到协调器;接收是指协调器收到无线数据后通过串口 UART0 打印调试信息,然后通过串口 UART1 将数据输出到上位机(如网关),与物联网服务器进行 MQTT 通信。

任务 8 创新性地将通信时的数据格式由常用的帧格式调整为 JSON 对象格式,以便与后续项目中网关设计、App 设计以及后端设计中使用的数据格式保持一致。

■ 相关知识

一、JSON 对象格式

JSON Object(JSON 对象)格式是一种轻量级的文本数据交换格式。它独立于语言,具有自我描述性,容易被理解和使用。JSON 对象可以包含多个成员,每个成员以 name:value 对(键值对,键又称为字段)呈现,如{"DeviceID":1,"Temp":16}。

JSON 对象格式要求:JSON 对象用花括号表示;成员之间用逗号分隔;键(字段)和值之间用冒号分隔;键用双引号括起来,即键是一个字符串。

二、DHT11 温湿度传感器

DHT11 温湿度传感器是一款含有已校准数字信号输出的温湿度传感器,包括一个电阻式感湿元件和一个 NTC 测温元件,并与一个高性能 8 位单片机相连接。DHT11 温湿度传感器采用单线制串行接口,不仅可使系统集成变得简易、快捷,还可节约硬件资源。

DHT11 温湿度传感器为 4 针单排引脚封装,连接方便。在传感器应用电路中,VCC 供电电压的范围为 3~5.5VDC,GND 接地。DATA 为单串行数据总线,可和单片机的数据引脚相连。注意,数据引脚需要完成输入和输出双向传输,故不必在初始化时设置其工作模式,而是在检测时按照时序配置。

【课堂讨论】

你还知道哪些单串行数据总线的传感器?

■ 任务实施

一、实施设备

安装 IAR 和 Z-Stack 开发环境的计算机。

二、实施过程

1. DHT11 驱动

传感器有很多类型,不同类型传感器的工作原理各不相同,需要单机调试好后,再加入协议栈中。每种传感器都不一样,本任务不再详细分析每种传感器的原理和程序编写,仅讲解其如何使用。

驱动加入工程

(1) 将驱动文件加入工程

创建驱动文件 DHT11.c 和 DHT11.h,并将其放在本地路径\Projects\zstack\Samples\SampleApp\Source 中,如图 2-24 所示。

依次右击"App"→"Add"→"Add Files",添加保存在本地的文件 DHT11.c,如图 2-25 所示。

(2) 添加 DHT11.h 头文件

在 SampleApp.c 文件中添加 DHT11.h 头文件,如图 2-26 所示。

名称	修改日期	类型	大小
DHT11.c	2022/12/27 19:57	C 文件	3 KB
DHT11.h	2012/10/14 16:07	H 文件	1 KB
mystr.c	2022/12/26 18:54	C 文件	2 KB
mystr.h	2022/12/17 14:11	H 文件	1 KB
OSAL_SampleApp.c	2008/2/7 13:10	C 文件	5 KB
SampleApp.c	2022/12/27 19:52	C 文件	11 KB
SampleApp.h	2022/12/27 10:48	H 文件	5 KB
SampleAppHw.h	2007/10/27 17:22	H 文件	4 KB

图 2-24 创建驱动文件 DHT11. c 和 DHT11. h

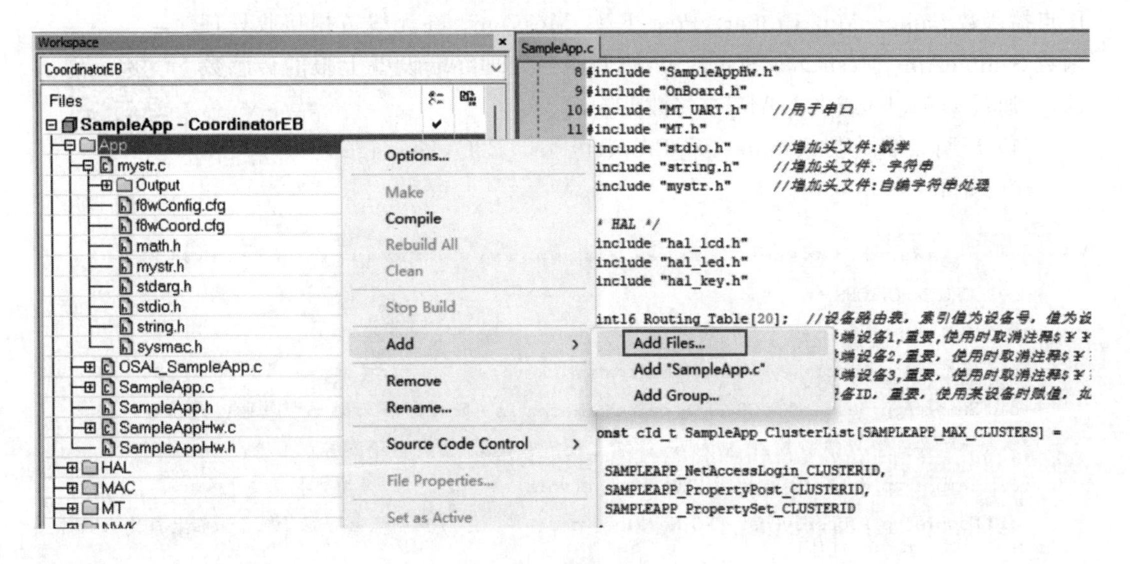

图 2-25 将驱动文件加入工程

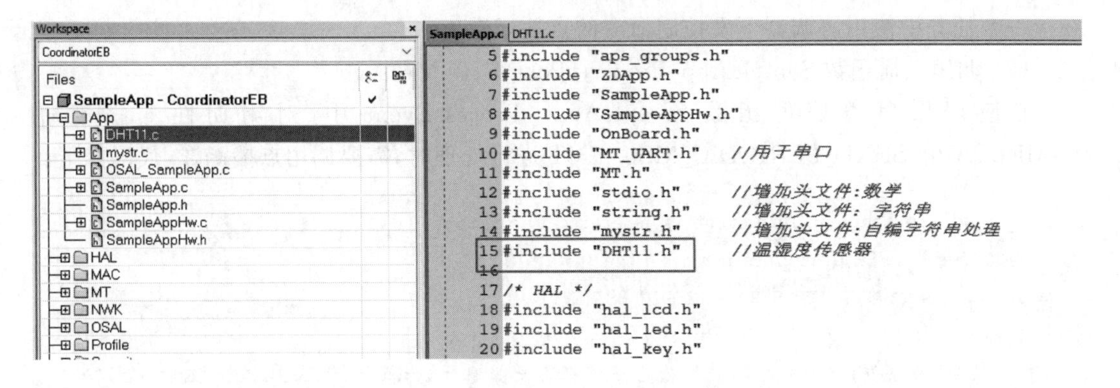

图 2-26 添加 DHT11. h 头文件

(3) DHT11 函数和变量

需要声明和定义的函数为 DHT11 函数，比如在 DHT11. h 中声明函数的语句如下：

```
extern void DHT11(void);   //温湿传感启动
```

调用 DHT11 函数就可以完成温湿度检测。另外,在 DHT11. h 中声明变量的语句如下:

DHT11 函数和变量

```
extern uchar shidu_shi,shidu_ge,wendu_shi,wendu_ge;
```

以上四个变量分别是湿度的十位、个位,温度的十位、个位。

2. 周期性上报与处理

在 SampleApp. c 文件中编写点播函数 SampleApp_PropertyPost_E2C_Message,用于发送传感数据,另外,该函数需要声明。在应用层事件处理函数 SampleApp_ProcessEvent 中,对周期性上报事件 SAMPLEAPP_SEND_PERIODIC_MSG_EVT 进行处理时,需要调用点播函数 SampleApp_PropertyPost_E2C_Message。在无线数据接收处理函数 SampleApp_MessageMSGCB 中,协调器会处理终端设备上报的传感数据,并通过 UART0 或者 UART1 将数据输出。

点播函数的声明与调用

(1) 声明点播函数 SampleApp_PropertyPost_E2C_Message

代码如下:

```
/*********************************************************************
 * LOCAL FUNCTIONS
 */
void SampleApp_HandleKeys(uint8 shift, uint8 keys);        //按键处理函数
void SampleApp_MessageMSGCB(afIncomingMSGPacket_t * pckt); //无线数据接收处理函数
/***** 共 3 个点播函数:终端入网,终端上报传感数据,协调器下发控制命令 *****/
void SampleApp_NetAccessLogin_E2C_Message(void);           //声明点播函数:终端入网注册
void SampleApp_PropertyPost_E2C_Message(void);       //声明点播函数:终端设备上报传感数据
```

这里共声明了 2 个点播函数,其中一个是任务 7 中使用的终端入网注册函数,另一个是在下一个任务中使用协调器下发控制命令的点播函数。

(2) 调用点播函数 SampleApp_PropertyPost_E2C_Message

在应用层事件处理函数 SampleApp _ ProcessEvent 中,对周期性上报事件 SAMPLEAPP_SEND_PERIODIC_MSG_EVT 进行处理时,需要调用点播函数,代码如下:

```
// Send a message out-This event is generated by a timer
//  (setup in SampleApp_Init()).
if (events & SAMPLEAPP_SEND_PERIODIC_MSG_EVT)
{
  // 终端设备发送传感数据,并再次注册周期性上报事件(时间间隔 SAMPLEAPP_SEND_PERIODIC_
MSG_TIMEOUT)
  SampleApp_PropertyPost_E2C_Message();
  osal_start_timerEx(SampleApp_TaskID, SAMPLEAPP_SEND_PERIODIC_MSG_EVT,
      (SAMPLEAPP_SEND_PERIODIC_MSG_TIMEOUT + (osal_rand() & 0x00FF)));
```

```
    // return unprocessed events
    return (events ^ SAMPLEAPP_SEND_PERIODIC_MSG_EVT);
}
```

任务7介绍过，终端设备入网时会注册周期性上报事件SAMPLEAPP_SEND_PERIODIC_MSG_EVT，间隔时间SAMPLEAPP_SEND_PERIODIC_MSG_TIMEOUT（5 000毫秒）后对其进行处理。此处在处理时，通过调用点播函数SampleApp_PropertyPost_E2C_Message()实现了传感数据的上报，再次注册周期性上报事件且周期不变（稍微加了一点点时间），从而实现了周期性上报的功能。如果想修改周期，找到SAMPLEAPP_SEND_PERIODIC_MSG_TIMEOUT宏定义处，改成需要的值即可。

(3) 定义点播函数SampleApp_PropertyPost_E2C_Message

定义点播函数SampleApp_PropertyPost_E2C_Message的代码如下：

```
void SampleApp_PropertyPost_E2C_Message(void)
{
  SampleApp_P2P_DstAddr.addr.shortAddr = 0x0000;      //点播地址，指向协调器
 #ifdef Device01
  char PostPayload[40] = "{\"DeviceID\":1,\"Temp\":"; //Payload 前缀，预留足够空间，避免拼接时溢出
  char * PostPayloadSuffix = "}\n";                    //PayLoad 后缀
  DHT11();                                             //温度检测
  char * sensorValue = itoa(wendu_shi * 10 + wendu_ge);// itoa()数字转字符串：如 16 ->"16"
  strcat(PostPayload, sensorValue);
  strcat(PostPayload, PostPayloadSuffix);
  HalUARTWrite(0,(uint8 *)PostPayload,strlen(PostPayload));//终端串口打印，调试用可注释

  if (AF_DataRequest(&SampleApp_P2P_DstAddr, &SampleApp_epDesc,
                     SAMPLEAPP_PropertyPost_CLUSTERID,
                     strlen(PostPayload),           //数据长度
                     (uint8 * )PostPayload,         //数据部分
                     &SampleApp_TransID,
                     AF_DISCV_ROUTE,
                     AF_DEFAULT_RADIUS) == afStatus_SUCCESS)
  {}
  else
  {} // Error occurred in request to send.
 #endif

 #ifdef Device02
  char PostPayload[40] = "{\"DeviceID\":2,\"Humi\":"; //Payload 前缀，预留足够空间，避免拼接时溢出
```

Device01 上报传感数据

Device02 上报传感数据

```
    char * PostPayloadSuffix = "}\n";                         //PayLoad 后缀
    DHT11();                                                  //湿度检测
    char * sensorValue = itoa(shidu_shi * 10 + shidu_ge); // itoa()数字转字符串:如 45 ->"45"
    strcat(PostPayload, sensorValue);
    strcat(PostPayload, PostPayloadSuffix);
    HalUARTWrite(0,(uint8 * )PostPayload,strlen(PostPayload));//终端串口打印,调试用可注释

    if (AF_DataRequest(&SampleApp_P2P_DstAddr, &SampleApp_epDesc,
                       SAMPLEAPP_PropertyPost_CLUSTERID,
                       strlen(PostPayload),           //数据长度
                       (uint8 * )PostPayload,         //数据部分
                       &SampleApp_TransID,
                       AF_DISCV_ROUTE,
                       AF_DEFAULT_RADIUS) = = afStatus_SUCCESS)
    {}
    else
    {} // Error occurred in request to send.
  #endif
  }
```

这里终端设备 1 上报温度的值,终端设备 2 上报湿度的值。

语句 char * sensorValue=itoa(wendu_shi * 10+wendu_ge)用到了 itoa 函数(自编函数,在 mystr. c 中),该函数可将数字转为字符串。

语句 strcat(PostPayload, sensorValue)和 strcat(PostPayload, PostPayloadSuffix)用到了 strcat 函数(官方函数),该函数用于拼接字符串。根据 string. h 头文件里面对 strcat 函数的声明__INTRINSIC MEMORY_ATTRIBUTE char * strcat(char * , const char *)可知:目标字符串空间必须足够大,足以容纳追加字符串的内容;目标空间必须可修改,且前面不能加 const,不能是常量字符串。因此,可将前缀 PostPayload 定义为字符串数组,数值部分和后缀 PostPayloadSuffix 定义为字符串指针。选用其他传感器时,只需要修改传感器字段和传感器的值,其他消息载荷的格式不用修改。

通过设备宏的启用和注释,就可以实现:新增加一个节点时,增加一段类似的代码即可,原有节点代码不用删除。

调用射频无线发送数据函数 AF_DataRequest 时,第一个参数指向协调器,簇 ID 为 SAMPLEAPP_PropertyPost_CLUSTERID。

(4) 修改无线数据接收处理函数 SampleApp_MessageMSGCB

修改无线数据接收处理函数 SampleApp_MessageMSGCB 的代码如下:

```
//第二收:协调器收到的终端设备 1 周期性发送的点播信息,即传感数据;框架全自动处理
  case SAMPLEAPP_PropertyPost_CLUSTERID:
    HalUARTWrite(0,"\nDevice Post Msg:",17);                //提示收到数据
```

```
        HalUARTWrite(0,pkt->cmd.Data,pkt->cmd.DataLength);//打印终端设备发过来的数据包的数据
        break;
```

数据接收

以上代码很简单，通过 switch case 语句判断收到的簇 ID 是不是 SAMPLEAPP_PropertyPost_CLUSTERID，如果传感数据是周期性上报的，则将数据包 pkt 的 cmd 成员的 Data 成员（接收的无线消息的数据部分）取出，通过调用 HalUARTWrite 函数将其从 UART0 输出即可。

3. 运行效果

硬件介绍

根据 DHT11.c 中传感器引脚的定义（示例中是 P0_6），终端设备 1 和终端设备 2 均与 DHT11 连接，将程序分别下载到终端设备 1、终端设备 2 和协调器。

协调器（在 Workspace 栏选 CoordinatorEB）下载程序时，注释掉所有终端设备宏，DeviceID 不用赋值：

下载程序

```
uint16 Routing_Table[20];   //设备路由表，索引值为设备号，值为设备短地址
//#define Device01          //终端设备 1，重要，使用时取消注释 $¥¥¥¥¥$
//#define Device02          //终端设备 2，重要，使用时取消注释 $¥¥¥¥¥$
//#define Device03          //终端设备 3，重要，使用时取消注释 $¥¥¥¥¥$
uint8 DeviceID;             //终端设备 ID，重要，使用某设备时赋值
```

终端设备 1（在 Workspace 栏选 EndDeviceEB）下载程序时，启用 Device01 宏，DeviceID 赋值为 1：

```
uint16 Routing_Table[20];   //设备路由表，索引值为设备号，值为设备短地址
#define Device01            //终端设备 1，重要，使用时取消注释 $¥¥¥¥¥$
//#define Device02          //终端设备 2，重要，使用时取消注释 $¥¥¥¥¥$
//#define Device03          //终端设备 3，重要，使用时取消注释 $¥¥¥¥¥$
uint8 DeviceID = 1;         //终端设备 ID，重要，使用某设备时赋值
```

终端设备 2（在 Workspace 栏选 EndDeviceEB）下载程序时，启用 Device02 宏，DeviceID 赋值为 2：

```
uint16 Routing_Table[20];   //设备路由表，索引值为设备号，值为设备短地址
//#define Device01          //终端设备 1，重要，使用时取消注释 $¥¥¥¥¥$
#define Device02            //终端设备 2，重要，使用时取消注释 $¥¥¥¥¥$
//#define Device03          //终端设备 3，重要，使用时取消注释 $¥¥¥¥¥$
uint8 DeviceID = 2;         //终端设备 ID，重要，使用某设备时赋值
```

串口打印效果

周期性上报传感数据的效果如图 2-27 所示，消息载荷格式为：{"DeviceID":1,"Temp":16}、{"DeviceID":2,"Humi":43}。若要通过串口将消息发送给上位机（如网关）解析处理，只需将 UART0 改为 UART1，即在无线数据接收处理函数 SampleApp_MessageMSGCB 中，将调用函数

HalUARTWrite 的第一个参数 0 改为 1 即可。

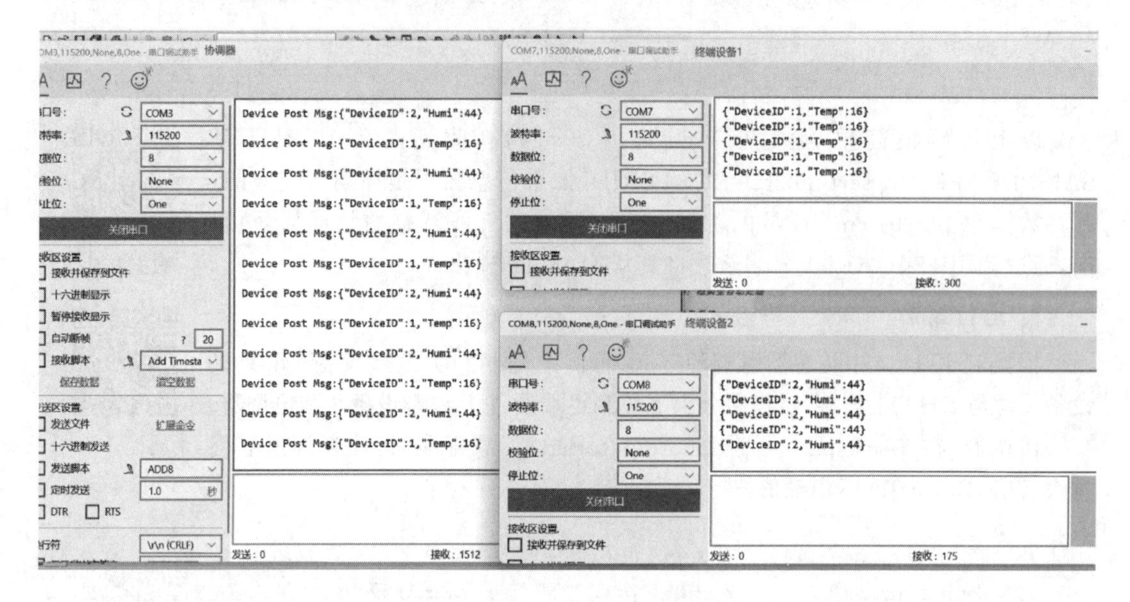

图 2-27　周期性上报传感数据的效果

■ 任务小结

硬件工作情况

任务 8 实现了二类收发功能。

■ 实践练习

修改 DHT11 所接的引脚(比如 P0_5),实现传感数据的周期性上报、接收和打印。

任务 9　三类收发

■ 任务引入

官方协议栈只有 UART0 的输出功能,在自编 ZigBee 框架基础部分配置了 UART1 的输出功能。如果协调器连接上位机(网关),需要通过 UART1 接收串口数据,该怎么实现呢?协调器接收上位机的串口数据后,如果想无线发送给终端设备,怎么使用一类收发里面设计的路由表得到终端设备的短地址呢?终端设备又该如何解析 JSON 对象格式的数据呢?

■ 任务目标

任务 9 将实现三类收发功能:协调器通过 UART0 或者 UART1(本任务测试时用 UART0,后续接网关时改为 UART1)接收上位机命令,并根据命令中的设备 ID 查询终端设备的短地址，将命令无线转发给对应的终端设备，终端设备收到消息后解析出命令值，控制执行器。

■ 相关知识

一、在C语言中访问结构体成员

在C语言中访问结构体成员主要有两种方式。

- 第一种方式。如果结构体变量是非指针类型，则访问结构体成员的格式为：结构体变量名.成员名。
- 第二种方式。如果结构体变量是指针类型，则访问结构体成员的格式为：结构体指针变量名→成员名。

二、在C语言中声明字符串

在C语言中声明字符串有两种方式。

- 用语句 char str[100]="This is a string"来声明一个字符串，实际上是声明了1个数组 str，定义了一些空间存放字符。当然，可以修改其中的字符，也就是说，str 是变量。
- 用语句 char * str="This is a string"来声明一个字符串，实际上是声明了1个指针 str，并没有为指针指向的数据分配空间。指针指向的数据在常量区，不能修改，也就是说，str 指向常量。

【课堂讨论】

在语句 char str[100]="This is a string"中，数组 str 的地址是什么？

【工匠精神】

党的二十大提出：要建设现代化产业体系，坚持把发展经济的着力点放在实体经济上，构建新一代信息技术、人工智能等一批新的增长引擎。

项目2的自编 ZigBee 框架可以为开发者提供设备入网、数据传输、数据解析等功能，从而降低开发难度和减少重复工作量。但是，ZigBee 框架并不能解决所有问题，因此，开发者需要在实际应用中结合需求进行深入思考和优化设计，以确保系统的质量、性能和安全性。

开发者可以通过反馈机制来不断优化和改进框架本身，从而使其更加满足实际的开发需求，以达到最佳的开发效果和用户体验。同时，开发者还需要注重团队协作和知识积累，不断推动软件开发的创新和进步。

青年学生要牢记党的二十大报告中的要求，坚定信心、埋头苦干、奋勇前进，为全面建设社会主义现代化国家、全面推进中华民族伟大复兴而团结奋斗！

■ 任务实施

一、实施设备

安装 IAR 和 Z-Stack 开发环境的计算机。

二、实施过程

1. 串口回调

串口回调函数

所谓的串口回调就是串口如何接收并处理数据。

(1) 串口回调函数 MT_UartProcessZToolData

目录 SampleApp → MT 的 MT_UART. c 文件中有串口回调函数 MT_UartProcessZToolData 的定义，但其功能并不完善，修改代码如下：

```
void MT_UartProcessZToolData (uint8 port, uint8 event)
{
  uint8 flag = 0,i = 0,j;                    //flag 判断有没有收到数据,i 记录数据长度
  uint8 buf[128];                            //串口 buffer 的最大缓冲是 128
  (void)event;
  while(Hal_UART_RxBufLen(port)){            //检测串口数据是否完成
    HalUARTRead(port,&buf[i],1);             //接收数据并放到 buf 中
    i++;
    flag = 1;
  }

  if(flag == 1){                             //已经从串口收到信息
    //分配内存空间:结构体内容 + 数据内容
    pMsg = (mtOSALSerialData_t *)osal_msg_allocate(sizeof(mtOSALSerialData_t) + i);
    //事件号是 CMD_SERIAL0_MSG 或 CMD_SERIAL1_MSG,重要
    if(port == HAL_UART_PORT_0){
      pMsg -> hdr.event = CMD_SERIAL0_MSG;
    }
    if(port == HAL_UART_PORT_1){
      pMsg -> hdr.event = CMD_SERIAL1_MSG;
    }
    pMsg -> msg = (uint8 *)(pMsg + 1);  //把数据定位到结构体数据部分,加 1 是为了分配存放
数据末尾的 1 字节校验和

    for(j = 0;j < i;j++){                    //开始记录数据,一位一位转存
      pMsg -> msg[j] = buf[j];
    }

    osal_msg_send(App_TaskID, (byte *)pMsg);
    //释放内存
    osal_msg_deallocate((uint8 *)pMsg);
  }
}
```

MT_UartProcessZToolData 函数定义了用于判断是否收到串口数据的标志 flag，以及

用于存放串口数据的数组 buf。在程序中，如果某 port(UART0 或者 UART1 串口)已收到串口数据，将调用 HalUARTRead 函数将数据从缓冲区存到数组 buf 中。如果数据已存到 buf 数组，则分配内存空间，根据端口号(UART0 或者 UART1)给数据包 pMsg 的 hdr 成员的 event 成员赋值事件号(事件号为 CMD_SERIAL0_MSG 或者 CMD_SERIAL1_MSG)，再给数据包的数据部分赋值。最后，调用 osal_msg_send 函数注册系统事件，将数据包发送到应用层，并释放内存。

函数中的 2 个系统事件 CMD_SERIAL0_MSG 和 CMD_SERIAL1_MSG 分别是 UART0 和 UART1 收到串口数据的系统事件，在接下来的 SampleApp.c 文件的应用层事件处理函数中对其进行处理即可。

串口事件宏定义

(2) 定义串口接收事件宏

在 MT.h 文件中定义串口接收事件宏，如图 2-28 所示。

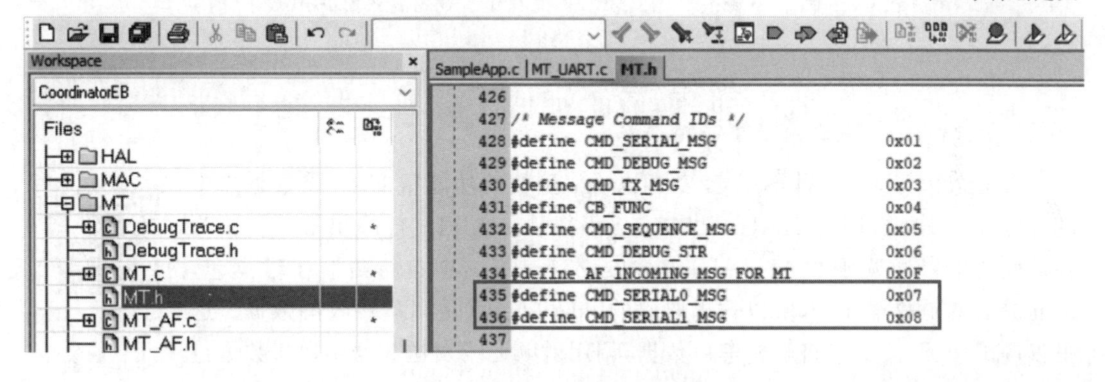

图 2-28 定义串口接收事件宏

2. 测试串口回调

(1) 处理串口接收事件

调用点播函数

在 SampleApp.c 文件的应用层事件处理函数 SampleApp_ProcessEvent 中，判断系统事件是不是串口接收事件，如果是，则调用处理函数 SampleApp_PropertySet_C2E_Message(也是第三个点播函数)：

```
    //增加串口事件处理
  case CMD_SERIAL0_MSG:
    SampleApp_PropertySet_C2E_Message((mtOSALSerialData_t *)MSGpkt);
    break;
  case CMD_SERIAL1_MSG:
    break;
```

(2) 声明点播函数 SampleApp_PropertySet_C2E_Message

声明点播函数 SampleApp_PropertySet_C2E_Message 的代码如下：

```
/*********************************************************************
 * LOCAL FUNCTIONS
 */
```

```
void SampleApp_HandleKeys(uint8 shift, uint8 keys);          //按键处理函数
void SampleApp_MessageMSGCB(afIncomingMSGPacket_t * pckt);  //接收无线消息处理函数
/***** 共 3 个点播函数:终端入网,终端上报传感数据,协调器下发控制命令 *****/
void SampleApp_NetAccessLogin_E2C_Message(void);            //声明点播函数:终端入网注册
void SampleApp_PropertyPost_E2C_Message(void);              //声明点播函数:终端上报传感数据
void SampleApp_PropertySet_C2E_Message(mtOSALSerialData_t * cmdMsg);
```

(3) 定义点播函数 SampleApp_PropertySet_C2E_Message

定义点播函数 SampleApp_PropertySet_C2E_Message 的代码如下：

```
void SampleApp_PropertySet_C2E_Message(mtOSALSerialData_t * cmdMsg){
  char * str = NULL;
  str = (char * )cmdMsg -> msg;             //指向串口数据包的数据开头

  HalUARTWrite(0,(uint8 * )str,strlen(str)-1);
}
```

SampleApp_PropertySet_C2E_Message 函数的功能很简单:将数据包中的 msg 成员取出,调用 HalUARTWrite 函数从 UART0 打印出 msg。因为在前面的串口回调函数 MT_UartProcessZToolData 中自行封装了数据包,msg 成员就是数据部分,所以这里取出的 msg 成员就是串口接收的数据。这里仅调试一下,接下来将解析串口数据,调用射频无线发送数据函数将数据包发送到终端设备。

打印接收的串口数据

在以上代码中,长度减 1 是因为最后一位是校验位,需要去除,具体可以参考串口回调函数 MT_UartProcessZToolData 封包时的操作。

(4) 观察结果

打开协调器串口 0 对应的计算机串口调试助手,使计算机将数据发送到协调器的串口 0,会发现协调器收到数据后,数据又从串口 0 打印了出来,如图 2-29 所示。

观察结果

图 2-29　串口数据收发

若要同时使用 UART1，可以在同一事件处理里面调用 UART1 的事件处理函数，并编写 UART1 的事件处理函数。如果只用 UART1 而不用 UART0，在 case CMD_SERIAL1_MSG 处调用 SampleApp_PropertySet_C2E_Message 函数就可以了。

3. 协调器将控制命令发送给终端设备执行

协调器的 UART1 收到串口数据后，直接打印调试信息。接下来调用射频无线发送数据函数，将数据包发送到终端设备，终端设备从数据包中解析出控制命令后控制执行器。

协调器发送控制命令

(1) 协调器发送控制命令

修改点播函数的代码如下：

```
/*****************************************************************
*@fn   第三发:协调器下发控制命令消息函数;类型:点播;方向:协调器->终端;框架全自动处理
*格式:{"DeviceID":1,"Led":0},{"DeviceID":2,"Fan":1}
*/
void SampleApp_PropertySet_C2E_Message(mtOSALSerialData_t *cmdMsg){
  char *str = NULL;
  str = (char *)cmdMsg->msg; //指向串口数据包的数据开头

  //打印串口接收的内容,格式:{"DeviceID":1,"Led":1}
  HalUARTWrite(0,"\nSerial Receive: ",17);
  HalUARTWrite(0,(uint8 *)str,strlen(str));

  //解析 DeviceID 的值,并在路由表中查询短地址,指向点播目的设备
  char *DeviceIDvalue = substring(str,indexOf(str,"DeviceID") + 10,indexOf(str,","));
  SampleApp_P2P_DstAddr.addr.shortAddr = Routing_Table[atoi(DeviceIDvalue)]; //短地址,指
向终端
  //无线转发串口接收的命令,方式:点播,方向:协调器->终端
  if (AF_DataRequest(&SampleApp_P2P_DstAddr, &SampleApp_epDesc,
                     SAMPLEAPP_PropertySet_CLUSTERID,
                     strlen(str)-1,        //数据长度,需要-1(去除校验位)
                     (uint8 *)str,         //数据地址,数组名就是地址
                     &SampleApp_TransID,
                     AF_DISCV_ROUTE,
                     AF_DEFAULT_RADIUS) == afStatus_SUCCESS)
  {}
  else
  {} // Error occurred in request to send.
}
```

首先约定，上位机(网关)发送给协调器 UART1 的串口数据为 JSON 对象格式：{"DeviceID":1,"Led":0},{"DeviceID":2,"Fan":1}。其中一个字段是要控制的终端设备 ID，另一个字段是命令字段，对应终端设备所接的执行器。

以协调器下发的消息(串口数据包的数据部分){"DeviceID":1,"Led":0}为例,此消息很明显是一个满足JSON对象格式的字符串,在点播函数SampleApp_PropertySet_C2E_Message中:将串口数据包的数据部分取出,从UART0打印出来用于调试;调用substring函数截取字符串中DeviceID字段的值(子字符串,即字符"1");调用atoi函数将字符"1"转为整型(数字1),并将其作为数组的索引,根据索引在路由表Routing_Table数组中查出终端设备短地址(即数组第1个元素的值),将短地址赋值给结构体变量SampleApp_P2P_DstAddr的addr成员的shortAddr成员;最后调用射频无线发送函数AF_DataRequest将协调器下发的消息无线发送给对应的终端设备(DeviceID为1)。其中SampleApp_P2P_DstAddr是函数AF_DataRequest的一个参数。无线发送消息中包含的簇ID值为SAMPLEAPP_PropertySet_CLUSTERID,终端设备可借助其判断收到的无线消息属于什么类型。

终端设备无线接收

(2) 终端设备从数据包中解析出控制命令后控制执行器

修改无线接收数据处理函数SampleApp_MessageMSGCB的代码如下:

```
    //第三收:终端设备收到协调器下发的控制消息,因为要控制的执行器不明确,控制部分需自行设
计 $¥¥¥¥¥$;其余部分由框架全自动处理
      case SAMPLEAPP_PropertySet_CLUSTERID:
        HalUARTWrite(0,"\nCoor Set Msg:",14);                   //提示收到数据
        HalUARTWrite(0,pkt->cmd.Data,pkt->cmd.DataLength);//打印协调器无线发过来的数据
包的数据
        //解析控制命令的值,如格式:{"DeviceID":1,"Led":0},解析结果为"Led"字段的值 0
        CmdValue = substring((char *)pkt->cmd.Data,indexOf((char *)pkt->cmd.Data,",") + 7,
indexOf((char *)pkt->cmd.Data,"}"));
        HalUARTWrite(0,"\nReceive Coor Set Value:",24);         //提示收到数据
        HalUARTWrite(0,(uint8 *)CmdValue,strlen(CmdValue));   //打印协调器发过来的数据包数
据部分的命令值
        //Device01 的控制应用代码:示例为控制 LED1,重要,根据执行器自行修改 $¥¥¥¥¥$
    #ifdef Device01
        if(strcmp(CmdValue,"1") == 0){
          HAL_TURN_ON_LED1();        //解析值为字符"1",则 Led1 开灯
        }else if(strcmp(CmdValue,"0") == 0){
          HAL_TURN_OFF_LED1();       //解析值为字符"0",则 Led1 关灯
        }

    #endif
        //Device02 的控制应用代码:示例为控制 LED2,重要,根据执行器自行修改 $¥¥¥¥¥$
    #ifdef Device02
        if(strcmp(CmdValue,"1") == 0){
          HAL_TURN_ON_LED2();        //解析值为字符"1",则 Led2 开灯
        }else if(strcmp(CmdValue,"0") == 0){
          HAL_TURN_OFF_LED2();       //解析值为字符"0",则 Led2 关灯
        }
```

解析命令值

控制执行器

```
    #endif
        break;
```

在程序中，根据簇 ID 判断是不是协调器下发的控制命令，如果是的话，则进行如下操作：取出无线数据包的数据部分，从 UART0 打印出来；解析执行器字段的值（通过调用 substring 函数和 indexOf 函数来实现），将命令值（注意是字符串）赋值为变量 CmdValue；各个终端设备调用 strcmp 函数求出接收消息中的命令值 CmdValue，控制本设备上的执行器。

因为有了设备宏的设计，所以新增终端设备的话，只需要增加判断设备宏和执行的代码即可，之前节点的代码不用修改或者删除（即使在 ZigBee 网络中未使用）。

需要注意，在 SampleApp_MessageMSGCB 函数中，要加上局部变量 CmdValue 的定义：

```
    char * CmdValue;                    //终端收到协调器下发的命令值
```

(3) 运行结果

下载程序

分别下载终端设备 1、终端设备 2、协调器的程序，下载时的注意事项见前面的任务。周期性上报传感数据的情况见图 2-30。

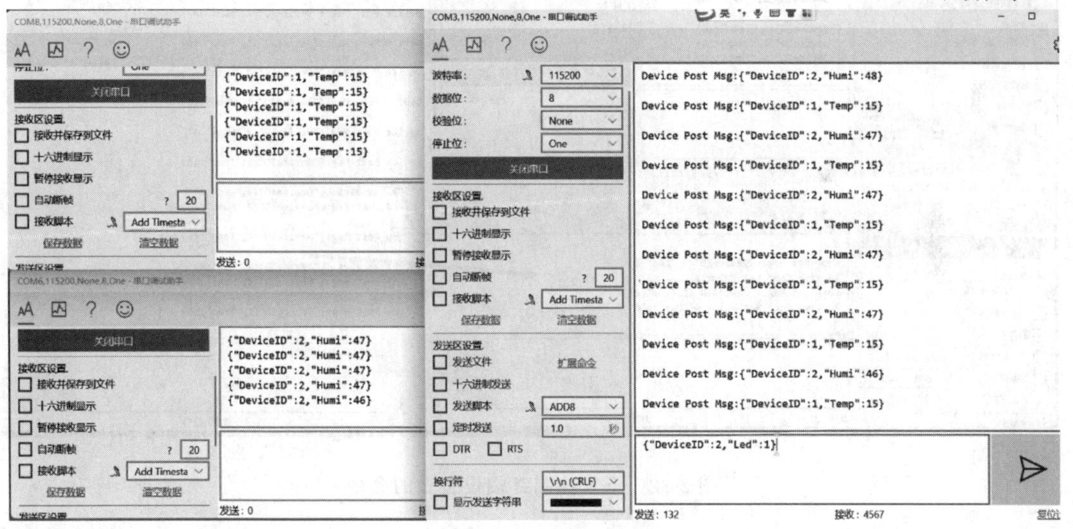

图 2-30 周期性上报传感数据的情况

下发控制终端设备 1 的命令，如图 2-31 所示，当协调器的 UART1 收到串口数据{"DeviceID":1,"Led":0}和{"DeviceID":1,"Led":1}时，即可关闭和打开终端设备 1 所接的 LED1。

下发控制终端设备 2 的命令，如图 2-32 所示，当协调器的 UART1 收到串口数据{"DeviceID":2,"Led":0}和{"DeviceID":2,"Led":1}时，即可关闭和打开终端设备 2 所接的 LED2。

串口观察结果

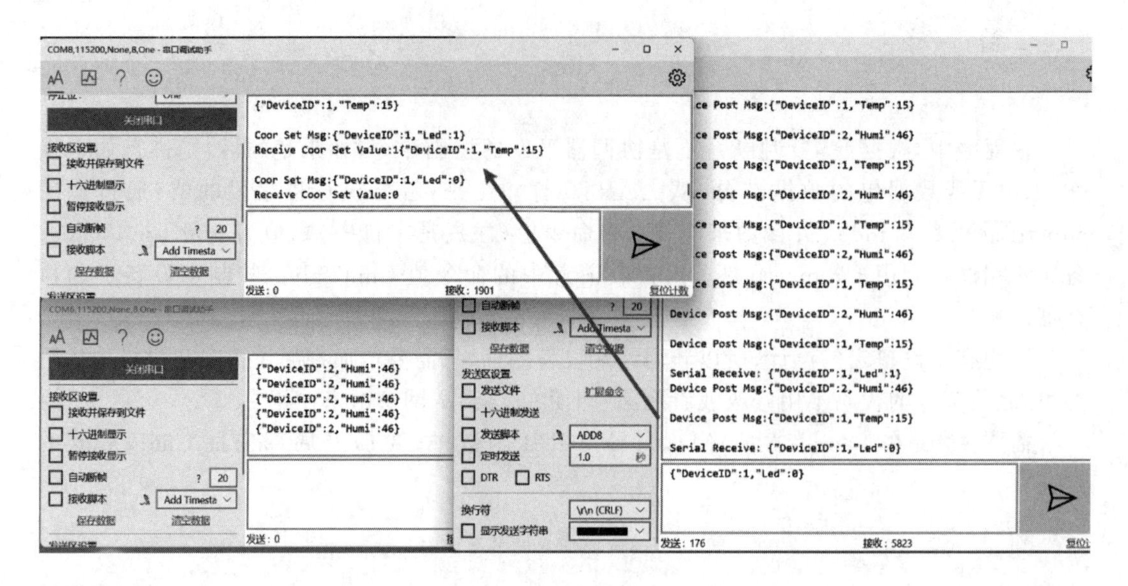

图 2-31　下发控制终端设备 1 的命令

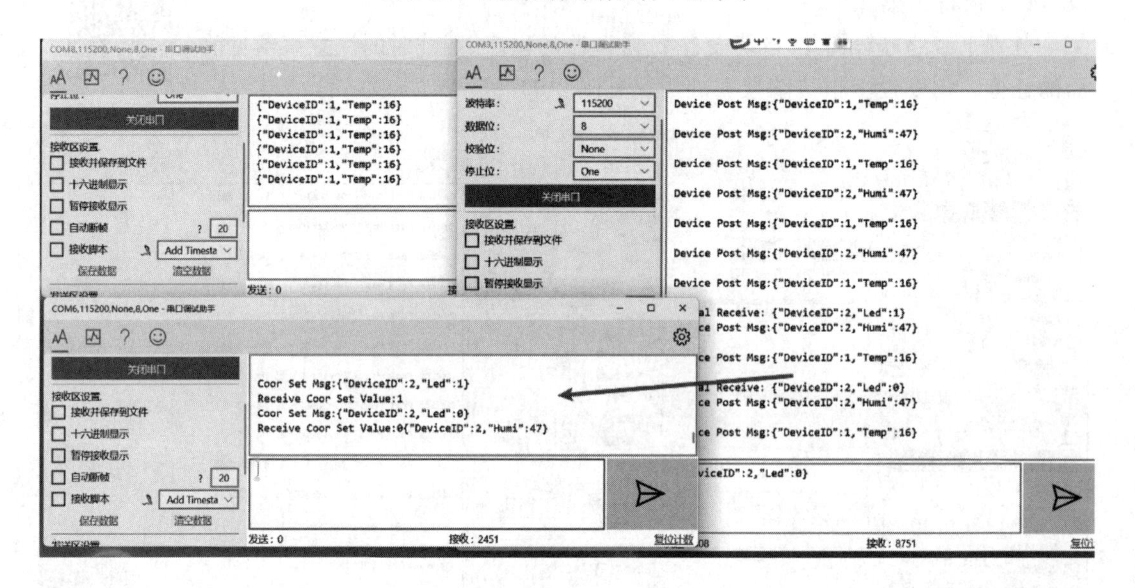

图 2-32　下发控制终端设备 2 的命令

■ 任务小结

实物控制效果

任务 9 实现了三类收发功能。

■ 实践练习

修改 PANID，测试三类收发功能。

项目 3 物联网系统设计

● 项目概述/项目要点

项目 2 通过自编 ZigBee 框架组建了无线传感网络。在此基础上，项目 3 介绍物联网网关和 App 的设计。协调器通过串口连接 ESP32 网关，ESP32 网关作为 MQTT 客户端和 App 进行 MQTT 通信，实现 App 展示终端设备的传感数据以及通过 App 控制终端设备，从而构成一个完整的物联网系统。

在项目 3 的物联网系统中，ESP32 网关的功能聚焦于消息的转发，所设计的程序具有通用性。在 App 设计中，编写了完整的 MQTT 客户端创建、消息发布、消息订阅、消息接收与解析、客户端关闭等功能，和自编的 ZigBee 框架一起，作为物联网系统设计的模板。

ESP32 网关、App 的开发环境均使用开源软件安装和部署。

● 学习目标

1. 知识目标

- 了解 ESP32 网关的硬件资源，特别是 GPIO、串口资源；
- 了解 MQTT 的工作模型、组件功能；
- 理解串口事件处理函数的功能及使用方法；
- 理解 Android Studio 中常用的字符串处理方法；
- 掌握 Android Studio 中 MQTT 的构造方法、常用方法；
- 掌握 ESP32 网关在 Arduino 环境下 WiFi 连接、MQTT 连接的对象及方法。

2. 技能目标

- 熟练使用 Arduino 的串口监视器进行程序调试；
- 熟练使用 Handler 类对象实现 MQTT 的接收、回调、UI 刷新；
- 熟练使用 Android Studio 对字符串进行解析；
- 熟练编写基于 ArduinoJson 库的网关消息解析程序。

3. 素养目标

- 增强敢想敢为的动力；

- 提高分析问题、解决问题的能力；
- 培养规范、严谨的工作态度；
- 践行精益求精的工匠精神。

任务 1　Arduino 和 Android Studio 开发环境搭建

■ 任务引入

为 ESP32 网关和 App 的设计搭建开发环境。

■ 任务目标

任务 1 将安装 Arduino 开发环境，用于 ESP32 网关的设计；安装 Android Studio 开发环境，用于 App 的设计。

■ 相关知识

一、Arduino 语言

Arduino 使用 C/C++编写程序，通常我们说的 Arduino 语言，是指 Arduino 核心库文件提供的各种应用程序接口（Application Programming Interface，API）的集合。

在传统开发方式中，需要清楚每个寄存器的含义及其之间的关系，然后才能配置多个寄存器，以达到开发的目的。在 Arduino 语言中，繁杂的寄存器被封装成函数放在库文件中，开发时不再需要深入理解寄存器的知识，只需要加载合适的库文件和调用库文件中相应的函数，如以下代码：

```
pinMode(26,INPUT);
buttonState = digitalRead(26);
```

其中：pinMode(26，INPUT)是设置引脚的模式，这里设定了 26 引脚为输入模式；而 digitalRead(26) 是读取 26 引脚的数字信号。

直观地编写 Arduino 程序既可增强程序的可读性，也可提高物联网网关开发的效率。

二、Android Studio

IDE 是集成开发环境的缩写，也被称为代码编辑器。Android Studio 是最受欢迎的 Android IDE 之一。开发者可以在 Android Studio 运行 Android 工程时，看到 Android 应用在不同尺寸移动设备（如手机）屏幕中的样子。

Android 开发环境需要安装 Android SDK，即 Android 软件开发工具包。除此之外，还可以下载并安装一些 SDK 工具，如手机模拟器、USB 驱动等。

【课堂讨论】

除了 Android Studio 之外，还有哪些 Android IDE?

■ 任务实施

一、实施设备

安装 Windows 操作系统的计算机。

Arduino 安装

二、实施过程

1. 安装 Arduino

（1）下载软件

通过官网 https://www.arduino.cc/en/software 下载 Arduino 软件，如图 3-1 所示，双击安装包安装即可，或者通过系统应用安装。

图 3-1 Arduino 官网下载页面

（2）安装 ESP32 内核包

在文件→首选项中，输入下面两个开发板管理器网址中的其中一个：http://download.dfrobot.top/FireBeetle/package_esp32_index.json；https://dl.espressif.cn/dl/package_esp32_index.json，如图 3-2 所示。

打开开发板管理器，在搜索框输入“ESP32”，按回车键搜索到内核包“FireBeetle-ESP32 Mainboard”后单击“安装”按钮，图 3-3 是内核包安装完成的效果。

（3）安装外设库文件

将 4 个库文件复制到 Arduino 安装目录的 libraries 文件夹下，如图 3-4 所示。或者，在项目→加载库→管理库中搜索外设库名安装，也可达到相同的效果。

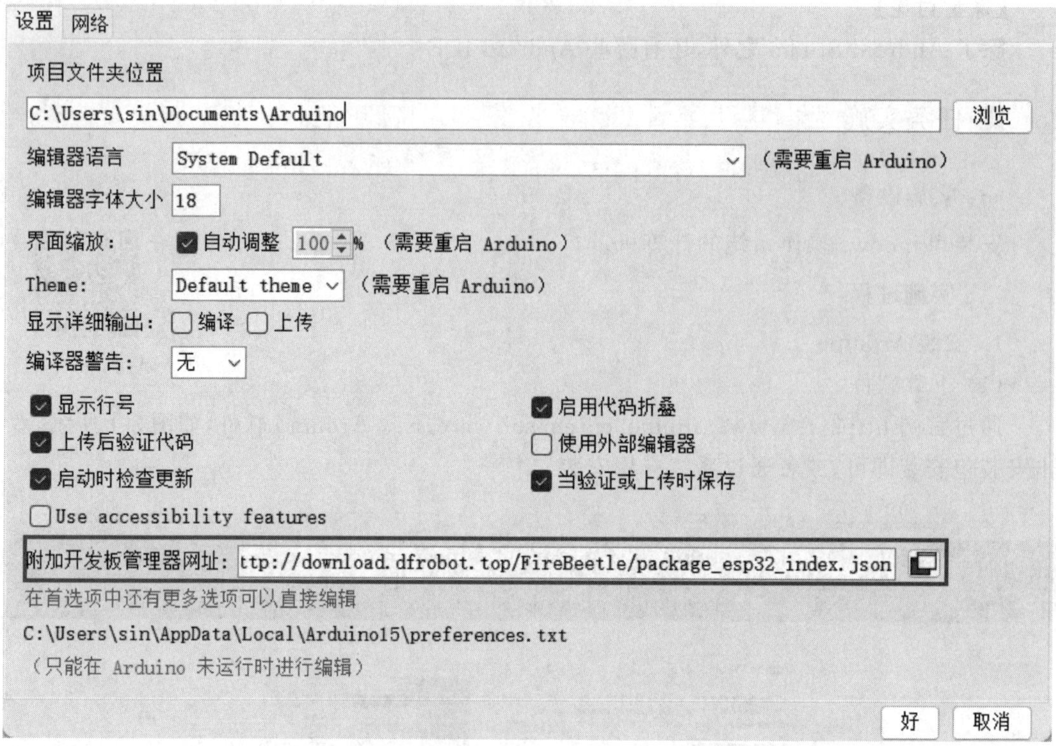

设置 网络
项目文件夹位置
C:\Users\sin\Documents\Arduino
浏览
编辑器语言 System Default （需要重启 Arduino）
编辑器字体大小 18
界面缩放： 自动调整 100 % （需要重启 Arduino）
Theme: Default theme （需要重启 Arduino）
显示详细输出： 编译 上传
编译器警告： 无
显示行号
启用代码折叠
上传后验证代码
使用外部编辑器
启动时检查更新
当验证或上传时保存
Use accessibility features
附加开发板管理器网址： ttp://download.dfrobot.top/FireBeetle/package_esp32_index.json
在首选项中还有更多选项可以直接编辑
C:\Users\sin\AppData\Local\Arduino15\preferences.txt
（只能在 Arduino 未运行时进行编辑）
好 取消

图 3-2　Arduino 的开发板管理器网址

开发板管理器
类型 全部 ESP32
搜索框
Arduino ESP32 Boards
by Arduino
这个包包含的开发板：
Arduino Nano ESP32.
More Info
esp32
by Espressif Systems
这个包包含的开发板：
ESP32 Dev Board, ESP32-S2 Dev Board, ESP32-S3 Dev Board, ESP32-C3 Dev Board.
More Info
FireBeetle-ESP32 Mainboard
by DFRobot DFRDuino 版本 0.1.1 INSTALLED
这个包包含的开发板：
FireBettle-ESP32.
More Info
选择版本 安装
删除
关闭

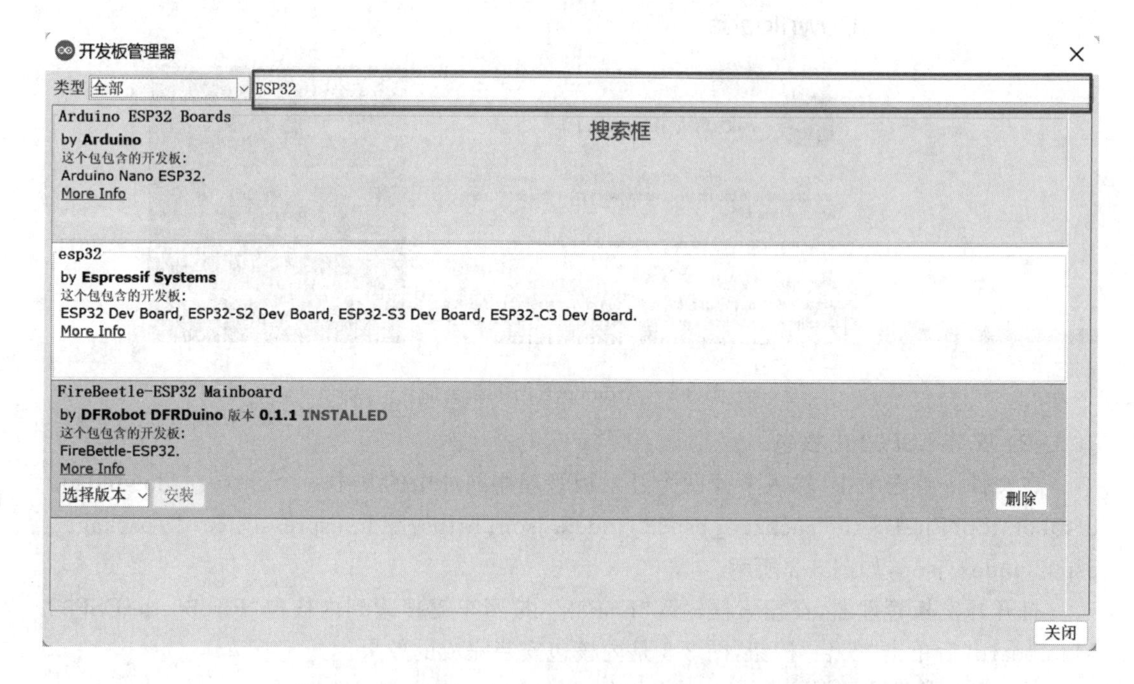

图 3-3　在 Arduino 开发板管理器中安装 ESP32 内核包

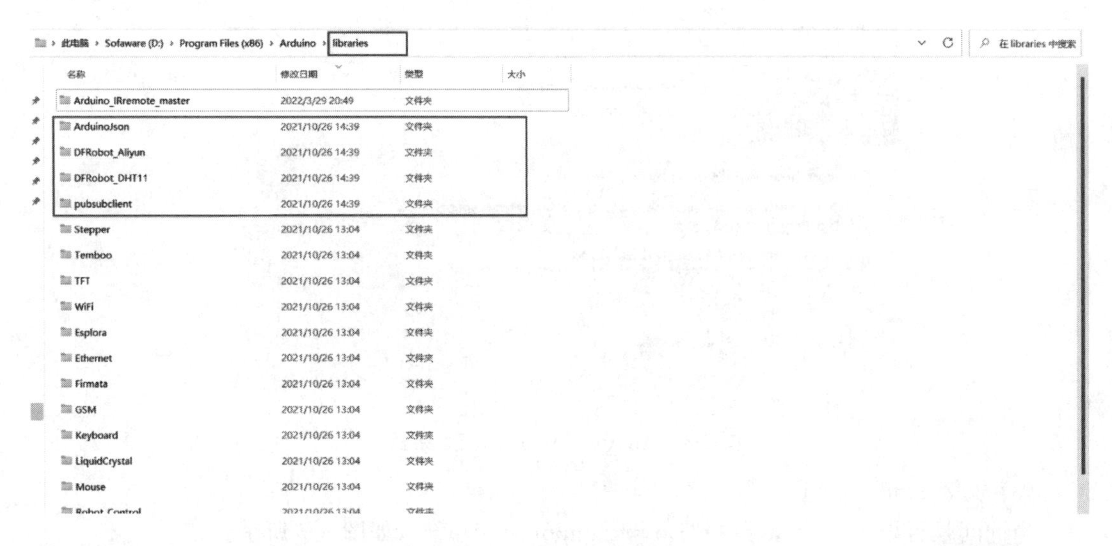

图 3-4 安装外设库文件

下载程序进行测试,观察是否正常。

Arduino 下载测试

2. 安装 Android Studio

(1) 下载软件

Android Studio 安装包的下载网址为 https://developer.android.google.cn/studio,如图 3-5 所示。

(2) 安装 Android Studio

下载完成后,双击安装包,选择合适的安装路径,如图 3-6 所示。接下来选择默认选项即可完成安装。

安装 Android Studio

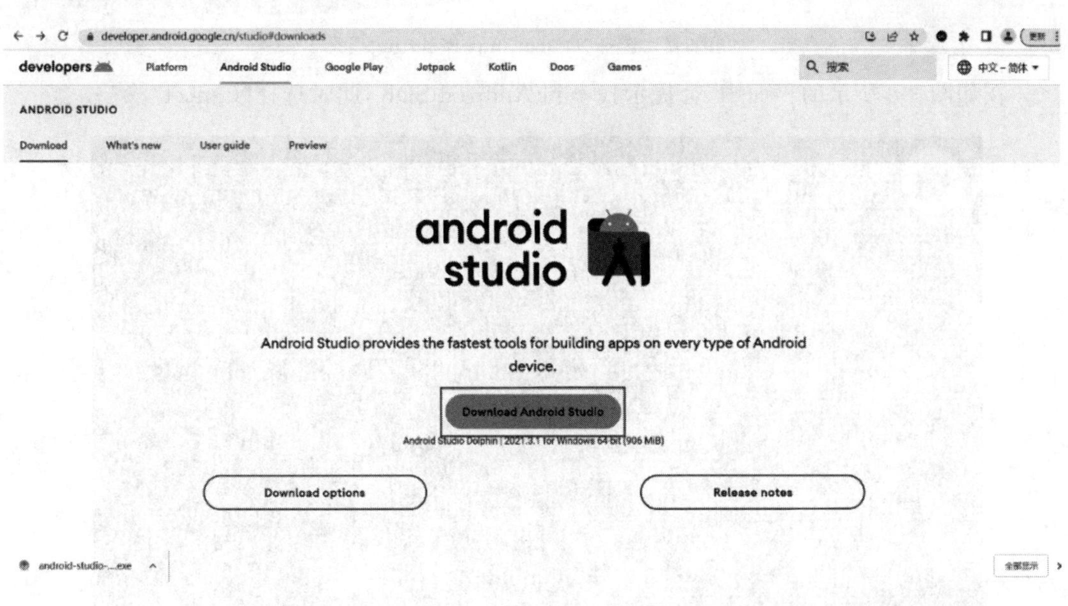

图 3-5 下载 Android Studio

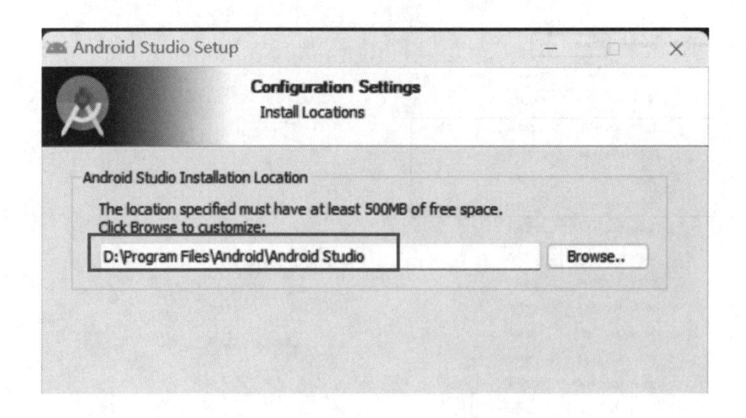

图 3-6　Android Studio 的安装路径

（3）安装 Android SDK

当询问是否导入设置时，选择“Do not import settings”，如图 3-7 所示。

图 3-7　选择“Do not import settings”

在如图 3-8 所示的界面中，会提示找不到 Android SDK，此时选择“Cancel”。

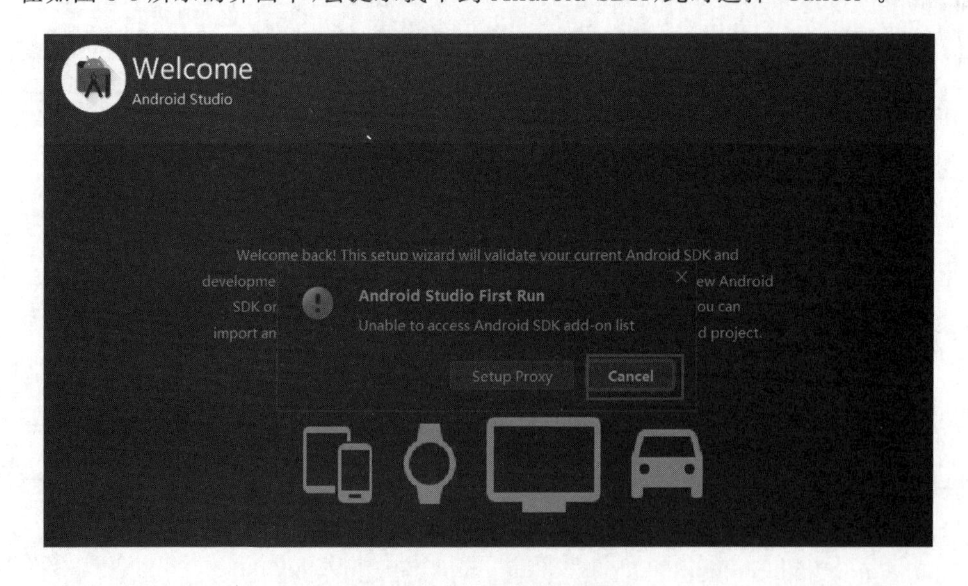

图 3-8　提示找不到 Android SDK

在如图 3-9 所示的界面中，选择“Standard”。

图 3-9 选择“Standard”

根据喜好选择 UI 主题，暗黑或者明亮模式均可，如图 3-10 所示。

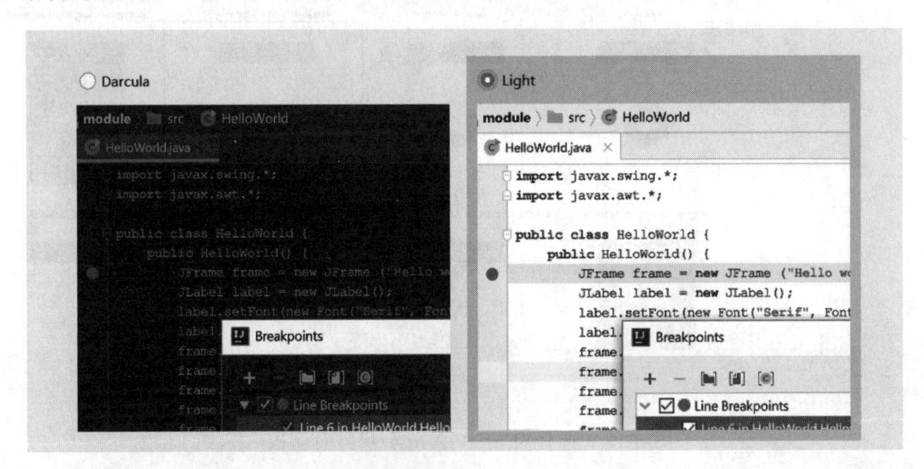

图 3-10 UI 主题

当询问软件许可证时，选择“Accept”，如图 3-11 所示。

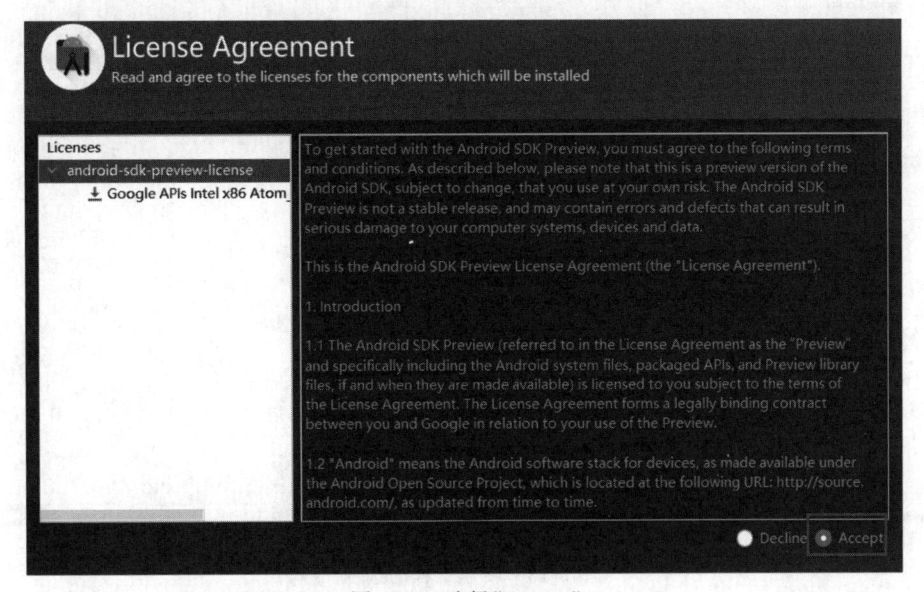

图 3-11 选择“Accept”

在接下来的安装步骤中，选择默认选项即可完成安装。

3. 第一个 App

(1) 新建 Android Studio 工程

新建 Android Studio 工程

进入欢迎页面后，可以单击“New Project”新建一个工程，也可以打开已有的工程。现在新建 Android Studio 工程。选择“Empty Activity”界面模板，如图 3-12 所示。

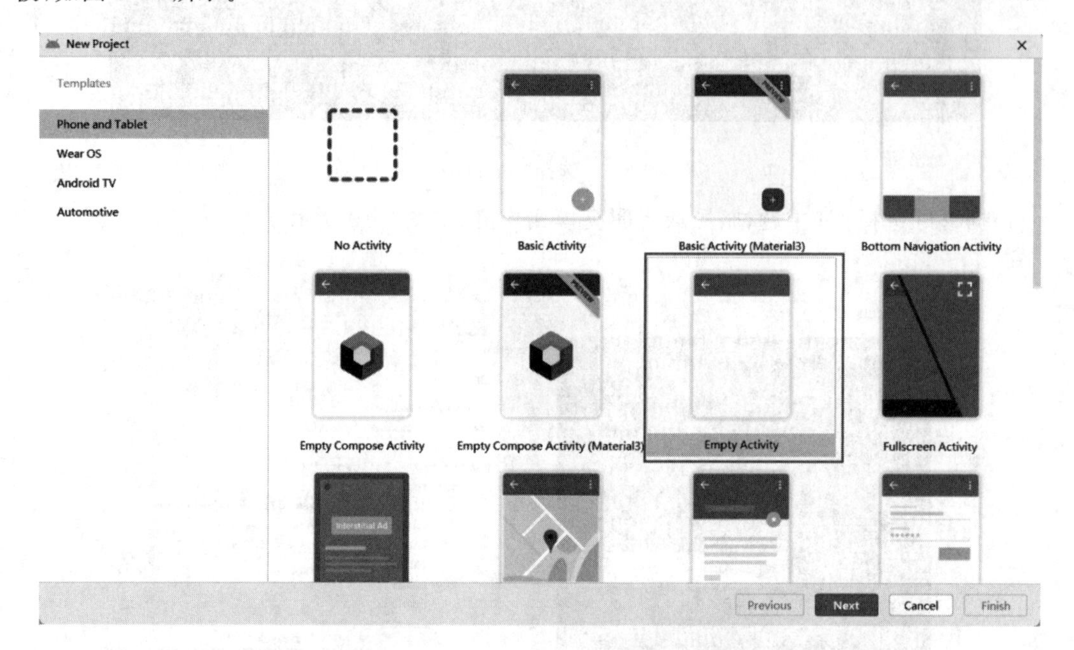

图 3-12　选择“Empty Activity”界面模板

为工程命名，选择合适的编程语言，并设置支持的最低安卓版本，如图 3-13 所示。

图 3-13　新建工程的选项

可能需要一段时间，项目才能构建完成。

(2) 运行 App

单击“Run”，即可在虚拟机上运行 App，如图 3-14 所示。

虚拟机测试

(3) 下载 SDK 工具

安装 SDK 工具“Google USB Driver”，此 SDK 工具用于通过 USB 下载和调试 Android 应用，如图 3-15 所示。用 USB 线将计算机和安卓手机连接起来，可在真机调试 App，或将 App 下载到手机运行。

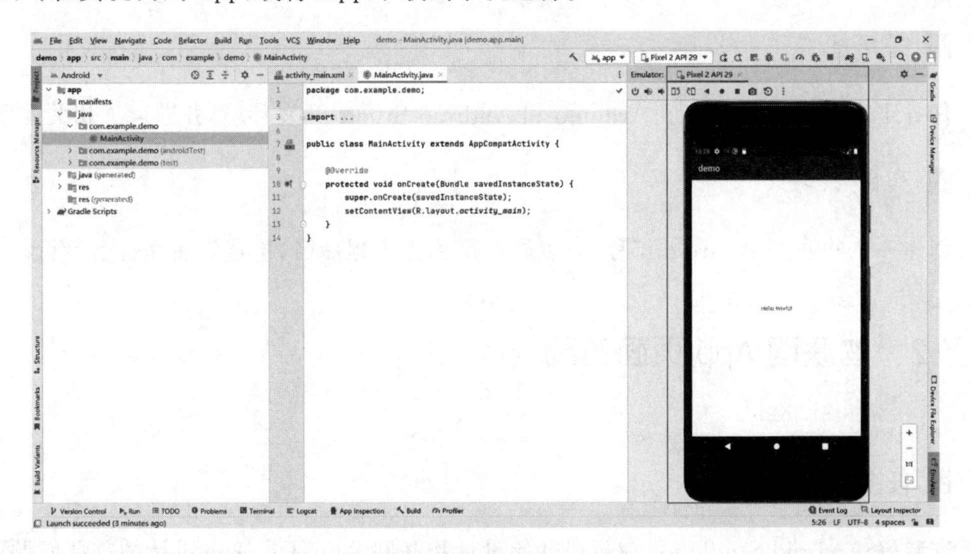

图 3-14　在虚拟机上运行 App

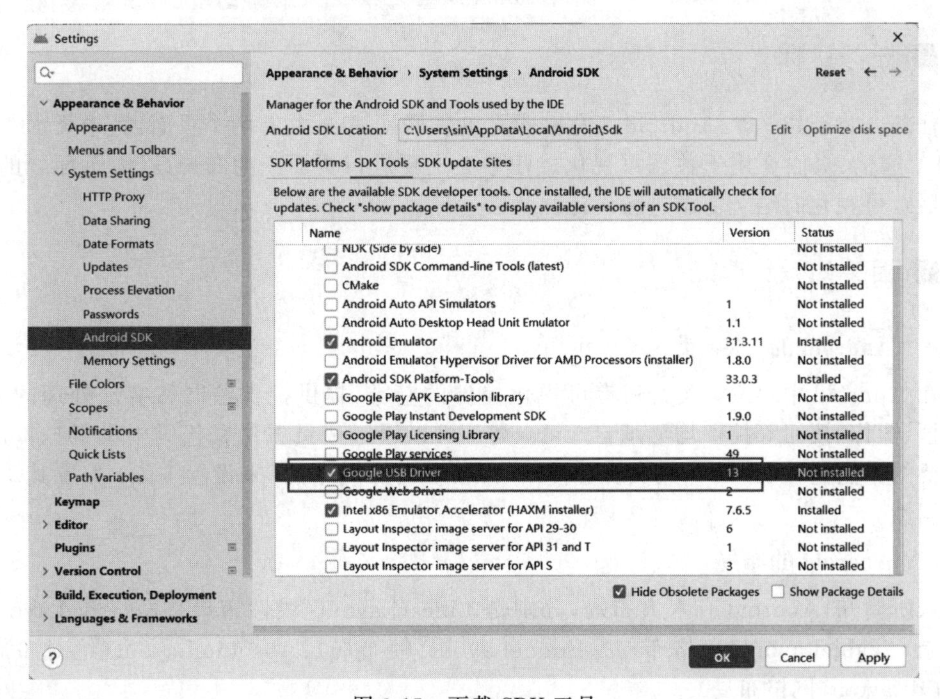

图 3-15　下载 SDK 工具

(4) 手机真机设置

真机测试

在手机设置中找到手机的版本号并快速点击几次,就可以进入开发者模式。在开发者模式下,找到开发者选项,勾选"USB 调试(连接 USB 后启用调试模式)""USB 安装(允许通过 USB 安装应用)"。

通过 USB 线连接计算机和安卓手机,即可在 Android Studio 里看到真机。单击"Run"即可在真机下载并运行 Android 应用。在电脑的设备管理器→通用串行总线设备中也可以看到真机。如询问是否允许 USB 调试,选择同意。

■ 任务小结

任务 1 在计算机中搭建了 Arduino 和 Android Studio 开发环境,并进行了相关配置。

■ 实践练习

创建一个物联网 Android 工程,并以姓名简称为工程命名,构建后在真机上运行。

任务 2　物联网 App 页面布局

■ 任务引入

安装好 Android Studio 后,就可以开始设计物联网 App 了。App 设计的首要问题就是页面布局。物联网 App 中有哪些常用的控件?它们又该如何布局呢?

■ 任务目标

任务 2 将新建一个 Android 工程。设计的物联网 App 共有两个页面:其中页面 1 用于 MQTT 通信;页面 2 用于数据可视化。任务 2 主要进行页面 1 的布局设计,页面 2 的布局将在后续可视化时结合需求进行设计。

■ 相关知识

一、Android 的 View 类

在 Android 中,View 类是所有可视化控件的基类,提供控件绘制和事件处理的方法。文本框、图像、按钮等控件均继承自 View 类。可以通过成员方法在代码中设置控件属性,但主要的方法是在 XML 布局文件中使用"Android:命名空间"来设置 View 类及其子类的相关属性。

二、Android 的布局

众所周知,Android 有六大布局,分别是 LinearLayout(线性布局)、RelativeLayout(相对布局)、TableLayout(表格布局)、FrameLayout(帧布局)、AbsoluteLayout(绝对布局)以及 GridLayout(网格布局)。

布局方式使用 XML 语言进行描述,每一个页面均有一个 XML 布局文件。

【课堂讨论】

你见过哪些与物联网相关的 App?

■ 任务实施

一、实施设备

新建工程

安装 Android Studio 开发环境的计算机。

二、实施过程

1. 新建工程

如图 3-16 所示，在 Android Studio 中新建工程“IOT”。众所周知，默认页面的布局文件和活动文件分别是 activity_main. xml 和 MainActivity. java。

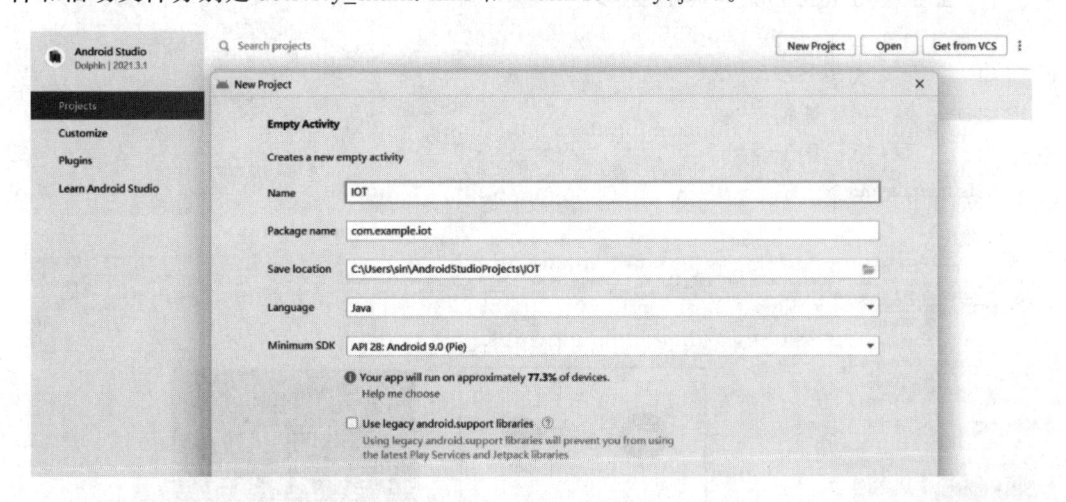

图 3-16 新建工程“IOT”

复制页面

在 MainActivity. java 和 activity_main. xml 的基础上，再复制 1 个页面，以供后续数据可视化使用。增加的第 2 个页面的活动文件和布局文件分别是 SecondActivity. java 和 activity_second. xml，如图 3-17 所示。

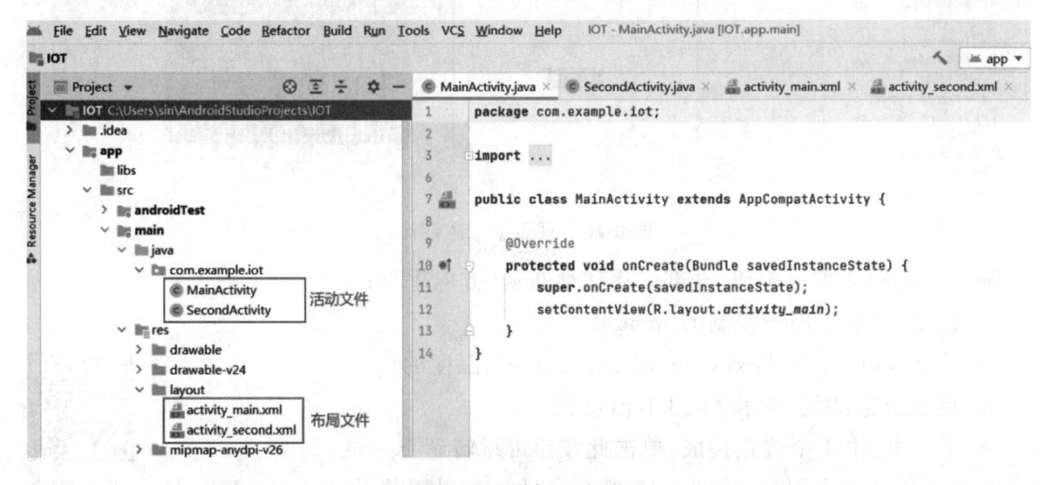

图 3-17 增加 1 个页面

2. 页面 1 总体设计和准备工作

如图 3-18 所示，在页面 1 的 activity_main. xml 文件中进行设计，总体是线性布局。代码如下：

```
<?xml version="1.0" encoding="utf-8"?>
<LinearLayout xmlns:android="http://schemas.android.com/apk/res/android"
    xmlns:app="http://schemas.android.com/apk/res-auto"
    xmlns:tools="http://schemas.android.com/tools"
    android:layout_width="match_parent"
    android:layout_height="match_parent"
    tools:context=".MainActivity"
    android:orientation="vertical">
<!--     1.控制 -->
<!--     2-状态 -->
<!--     3-接收消息 -->
<!--     4-下一页 -->
</LinearLayout>
```

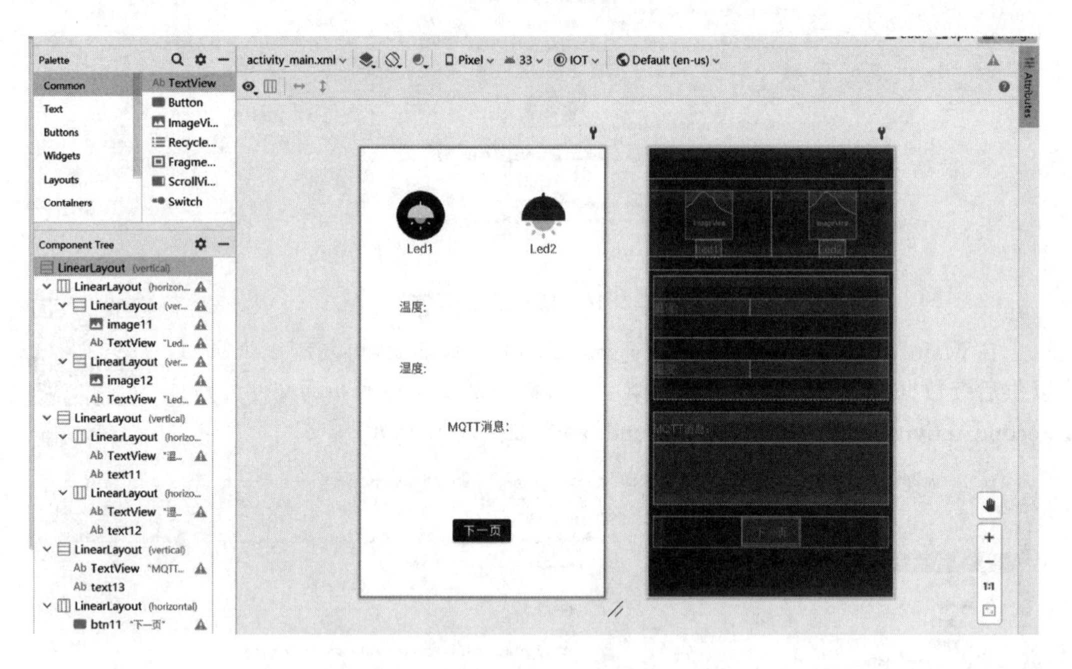

图 3-18 页面 1 总体设计

整个页面由 4 部分构成，全部采用线性布局，方向垂直。

- 控制：有 2 个用于控制的 ImageView。
- 状态：其中 2 个 TextView 用于显示温度、湿度的值。
- 接收消息：用于显示 MQTT 消息。
- 下一页：由 1 个按钮构成，单击此按钮可跳转到下一页。

在网上下载 2 个图标，如图 3-19 所示，2 个图标的像素均为 128×128，名

称中的字母为小写。

图 3-19　准备 2 个图标

如图 3-20 所示,将 2 个图标粘贴到目录 app→main→res→drawable 下。

```
Project
IOT C:\Users\sin\AndroidStudioProjects\IOT
  .gradle
  .idea
  app
    libs
    src
      androidTest
      main
        java
          com.example.iot
            MainActivity
            SecondActivity
        res
          drawable
            ic_launcher_background.xml
            led1.png
            led2.png
          drawable-v24
          layout
```

```
activity_main.xml    MainActivity.java
1   package com.example.iot;
2
3   import ...
6
7   public class MainActivity extends AppCompatActivity {
8
9       @Override
10      protected void onCreate(Bundle savedInstanceState) {
11          super.onCreate(savedInstanceState);
12          setContentView(R.layout.activity_main);
13      }
14  }
```

图 3-20　粘贴 2 个图标

3. 页面 1 具体布局

控制部分布局

(1) 控制部分

控制部分的代码如下:

```
<!--      1.控制 -->
<LinearLayout
    android:layout_marginTop = "50dp"
    android:gravity = "center_vertical"
    android:layout_width = "match_parent"
    android:layout_height = "150dp">
    <LinearLayout
        android:orientation = "vertical"
        android:layout_weight = "1"
        android:layout_width = "wrap_content"
        android:layout_height = "wrap_content">
        <ImageView
            android:src = "@drawable/led1"
            android:id = "@ + id/image11"
```

```
            android:layout_gravity = "center_horizontal"
            android:layout_width = "80dp"
            android:layout_height = "80dp">
        </ImageView>
        <TextView
            android:text = "Led1"
            android:textSize = "20sp"
            android:layout_gravity = "center_horizontal"
            android:layout_width = "wrap_content"
            android:layout_height = "wrap_content">
        </TextView>
    </LinearLayout>
    <LinearLayout
        android:orientation = "vertical"
        android:layout_weight = "1"
        android:layout_width = "wrap_content"
        android:layout_height = "wrap_content">
        <ImageView
            android:src = "@drawable/led2"
            android:id = "@ + id/image12"
            android:layout_gravity = "center_horizontal"
            android:layout_width = "80dp"
            android:layout_height = "80dp">
        </ImageView>
        <TextView
            android:text = "Led2"
            android:textSize = "20sp"
            android:layout_gravity = "center_horizontal"
            android:layout_width = "wrap_content"
            android:layout_height = "wrap_content">
        </TextView>
    </LinearLayout>
</LinearLayout>
```

控制部分参数

控制部分内部又分为 2 个子线性布局。第 1 个子线性布局有 image11 控件，此控件用于控制 Led1；第 2 个子线性布局有 image12 控件，此控件用于控制 Led2。两个子线性布局的 layout_weight 都是 1，也就是它们在父类布局中会均分排布。

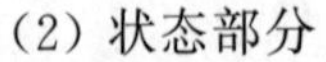
(2) 状态部分

状态部分的代码如下：

状态部分布局

```
<!--      2-状态 -->
<LinearLayout
    android:orientation="vertical"
    android:layout_margin="10dp"
    android:layout_width="match_parent"
    android:layout_height="200dp">
    <LinearLayout
        android:gravity="center_vertical"
        android:layout_width="match_parent"
        android:layout_height="100dp">
        <TextView
            android:gravity="center"
            android:text="温度:"
            android:textSize="20sp"
            android:layout_weight="1"
            android:layout_width="wrap_content"
            android:layout_height="wrap_content">
        </TextView>
        <TextView
            android:id="@+id/text11"
            android:textSize="20sp"
            android:layout_weight="2"
            android:layout_width="wrap_content"
            android:layout_height="wrap_content">
        </TextView>
    </LinearLayout>
    <LinearLayout
        android:gravity="center_vertical"
        android:layout_width="match_parent"
        android:layout_height="100dp">
        <TextView
            android:gravity="center"
            android:text="湿度:"
            android:textSize="20sp"
            android:layout_weight="1"
            android:layout_width="wrap_content"
            android:layout_height="wrap_content">
        </TextView>
        <TextView
            android:id="@+id/text12"
            android:textSize="20sp"
            android:layout_weight="2"
```

```
            android:layout_width = "wrap_content"
            android:layout_height = "wrap_content">
        </TextView>
    </LinearLayout>
</LinearLayout>
```

状态部分参数

在程序中,状态部分由 2 个子线性布局组成,这 2 个线性布局分别用于显示温度和湿度。

MQTT 消息部分

(3) 接收消息部分

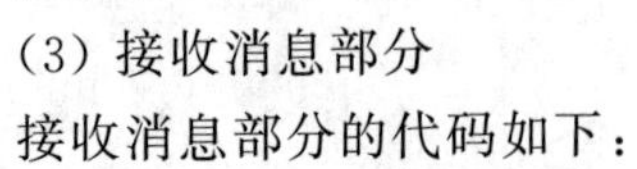

接收消息部分的代码如下:

```
<!--     3-接收消息 -->
<LinearLayout
    android:orientation = "vertical"
    android:layout_margin = "10dp"
    android:layout_width = "match_parent"
    android:layout_height = "150dp">
    <TextView
        android:gravity = "center"
        android:text = "MQTT 消息:"
        android:textSize = "20sp"
        android:layout_width = "match_parent"
        android:layout_height = "50dp">
    </TextView>
    <TextView
        android:id = "@ + id/text13"
        android:textSize = "20sp"
        android:layout_width = "match_parent"
        android:layout_height = "100dp">
    </TextView>
</LinearLayout>
```

在程序中,接收消息部分采用线性布局,线性布局里面的 2 个文本框是垂直(Vertical)排布的。

下一页

(4) 下一页部分

下一页部分的代码如下:

```
<!--     4-下一页 -->
<LinearLayout
    android:gravity = "center"
    android:layout_margin = "10dp"
```

```
        android:layout_width = "match_parent"
        android:layout_height = "50dp">
        <Button
            android:id = "@ + id/btn11"
            android:text = "下一页"
            android:textSize = "20sp"
            android:layout_width = "wrap_content"
            android:layout_height = "wrap_content">
        </Button>
    </LinearLayout>
```

在程序中，下一页部分采用线性布局，线性布局里面只有一个 id 为 btn11 的按钮，单击此按钮可跳转到下一页。

■ 任务小结

任务 2 创建了物联网 App 的 Android 工程，并对其中的第 1 个页面进行了布局设计。

■ 实践练习

替换页面 1 的两个图标，改变其他控件的字体、大小的属性，完成自己的物联网 App 页面布局。

任务 3　物联网 App 页面 2 布局及页面跳转

■ 任务引入

任务 2 对物联网 App 的页面 1 进行了布局，但运行 App 时发现可以进入页面 1，进入不了页面 2。如果要进入页面 2，就需要实现两个页面之间的跳转。

■ 任务目标

任务 3 将设计物联网 App 的页面 2，并实现页面 1 与页面 2 之间的跳转。物联网 App 的 2 个页面如图 3-21 所示。由图可知，页面 2 仅布局 1 个用于跳转的按钮，单击此按钮即可跳转到页面 1。

■ 相关知识

在 Android 中，通常使用 Intent 类来实现页面跳转。Intent 是 Android 系统中的一种消息传递机制，用于在不同组件之间传递数据和启动组件。下面介绍三种比较常用的页面跳转方法。

(a) 页面1

(b) 页面2

图 3-21　物联网 App 的 2 个页面

一、显式 Intent

指定目标 Activity 的类名，通过 startActivity() 方法启动新页面，示例代码如下：

```
Intent intent = new Intent(MainActivity.this, SecondActivity.class);
startActivity(intent);
```

二、隐式 Intent

通过指定 Action 和 Category 启动符合条件的 Activity，示例代码如下：

```
Intent intent = new Intent();
intent.setAction(Intent.ACTION_VIEW);
intent.addCategory(Intent.CATEGORY_DEFAULT);
startActivity(intent);
```

三、带参数跳转

通过 Intent 的 putExtra() 方法传递参数，在目标 Activity 中获取参数并对其进行处理，示例代码如下：

```
Intent intent = new Intent(MainActivity.this, SecondActivity.class);
intent.putExtra("key", value);
startActivity(intent);
```

在目标 Activity 中获取参数的方法如下：

```
Intent intent = getIntent();
String value = intent.getStringExtra("key");
```

■ 任务实施

一、实施设备

安装 Android Studio 开发环境的计算机。

页面 2 布局

二、实施过程

1. 页面 2 布局

在 activity_second.xml 文件中设计页面 2 的布局，代码如下：

```
<?xml version = "1.0" encoding = "utf-8"?>
<LinearLayout xmlns:android = "http://schemas.android.com/apk/res/android"
    xmlns:app = "http://schemas.android.com/apk/res-auto"
    xmlns:tools = "http://schemas.android.com/tools"
    android:layout_width = "match_parent"
    android:layout_height = "match_parent"
    tools:context = ".SecondActivity"
    android:orientation = "vertical">

    <!--      1-上一页 -->
    <LinearLayout
        android:gravity = "center"
        android:layout_marginTop = "50dp"
        android:layout_width = "match_parent"
        android:layout_height = "50dp">
        <Button
            android:id = "@ + id/btn21"
            android:text = "上一页"
            android:textSize = "20sp"
            android:layout_width = "wrap_content"
            android:layout_height = "wrap_content">
        </Button>
    </LinearLayout>
</LinearLayout>
```

页面 2 整体采用线性布局，里面的第一部分也是线性布局，此线性布局只有一个 id 为 btn21 的按钮。

配置

2. 配置

如图 3-22 所示，在目录 app→build.gradle 中添加 viewBinding 框架：

```
android.buildFeatures.viewBinding = true
```

然后单击“同步”。

```
You can use the Project Structure dialog to view and edit your project configuration
1  plugins {id 'com.android.application'}
4
5  android {
6      namespace 'com.example.iot'
7      compileSdk 32
8
9      defaultConfig {...}
18
19     buildTypes {...}
25     compileOptions {
26         sourceCompatibility JavaVersion.VERSION_1_8
27         targetCompatibility JavaVersion.VERSION_1_8
28     }
29     android.buildFeatures.viewBinding = true
30 }
31
32 dependencies {...}
```

图 3-22　添加 viewBinding 框架

MainActivity 已经在工程中注册完成，还需要将第二个 Activity，即 SecondActivity 在 AndroidManifest. xml 中注册一下，如图 3-23 所示。

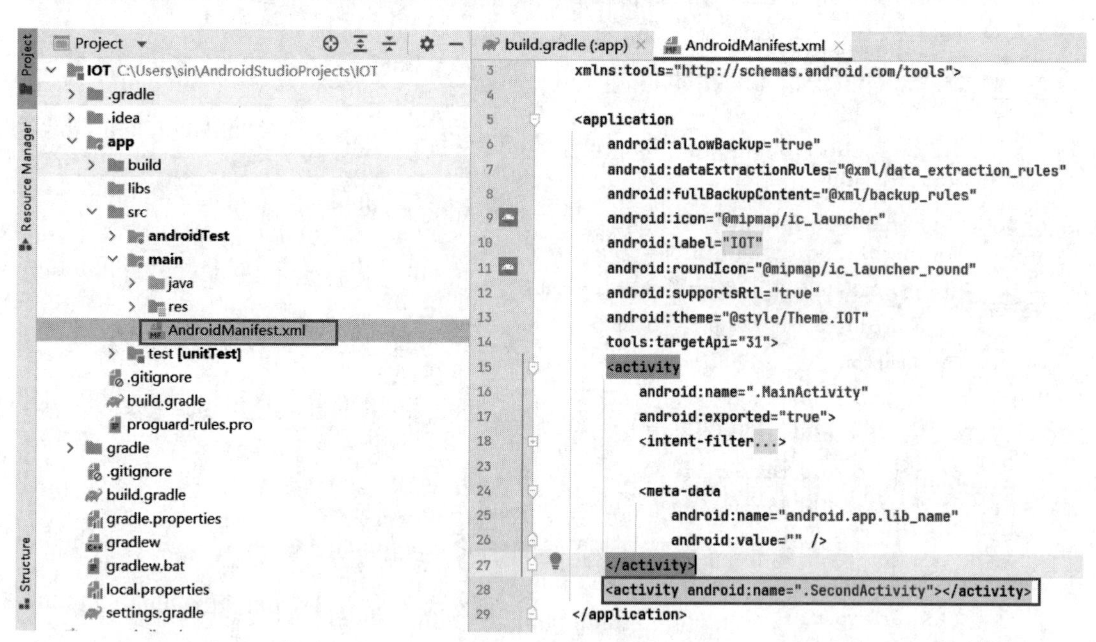

图 3-23　注册活动文件

viewBinding 框架会为每一个布局文件生成一个 viewBinding 绑定类，如图 3-24 所示。采用大驼峰法命名类名，例如：对于本任务中的 activity_main. xml 布局文件，取出每一个单词，令首字符为大写，后面加上 Binding，可得到 ActivityMainBinding 类名；对于 activity_second. xml 布局文件，取出每一个单词，令首字符为大写，后面加上 Binding，可得到 ActivitySecondBinding 类名。

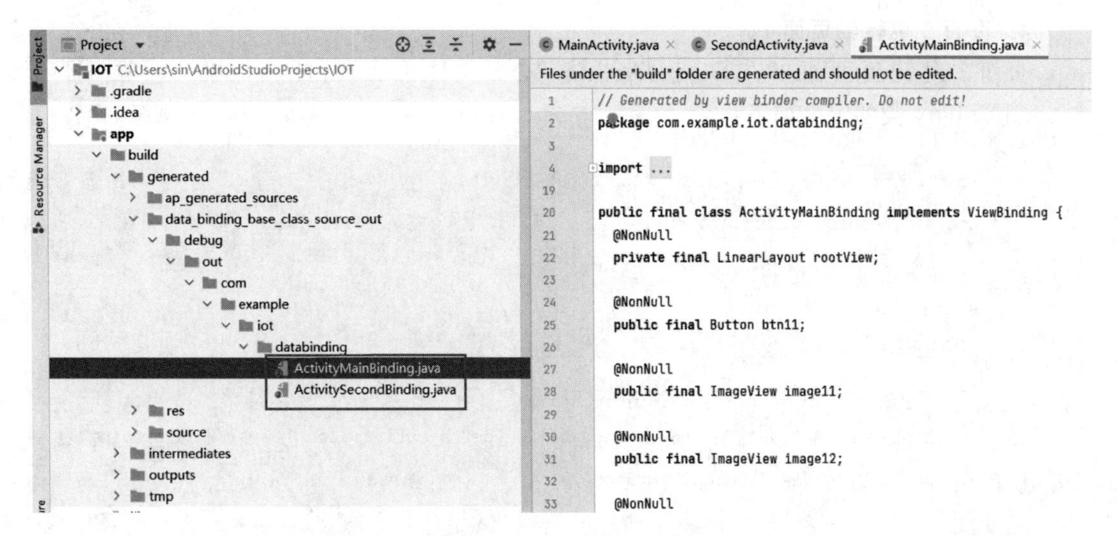

图 3-24 viewBinding 类文件

页面 1 跳转

3. 页面 1 跳转到页面 2

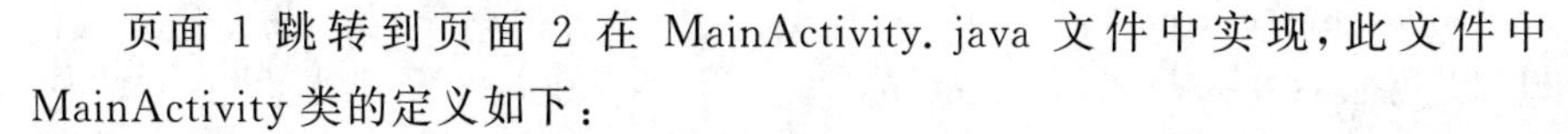

页面 1 跳转到页面 2 在 MainActivity. java 文件中实现，此文件中 MainActivity 类的定义如下：

```
public class MainActivity extends AppCompatActivity {
    ActivityMainBinding binding1;                 //创建 activity_main 布局类对象

    @Override
    protected void onCreate(Bundle savedInstanceState) {
        super.onCreate(savedInstanceState);
        binding1 = ActivityMainBinding.inflate(getLayoutInflater());  //获取 binding1
        setContentView(binding1.getRoot());   //通过 getRoot 拿到 view

        binding1.btn11.setOnClickListener(new View.OnClickListener() {
            @Override
            public void onClick(View view) {
                Intent intent1 = new Intent();
                //由 MainActivity 转向 SecondActivity
                intent1.setClass(MainActivity.this,SecondActivity.class);
                startActivity(intent1);       //按照意图 1,启动 Activity
            }
        });
    }
}
```

以上程序创建了 ActivityMainBinding 类对象 binding1。通过 binding1 获取“下一页”按钮(即 btn11)，在“下一页”按钮的单击事件监听器中设置意图：由 MainActivity 转向 SecondActivity。

页面 2 跳转

4. 页面 2 跳转到页面 1

页面 2 跳转到页面 1 在 SecondActivity. java 文件中实现，此文件中 SecondActivity 类的定义如下：

```
public class SecondActivity extends AppCompatActivity {
    ActivitySecondBinding binding2;                   //创建 activity_second 布局类对象

    @Override
    protected void onCreate(Bundle savedInstanceState) {
        super.onCreate(savedInstanceState);
        binding2 = ActivitySecondBinding.inflate(getLayoutInflater());  //获取 binding2
        setContentView(binding2.getRoot());        //拿到 view

        binding2.btn21.setOnClickListener(new View.OnClickListener() {
            @Override
            public void onClick(View view) {
                Intent intent2 = new Intent();
                //由 SecondActivity 转向 MainActivity
                intent2.setClass(SecondActivity.this,MainActivity.class);
                startActivity(intent2);
            }
        });
    }
}
```

以上程序创建了 ActivitySecondBinding 类对象 binding2。通过 binding2 获取“上一页”按钮(即 btn21)，在“上一页”按钮的单击事件监听器中设置意图：由 SecondActivity 转向 MainActivity。

5. 测试

运行 App，即可实现期望的跳转功能。

测试跳转功能

■ 任务小结

任务 3 实现了物联网 App 的 2 个页面之间的跳转：页面 1 可跳转到页面 2；页面 2 可以跳转到页面 1。

■ 实践练习

在 MainActivity. java 和 SecondActivity. java 中创建两个 viewBinding 对象：binding1 和 binding2。如果它们用同一个对象名(如 binding)，是否可行呢？尝试操作一下。

任务4 物联网App的MQTT配置

■ 任务引入

任务3实现了物联网App的两个页面之间的跳转,其中页面1用于MQTT通信。若要实现这一点,需要先进行MQTT配置。

■ 任务目标

MQTT的配置比较简单,只需要导入MQTT的jar包,就可以使用相关的类和方法。当然还需要开启网络功能。

■ 相关知识

一、MQTT

MQTT(Message Queuing Telemetry Transport,消息队列遥测传输)是物联网中用于向设备发送消息和从设备接收消息的轻量级消息传递协议,通过TCP/IP网络运行。MQTT由于其简单性和易用性而迅速成为最受欢迎的物联网协议。MQTT的最新版本是v5,但v3.1.1和v3.1仍然是最常用的。

MQTT通过发布/订阅模型工作,有2个主要组件:代理Broker和客户端。其中代理Broker是一个中央集线器或服务器,负责连接所有的客户端并存储所有消息。客户端是与代理连接并负责发布和接收消息的设备。一个MQTT客户端可以仅作为接收设备或者发送设备,也可以既作为接收设备又作为发送设备。

二、MQTT消息传递过程

在MQTT通信前,需要做一些准备工作,以客户端A向客户端B发送消息为例:首先,双方确定好消息主题名(如topic1)和消息载荷格式;其次,客户端A通过client.connect()方法登录MQTT代理服务器;最后,客户端B通过client.connect()方法登录MQTT代理服务器,通过client.subscribe()方法订阅消息主题,通过client.setCallback()方法设置回调函数。

再看一下MQTT消息传递过程:客户端A通过client.publish()方法将主题为topic1的消息发送到MQTT代理服务器,代理服务器将消息转发到所有订阅此消息的客户端;客户端B接收转发过来的消息(因为客户端B已经订阅了topic1消息),在回调函数中对消息进行解析处理。

■ 任务实施

一、实施设备

安装Android Studio开发环境的计算机。

二、实施过程

1. 添加网络权限

添加网络权限

如图 3-25 所示，允许程序打开网络套接字，在 src→main→AndroidManifest.xml 中的对应位置编写以下代码：

```
< uses-permission android:name = "android.permission.INTERNET" />
```

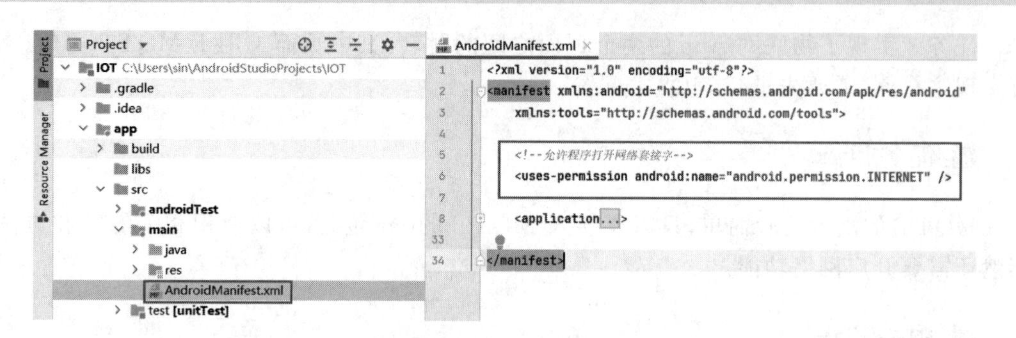

图 3-25　添加网络权限

2. 导入 MQTT 的 jar 包

导入 MQTT 的 jar 包

下载 org.eclipse.paho.client.mqttv3-1.2.0.jar，并将其粘贴到目录 libs 下，如图 3-26 所示。

选择 jar 包，右击“Add as library”，等待完成即可。导入 jar 包后，可以在 app→src→build.gradle 中看到安装效果，如图 3-27 所示。

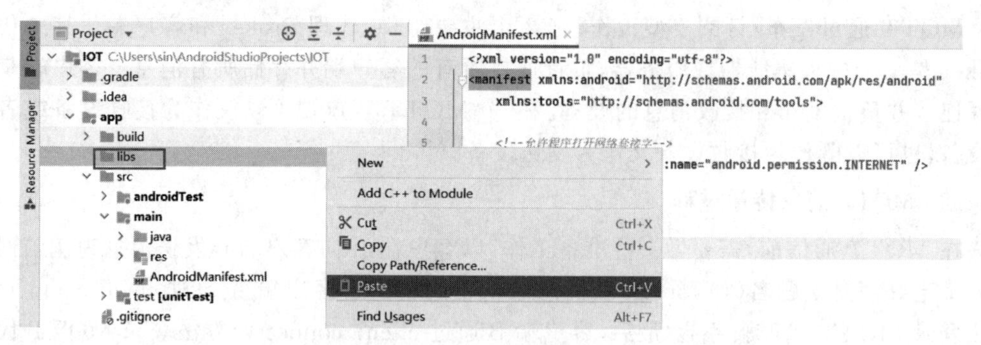

图 3-26　导入 MQTT 的 jar 包

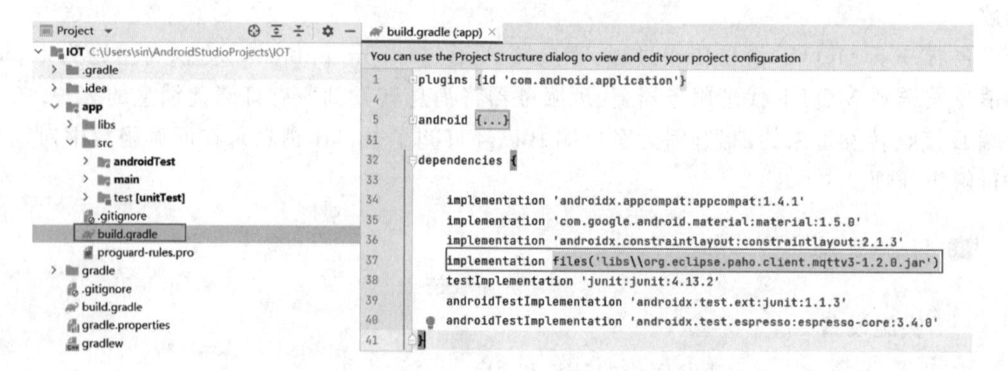

图 3-27　导入 MQTT 的 jar 包的效果

3. 测试

接下来使用库里的一些函数完成 MQTT 通信。完成以上步骤，在 MainActivity 类里面输入 Mqtt，相关的方法就有了，如图 3-28 所示。假如没有相关的方法，就看看是不是没有同步或者是不是漏掉了哪一步操作，可以尝试重启 Android 工程，注意，Mqtt 的第一个字符是大写的。

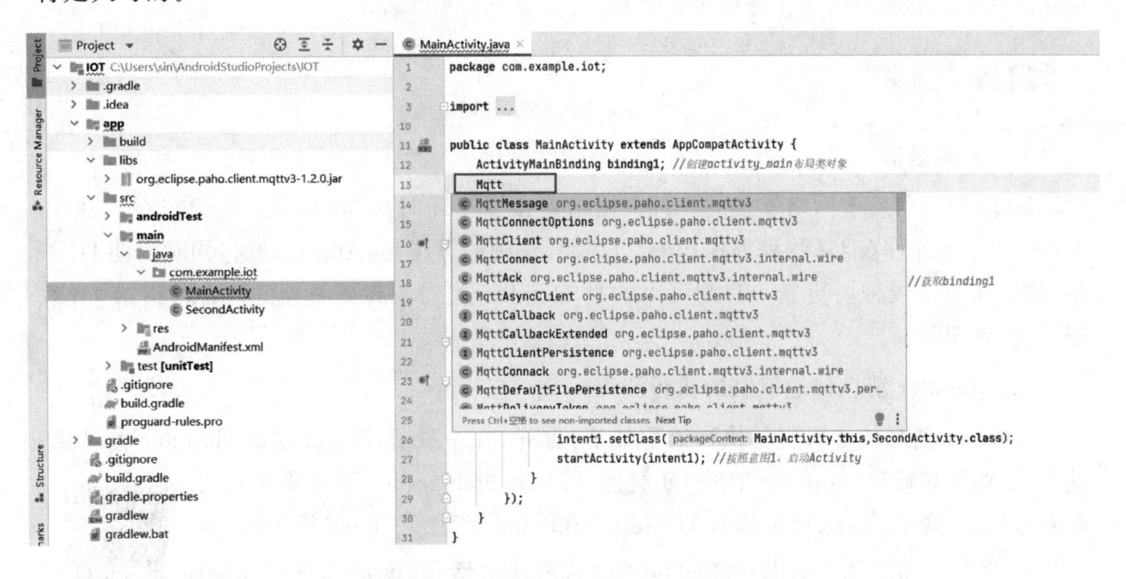

图 3-28 测试 MQTT 是否配置成功

■ 任务小结

任务 4 完成了物联网 App 的 MQTT 相关配置，接下来就可以在 Android 工程中使用 MQTT 相关的基础方法了，如执行连接、订阅消息、发布消息。

■ 实践练习

在 MQTT 相关的类里面，找到创建 MQTT 客户端的类，并查看这个类有哪些方法。

任务 5 在物联网 App 中定义 MQTT 变量与函数

■ 任务引入

App 的页面 1 用于 MQTT 通信，MQTT 通信过程包括通过 App 发送 MQTT 消息，以及 App 接收并显示 MQTT 消息。

任务 4 完成了 MQTT 配置，我们已经可以在 Android 工程中使用 MQTT 方法了。MQTT 的通信过程包括订阅消息、接收消息、发布消息等，那么，具体该怎么实现呢？

■ 任务目标

任务 5 介绍了与 MQTT 相关的变量，并在 MQTT 方法的基础上，编写了初始化函数、连接函数、重连接函数、发布消息函数以及关闭连接函数，使用的 Activity 文件为 MainActivity. java。网络连接属于延时操作，需要放在子线程中。

■ 相关知识

一、异步通信

MQTT 通信属于网络连接的一种。网络连接属于耗时操作，必须开启子线程。另外，Android 并不允许在 UI 线程外操作 UI。因此，正确的方法是：App 启动时，同时启动 UI 线程；如果其他子线程要更新 UI，则可以通过 Handler 类对象将要更新的内容传递给 UI 线程，完成界面刷新。

二、Handler 消息传递机制的执行流程

Handler 消息传递机制的执行流程如下：首先，在主线程中直接创建 Handler 类对象；其次，子线程想修改 Activity 中的 UI 组件，可以通过 Handler 类对象向主线程发送消息；最后，消息到主线程的 MessageQueue（消息队列）进行等待，由 Looper 按先入先出顺序取出，再由 Handler 类对象根据 message 对象的 what 属性对应进行处理。

Handler 消息传递机制

三、Handler 类的相关方法

- void handleMessage(Message msg)：处理消息的方法，通常用于被重写。
- sendMessage(Message msg)：立即发送消息。

【课堂讨论】

Android 并不允许在 UI 线程外操作 UI，如果尝试的话，能够成功吗？

■ 任务实施

一、实施设备

安装 Android Studio 开发环境的计算机、已部署 MQTT 服务器的云服务器。

二、实施过程

变量与函数

1. 变量与对象

在 MainActivity. java 中定义以下变量与对象：

```
ActivityMainBinding binding1;                              //创建 activity_main 布局类对象
private String host = "tcp://47.99.107.169:1883";  //作者提供的 EMQX 物联网服务器
private String username = "user";    //EMQX 服务器未设 MQTT 客户端登录密码，所以可以空着；假如设置了客户端访问的账号密码，就必须输入
```

```
    private String password = "";
    private String mqtt_id = "13911112222";  //独一无二的,可以用手机号,QQ号等等
    private String mqtt_sub_topic = "/139511112222/my_FX/post";  //:/手机号/my_FX/post,代表
MQTT.fx上报的消息
    private String mqtt_pub_topic = "/13911112222/my_APP/set";  //:/手机号/my_APP/set,代表
APP发布的命令
    private int LedStatus = 0; //APP发布的消息为{"DeviceID":1,"Led":0},{"DeviceID":2,"Led":
1},将用于控制ZigBee终端所接的Led
    private ScheduledExecutorService scheduler;
    private MqttClient client;
    private MqttConnectOptions options;       //MQTT连接时的参数
    private Handler handler;
```

以上程序定义了MQTT服务器、登录用户名、登录密码、客户端ID、发布消息的主题、订阅消息的主题、命令值变量。注意,在Android工程中创建的MQTT客户端ID一定不能和其他MQTT客户端ID冲突。另外,以上程序还创建了binding、调度器、MQTT客户端、MQTT参数、Handler类对象(对象名为handler)。相关的类需要导入工程中。

2. 函数

编写函数

在onCreate函数后面拷贝5个函数。

(1) 初始化函数

```
    //1-MQTT初始化函数
    private void Mqtt_init(){
        try {
            //host主机名,clientid连接MQTT的客户端ID,MemoryPersistence设置clientid保存
形式,默认以内存保存
            client = new MqttClient(host,mqtt_id,new MemoryPersistence());
            //MQTT的连接设置
            options = new MqttConnectOptions();
            //设置是否清空session,false表示服务器会保留客户端连接记录,true表示每次都以
新身份连接服务器
            options.setCleanSession(false);
            //设置连接的用户名
            options.setUserName(username);
            //设置连接密码
            options.setPassword(password.toCharArray());
            //设置超时时间,单位为秒
            options.setConnectionTimeout(10);
            //设置会话心跳时间
```

```
            options.setKeepAliveInterval(60);
            //设置回调
            client.setCallback(new MqttCallback() {
                @Override
                public void connectionLost(Throwable throwable) {
                    //连接丢失后，一般在这里进行重新连接
                    System.out.println("Connection Lost ----------");
                    //startReconnect();
                }
                @Override
                public void deliveryComplete(IMqttDeliveryToken iMqttDeliveryToken) {
                    //publish 后会执行到这里

    System.out.println("deliveryComplete --------" + iMqttDeliveryToken.isComplete());
                }
                @Override
                public void messageArrived(String s, MqttMessage mqttMessage) throws Exception {
                    //subscribe 后得到的消息会执行到这里面
                    System.out.println("MessageArrived -------");
                    Message msg = new Message();
                    msg.what = 3; //收到消息标志位
                    msg.obj = s + "---" + mqttMessage.toString();
                    handler.sendMessage(msg);  //hander 回传
                }
            });
        }catch (Exception e){
            e.printStackTrace();
        }
    }
```

通过初始化函数完成 MQTT 的初始化，例如，将 MQTT 客户端实例化，设置 MQTT 连接的参数 options，通过 setCallback 方法设置回调。回调中最关键的函数是 messageArrived 函数。MQTT 客户端收到订阅的消息后，会先将订阅消息的主题、内容拼接在一起作为 msg(将要发送给 handler 的消息，是用 Message 类创建的对象)的 obj 属性，再增加 msg 的标志位 what=3，将 msg 回传给 UI 线程的 handler，handler 对 msg 处理后可以用于更新 UI。

(2) 连接函数

```
    //2-MQTT 连接函数。连接网络耗时，所以开启子线程
    private void Mqtt_connect(){
```

```
        new Thread(new Runnable() {
            @Override
            public void run() {
                try {
                    if (!(client.isConnected())){      //如果还未连接
                        client.connect(options);
                        Message msg = new Message();
                        msg.what = 31;
                        handler.sendMessage(msg);
                    }
                }catch(Exception e){
                    e.printStackTrace();
                    Message msg = new Message();
                    msg.what = 30;
                    handler.sendMessage(msg);
                }
            }
        }).start();
    }
```

连接函数是在重连接函数中被调用的：如果连接成功，则调用 sendMessage(msg)方法将消息 msg 回传给 handler，标志位 what = 31；如果连接失败，则调用 sendMessage(msg)方法将消息 msg 回传给 handler，标志位 what=30。UI 线程的 handler 会根据 msg 的标志位分别进行处理，然后更新 UI。这里就体现了 MQTT 通信的特点。

函数分析

(3) 重连接函数

```
    //3-MQTT 重连接函数
    private void startReconnect(){
        scheduler = Executors.newSingleThreadScheduledExecutor();
        scheduler.scheduleAtFixedRate(new Runnable() {
            @Override
            public void run() {
                if(!client.isConnected()){
                    Mqtt_connect();
                }
            }
        },0 * 1000,10 * 1000, TimeUnit.MILLISECONDS);
    }
```

重连接函数执行了一个定时任务，这个任务是指调用连接函数，实现客户端与 MQTT 服务器之间的连接。在一次任务执行完毕后，经过一定的时间间隔，重连接函数才会执行下一个任务。

(4) 发布消息函数

```
//4-MQTT 发布消息函数
private void publishmessageplus(String topic,String message2){
    if (client == null|| !client.isConnected()){
        return;
    }
    MqttMessage message = new MqttMessage();
    message.setPayload(message2.getBytes());
    try {
        client.publish(topic,message);
    }catch (MqttException e){
        e.printStackTrace();
    }
}
```

publishmessageplus 函数会调用 client 对象的 publish 方法,将一条消息发布到 MQTT 服务器。publishmessageplus 函数的第一个参数是消息主题(即 topic),第二个参数是消息载荷(即 Payload)。当 MQTT 服务器收到消息后,会将其转发给所有订阅此消息的 MQTT 客户端。

(5) 关闭连接函数

```
//5-MQTT 关闭连接函数
public void disconnect(){
    try {
        if(client != null){
            if(client.isConnected())
                client.unsubscribe(mqtt_sub_topic);
            client.disconnect();
            client.close();
            client = null;
        }
    }catch (Exception e){
        e.printStackTrace();
    }
}
```

在关闭连接函数中,操作分为取消订阅、断开连接、关闭客户端 3 步。

3. OnCreate 方法

(1) 调用初始化函数和连接函数

在 OnCreate 方法中,调用初始化函数和重连接函数;跳转到下一页时,取消订阅,断开连接,关闭客户端,以释放资源,即调用 disconnect()函数,如图 3-29 所示。

MQTT 连接与断开

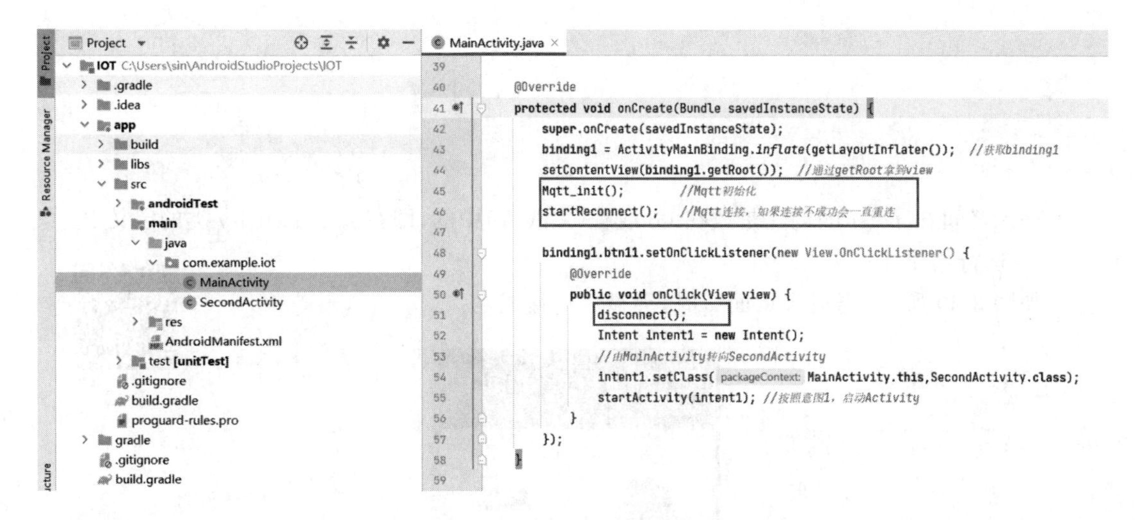

图 3-29 调用初始化函数和重连接函数

（2）Handler 处理

handler 是在 UI 线程创建的，重写了处理消息的方法：handleMessage。处理时，可根据 message 对象的 what 属性分别进行处理：如果 what=3，表示收到订阅的 MQTT 消息，将在屏幕上通过 Toast 方法显示 msg 消息的 obj 属性（即 MQTT 消息的内容）；如果 what=30，表示连接失败，将在屏幕上通过 Toast 方法显示“连接失败”；如果 what=31，表示连接成功，将在屏幕上通过 Toast 方法显示“连接成功”。

Handler 处理

代码如下：

```
handler = new Handler() {
    @SuppressLint("SetTextI18n")
    public void handleMessage(Message msg) {
        super.handleMessage(msg);
        switch (msg.what){
            case 1:         //开机校验更新回传,未用到
                break;
            case 2:         //反馈回传,未用到
                break;
            case 3:         //MQTT 收到消息回传
Toast.makeText(MainActivity.this,msg.obj.toString() ,Toast.LENGTH_SHORT).show();
                break;
            case 30:        //连接失败
                Toast.makeText(MainActivity.this,"连接失败" ,Toast.LENGTH_LONG).show();
                break;
            case 31:        //连接成功
                Toast.makeText(MainActivity.this,"连接成功" ,Toast.LENGTH_LONG).show();
                break;
            default:
```

```
                    break;
                }
            }
        };
```

毫无疑问，handler 的创建是放在 UI 线程(主线程)中的，即在 MainActivity 类的定义中。

4. 运行结果

如图 3-30 所示，当进入页面 1 时，会显示连接成功。

测试

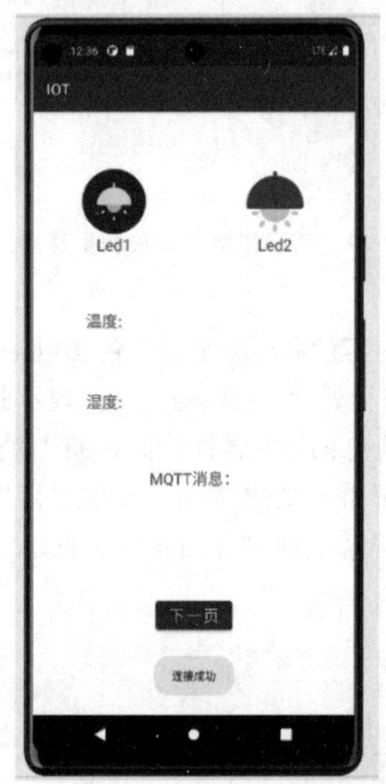

图 3-30　显示 MQTT 连接成功

假如没有在 btn11 按钮的 onClick 方法中调用断开连接函数，会发现再次回到 App 的页面 1 时，会不停地显示连接成功。以上现象说明客户端在不停地重连 MQTT 服务器，换句话说，客户端不停地被服务器踢下线。这是因为原来的 MQTT 客户端没有关闭，而页面 2 会重复开启一个相同的 MQTT 客户端，从而产生了冲突，只要调用断开连接函数即可解决。

■ 任务小结

任务 5 在 MainActivity. java 中定义了 MQTT 变量和函数，接下来将测试 App 和 MQTT. fx 客户端之间的 MQTT 通信。

■ 实践练习

将 App 中创建的 MQTT 客户端 ID 值设为：学号_App，完成设计并运行 App，将显示连接成功的界面截图上传到教学平台。

任务6 App和MQTT.fx客户端通信测试

■ 任务引入

任务5中的App创建了MQTT客户端，实现了与MQTT服务器的连接，以及在离开活动时断开连接的功能。MQTT服务器具有消息代理的作用，如果能观察App中MQTT客户端和另一个MQTT客户端之间的消息传递，则可以更好地理解MQTT通信。

■ 任务目标

任务分析

任务6使用MQTT.fx软件创建一个MQTT客户端，让App和其进行MQTT通信，实现的内容有：App发送MQTT消息，MQTT.fx接收MQTT消息，消息主题为/手机号/my_APP/set，代表App发布的命令；MQTT.fx发送MQTT消息，App接收MQTT消息，消息主题为/手机号/my_FX/post，代表MQTT.fx发布的消息。

App和MQTT.fx这两个MQTT客户端通过MQTT服务器的代理功能进行通信。后续将MQTT.fx换成网关，即可实现App和网关之间的MQTT通信。

■ 相关知识

一、MQTT.fx

MQTT.fx是一款MQTT客户端工具，使用Java语言编写。它支持通过Topic订阅和发布消息。其他MQTT客户端和MQTT服务器在前期进行通信调试时，可以结合MQTT.fx工具，这样非常方便。

二、MQTT.fx主界面

如图3-31所示，在MQTT.fx主界面中：可以通过Publish和Subscribe选项卡分别进入发布消息和订阅主题界面；选择配置文件后，可以单击“Connect”按钮连接MQTT服务器。

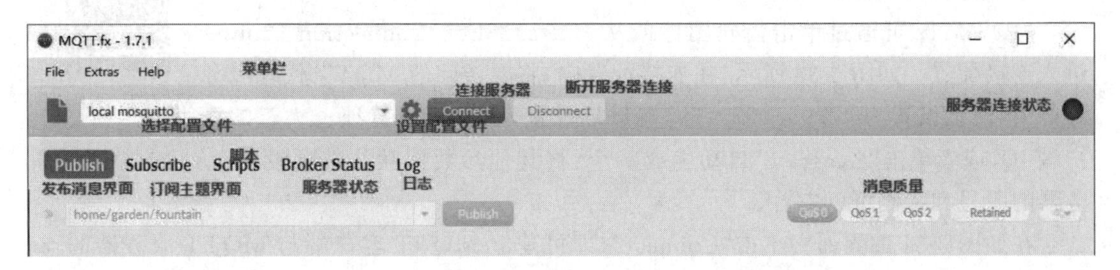

图3-31 MQTT.fx主界面

三、MQTT. fx 配置文件

如图 3-32 所示，可以在 MQTT. fx 配置文件中设置连接的各种参数，其中比较重要的地方是：设置要连接的 MQTT 服务器的 IP 地址和端口号，IP 地址也可以用域名代替；必须设定独一无二的客户端 ID，或者自动生成一个。

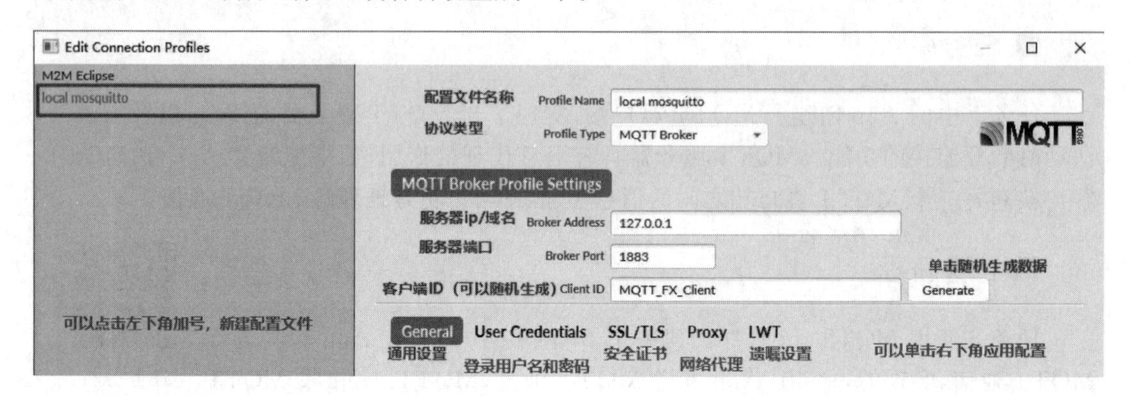

图 3-32　MQTT. fx 配置文件

【课堂讨论】

在 MQTT. fx 配置文件的遗嘱设置界面中，有哪几种消息质量，分别表示什么含义？

■ 任务实施

一、实施设备

安装 Windows 操作系统的计算机、已部署 MQTT 服务器的云服务器。

二、实施过程

1. 安装 MQTT. fx 软件

MQTT. fx 软件的安装网址是：http://www.jensd.de/apps/mqttfx/1.7.1/。下载完成后，双击安装。

MQTT. fx 客户端既可以作为发布端（Publish）也可以作为接收端（Subscribe），如果客户端 A 和 B 都登录了 EMQX 服务器，客户端 B 订阅了主题为 X 的消息，那么客户端 A 发布消息 X 后，客户端 B 就会收到此消息。

2. MQTT. fx 配置

MQTT. fx 可通过单击齿轮图标或从 Extras→Edit Connection Profiles 进入连接配置。如图 3-33 所示，在连接配置中，将要访问的 MQTT 代理服务器的 IP 地址设置为 47.99.107.169，端口号设置为 1883；设置独一无二的客户端 ID，或者单击“Generate”自动生成一个；将其他参数按默认选项设置，访问 MQTT 服务器的账号和密码可以空着。

MQTT. fx 配置

在如图 3-34 的界面中单击“Connect”，即可建立 MQTT 客户端与 MQTT 服务器的连接，单击“Publish”选项卡可以设置发布消息的 topic。注意这个 topic 是 App 收到的消息的 topic。

在如图 3-35 所示的界面中，单击“Subscribe”选项卡可以设置订阅消息的 topic，单击

"Subscribe"按钮即可订阅成功。注意这个 topic 是 App 要发布的消息的 topic。

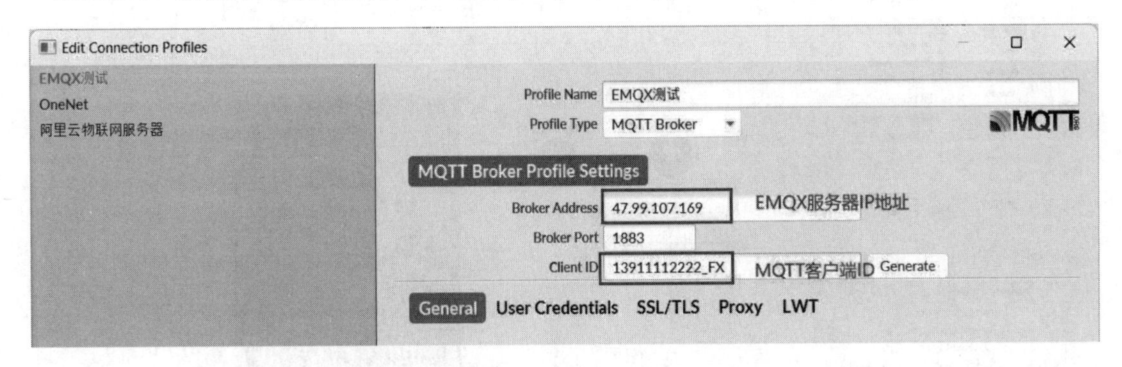

图 3-33 MQTT.fx 配置

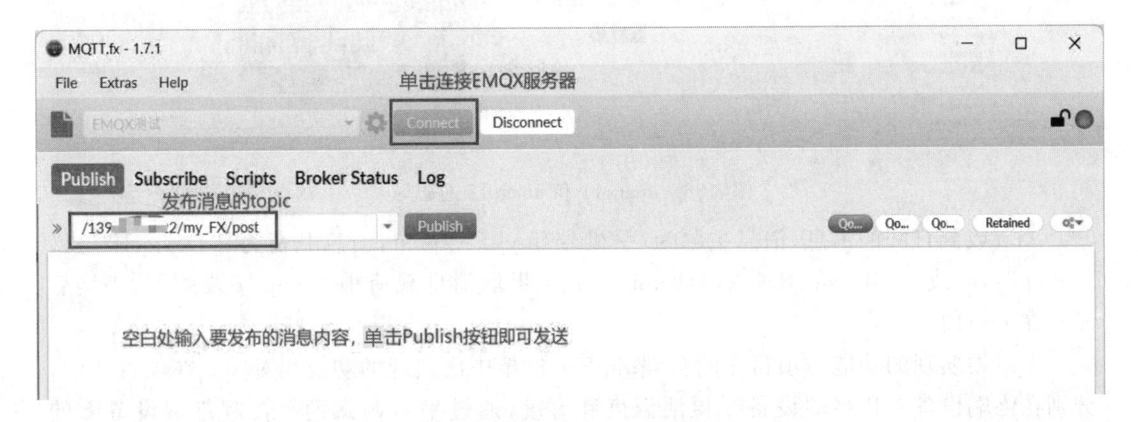

图 3-34 MQTT.fx 发布消息

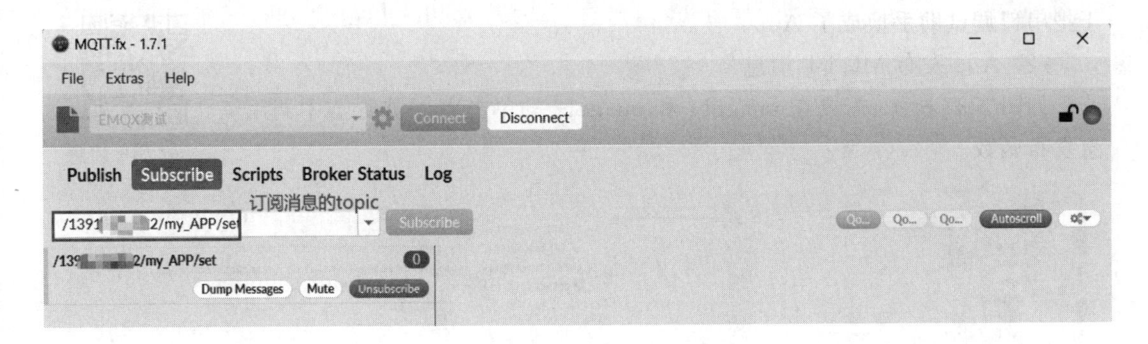

图 3-35 MQTT.fx 订阅消息

3. App 程序设计

(1) 约定 App 的 MQTT 消息格式

在 App 中，image11 和 image12 的布局如图 3-36 所示，我们做出如下约定。

单击"image11"和"image12"发布消息，消息主题均为/手机号/my_APP/set，消息载荷为{"DeviceID":1,"Led":0}或者{"DeviceID":2,"Led":1}，其中 DeviceID 字段的值代表无线传感网络中终端设备的编号，Led 字段代表对应终端设备中自定义的 LED 灯。比如示例中终端设备 1 要控制的是 LED1，终端设备 2 要控制的是 LED2。

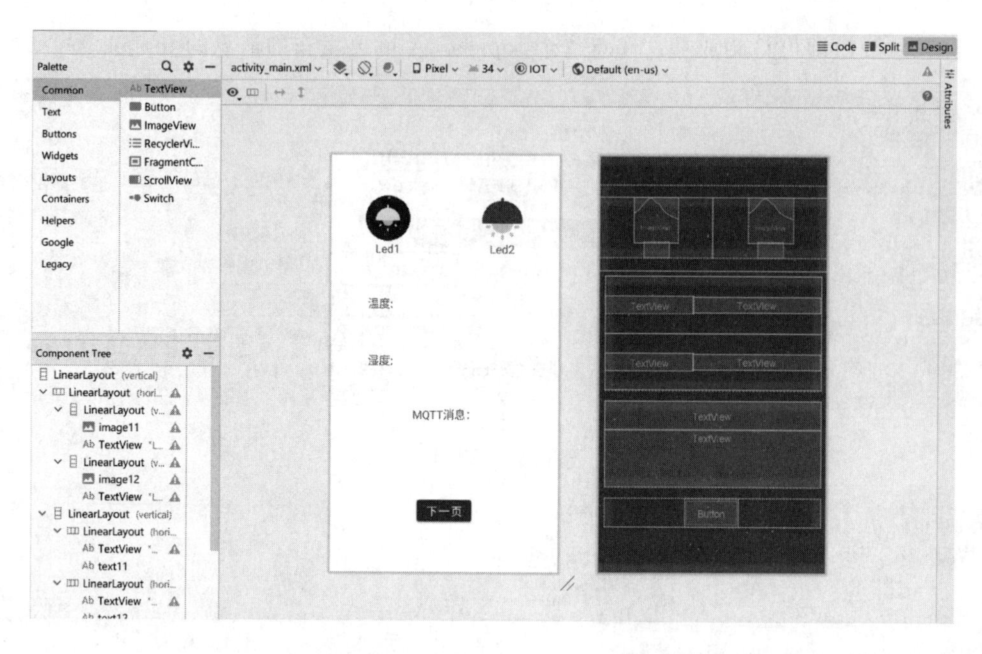

图 3-36　image11 和 image12 的布局

App 收到订阅的消息，消息主题为/手机号/my_FX/post，消息载荷为{"DeviceID":1,"Temp":16}或者{"DeviceID":2,"Humi":43}。提取消息载荷中 Temp 字段的值，拼接后显示在 text13 中。

App 要实现的功能与项目 2 的自编 ZigBee 框架中已实现的功能相对应。在项目 2 中，分别在终端设备 1 和终端设备 2 检测温度和湿度，通过串口调试助手控制终端设备 1 的 LED1 和终端设备 2 的 LED2。在项目 3 中，将无线传感网络、网关和 App 结合起来，相当于把串口调试助手换成了 App。

(2) App 发布 MQTT 消息

如图 3-37 所示，需要在 image11 和 image12 的单击事件监听器中调用消息发布函数。

App 发布消息

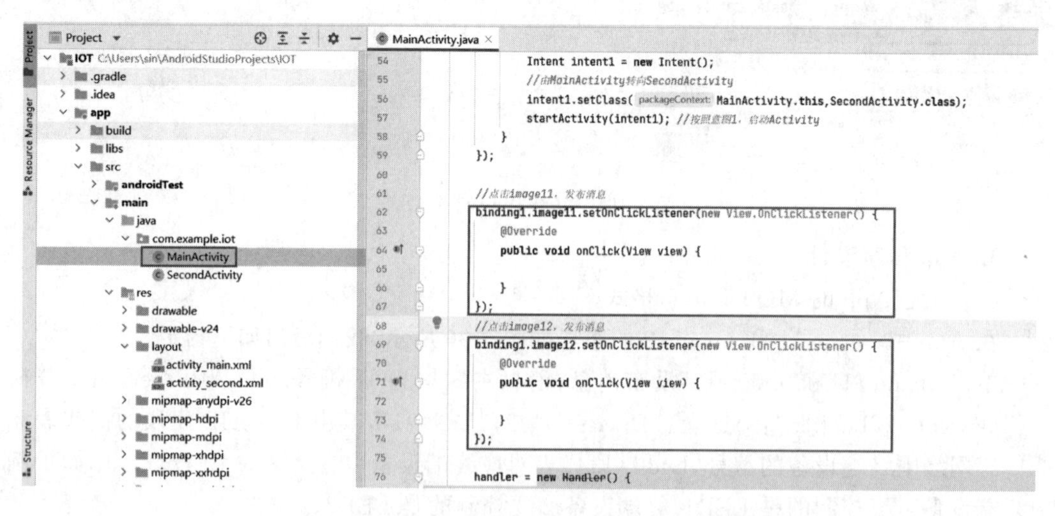

图 3-37　image11 和 image12 的单击事件监听器

代码如下：

```
//单击 image11,发布消息
binding1.image11.setOnClickListener(new View.OnClickListener() {
    @Override
    public void onClick(View view) {
        if(Led1 == 0){
            publishmessageplus(mqtt_pub_topic,"{\"DeviceID\":1,\"Led\":0}");
            Led1 = 1;
        }else{
            publishmessageplus(mqtt_pub_topic,"{\"DeviceID\":1,\"Led\":1}");
            Led1 = 0;
        }
    }
});
//单击 image12,发布消息
binding1.image12.setOnClickListener(new View.OnClickListener() {
    @Override
    public void onClick(View view) {
        if(Led2 == 0){
            publishmessageplus(mqtt_pub_topic,"{\"DeviceID\":2,\"Led\":0}");
            Led2 = 1;
        }else{
            publishmessageplus(mqtt_pub_topic,"{\"DeviceID\":2,\"Led\":1}");
            Led2 = 0;
        }
    }
});
```

单击 image11，调用自编的 publishmessageplus 函数发布 MQTT 消息，其载荷为{"DeviceID":1,"Led":1}或者{"DeviceID":1,"Led":0}，也就是前后单击两次，分别控制终端设备 1 LED1 的点亮和熄灭；单击 image12，调用自编的 publishmessageplus 函数发布 MQTT 消息，其载荷为{"DeviceID":2,"Led":1}或者{"DeviceID":2,"Led":0}，也就是前后单击两次，分别控制终端设备 2 LED2 的点亮和熄灭。单击这两个图像控件，发布的 MQTT 消息的主题是一样的。

同时，将 MQTT 变量与函数中定义的 LedStatus 变量修改为 Led1 和 Led2。

修改前：

```
private int LedStatus = 0;
```

修改后：

```
private int Led1 = 0;
private int Led2 = 0;
```

(3) App 接收 MQTT 消息

App 接收 MQTT 消息

只有先订阅消息，才能接收 MQTT 服务器转发过来的消息。下面在 handler 中完成这两步。

当 App 的 MQTT 客户端连接 MQTT 服务器成功后，调用 subscribe 方法订阅消息。代码如下：

```
case31：  //连接成功
    Toast.makeText(MainActivity.this,"连接成功" ,Toast.LENGTH_LONG).show();
    try{
        //订阅消息
        client.subscribe(mqtt_sub_topic,1);
    }catch (MqttException e){
        e.printStackTrace();
    }
    break;
```

接收、解析消息的代码如下：

```
case3：  //MQTT 收到消息回传
    if(msg.obj.toString().contains("Temp")){
        String T_val = msg.obj.toString().substring
                (msg.obj.toString().indexOf("Temp") + 6,msg.obj.toString().indexOf("}"));
        String text_val = "温度:" + T_val + "℃";
        binding1.text13.setText(text_val);
    }
    //Toast.makeText(MainActivity.this,msg.obj.toString() ,Toast.LENGTH_SHORT).show();
    break;
```

前面讲过，msg 的 what＝3 表示回传的 msg 是 MQTT 消息；msg 的 obj 属性格式为：/1 ********** /my_FX/post:{"DeviceID":1,"Temp":16}。

App 收到订阅消息后，从消息中解析出温度值并在 text13 文本框中显示的过程如下。程序中，msg.obj 调用 toString()方法将 obj 转换为字符串，再调用 contains 方法判断字符串是否包含子字符串“Temp”。如果包含的话，调用 substring 方法在字符串中进行截取操作，起始位置是字符 T 的位置加 6，定位到温度的数值部分，结束位置是字符右花括号“}”的位置(不包括结束位置的字符，只取到前一位)，这样就提取出了子字符串“16”。最后，将子字符串“16”和前后缀字符串拼接在一起，并在 text13 文本框显示出来，就是所看到的：“温度：16℃”。

App 解析消息

4. App 和 MQTT.fx 通信测试

(1) App 向 MQTT.fx 发送 MQTT 消息

App 发送测试

如图 3-38 所示，单击 image11 后，可在 MQTT.fx 客户端的 Subscribe 选项卡看到消息内容。单击 image12，MQTT.fx 客户端也可以成功收到 App 发送的 MQTT 消息。

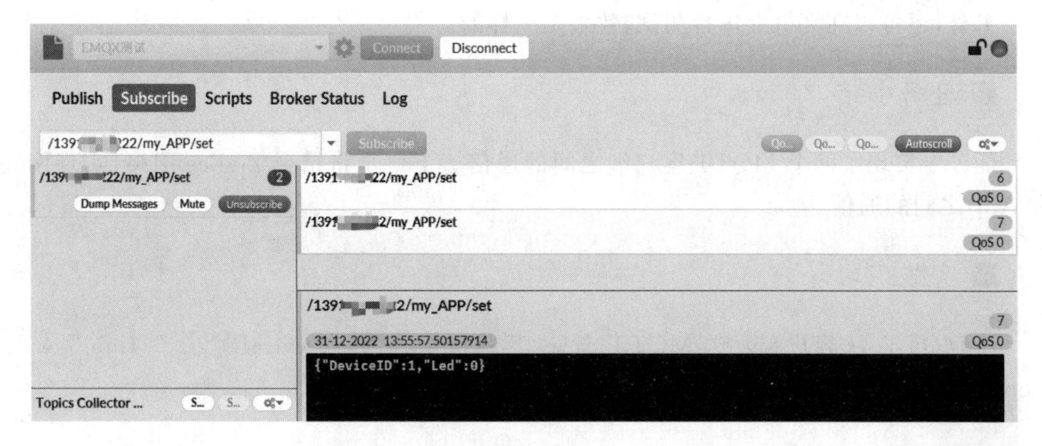

图 3-38 MQTT. fx 收到 image11 的消息

(2) MQTT. fx 向 App 发送 MQTT 消息

App 接收测试

让 MQTT. fx 发布消息，如图 3-39 中的{"DeviceID":1,"Temp":16}。App 可以收到、解析并显示此消息，如图 3-40 所示。

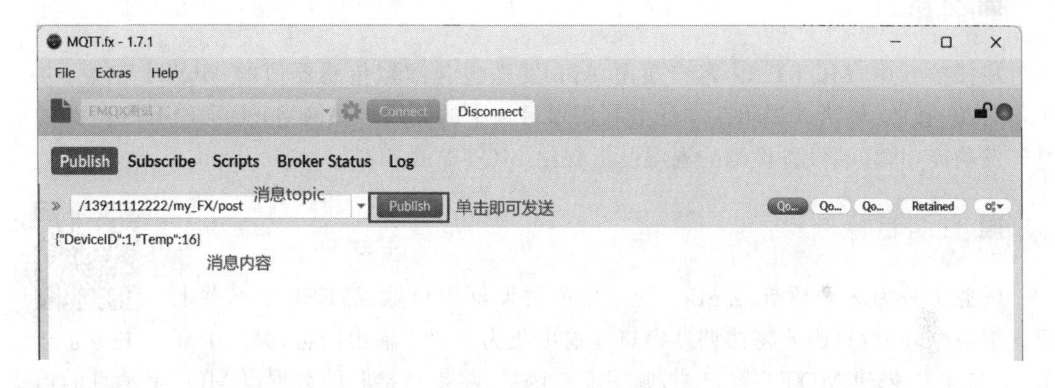

图 3-39 MQTT. fx 发布消息

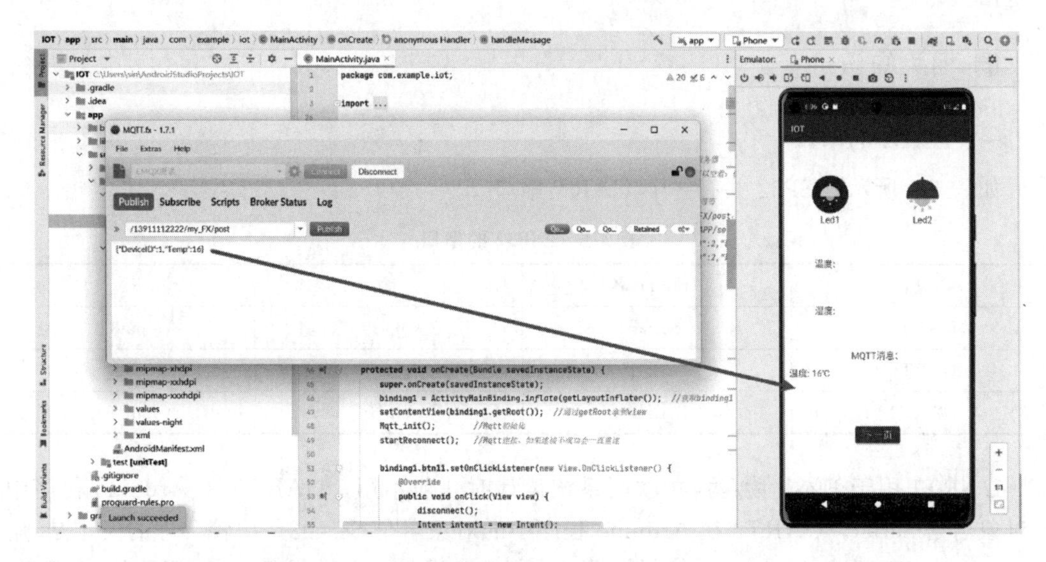

图 3-40 App 收到 MQTT. fx 发送的 MQTT 消息

另外，还可以在真机上进行测试，效果是一样的。

■ 任务小结

任务6实现了两个MQTT客户端之间的通信。下一步将结合ZigBee网络，实现网关和App之间的通信。

■ 实践练习

让MQTT.fx客户端发送MQTT消息，其载荷格式为{"DeviceID":2,"Humi":45}，App收到此消息后，解析并显示Humi字段的值。

任务7 温湿度上报

■ 任务引入

在任务6中，MQTT.fx客户端向App发送包含虚拟传感器值的MQTT消息，并由App订阅、接收、解析并展示。本任务利用项目2中的无线传感网络，通过ESP32网关的消息转发功能，将终端设备检测的温湿度上报给MQTT服务器。

■ 任务目标

任务7分为2个环节：ZigBee网络中的协调器串口输出；ESP32网关上报。第一个环节：只需要将协调器串口0输出改为串口1输出即可；第二个环节：用ESP32创建MQTT客户端，调用发布函数，将串口接收的数据以MQTT消息的形式发送出去。

任务分析

■ 相关知识

一、ESP32的串口

如表3-1所示，ESP32共有3个UART串口。

表3-1 ESP32的串口

串口名	Arduino名	TX	RX
UART0	Serial	pin1	pin3
UART1	Serial1	pin10	pin9
UART2	Serial2	pin17	pin16

UART1用于Flash读/写，物联网系统设计时一般不用。UART0在Arduino程序中的对象名是Serial。UART2在Arduino程序中的对象名是Serial2。比较合理的安排是：用Serial进行打印调试；用Serial2与其他设备进行串口通信。在本任务中，协调器的UART1

和 ESP32 的 Serial2 进行串口通信。

下面介绍串口对象的常用方法。串口对象可以是 Serial，也可以是 Serial2。

二、串口初始化方法（以 Serial 为例）

- 语法：Serial. begin(speed, config)。
- 参数：speed 为波特率，一般取值为 9 600 或 115 200；config 设置数据位、校验位和停止位；默认 SERIAL_8N1 表示 8 个数据位，无校验位，有 1 个停止位。
- 返回值：无。

三、串口打印方法（以 Serial 为例）

- 语法：Serial. print(val)。
- 功能：串口输出数据，即将数据 val 输出到串口。
- 参数：val 为打印的值，可以是任意数据类型。

与 print 方法类似的还有 println 方法。println 方法会自动在打印的数据后面加上一个换行符。所谓的串口打印，也就是串口输出，当 ESP32 的 Serial2 给协调器的 UART1 转发命令时，使用的就是 Serial2 的 print 方法。

四、判断串口缓冲区的状态（以 Serial2 为例）

- 语法：Serial2. available()。
- 功能：判断串口缓冲区的状态，返回从串口缓冲区读取的字节数。
- 参数：无。
- 返回值：可读取的字节数。

五、读取串口数据（以 Serial2 为例）

- 语法：Serial2. read()。
- 功能：读取串口数据，一次读一个字符，读完后删除已读数据。
- 参数：无。
- 返回值：返回串口缓存中的第一个可读字节，当没有可读数据时，返回－1。

■ 任务实施

一、实施设备

终端设备 2 个，协调器 1 个，DHT11 温湿度传感器 2 个，ESP32 网关 1 个，杜邦线若干，安装 IAR 开发环境和 Arduino 开发环境的计算机，部署 MQTT 服务器的云服务器。

二、实施过程

1. 硬件连接

协调器的串口引脚为 P0_3(UART0_TX)、P0_2(UART0_RX)、P1_6(UART1_TX)、P1_7(UART1_RX)。网关的串口引脚为 IO3(Serial_RX)、IO1(Serial_TX)、IO16(Serial2_RX)、IO17(Serial2_TX)。

如图 3-41 所示，在本任务中，协调器和网关分别使用 UART1 和 Serial2，把它们的 RX 和 TX 反接：

任务 7 硬件连接

协调器 P1_7(UART1_RX)——网关 IO17(Serial2_TX)

协调器 P1_6(UART1_TX)——网关 IO16(Serial2_RX)

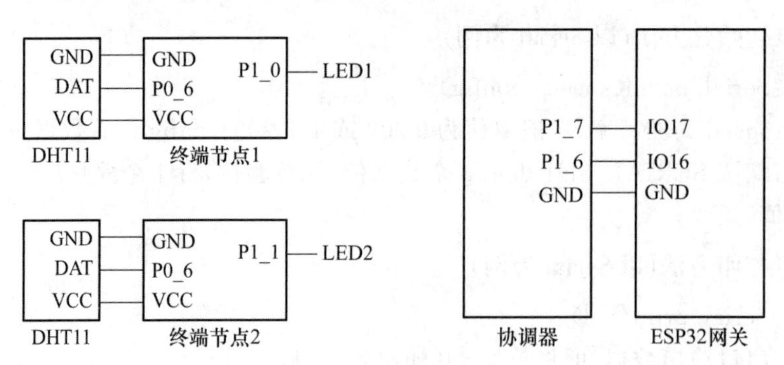

图 3-41　硬件连接

至于温湿度传感器和 LED 的连接，与项目 2 中保持一致。

2. ZigBee 程序设计

ZigBee 程序

项目 2 的串口 0 打印了两个终端设备的传感数据，在串口调试助手观察到的效果如图 3-42 所示。可见，协调器串口 0 输出的内容为：Device Post Msg：{"DeviceID"：1，"Temp"：9}；Device Post Msg：{"DeviceID"：2，"Humi"：56}。

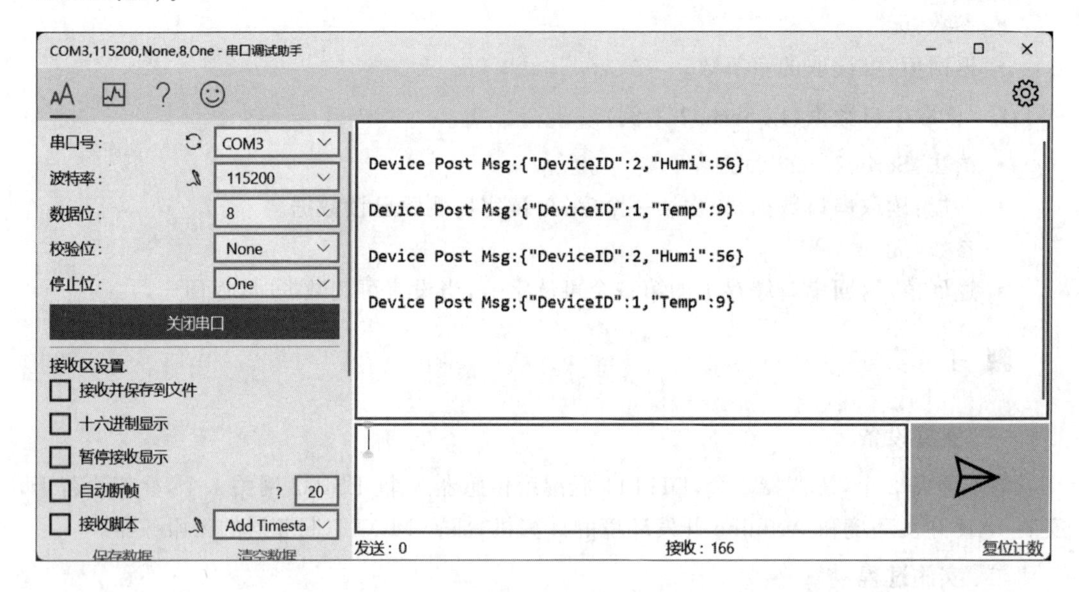

图 3-42　项目 2 温湿度检测情况

在无线接收处理函数 SampleApp_MessageMSGCB 中，找到第二收（协调器收到传感数据）的代码，可以发现无线数据是直接通过串口 0 打印出来的。只需要增加一条从串口 1 打印的语句即可：

```
HalUARTWrite(1,pkt->cmd.Data,pkt->cmd.DataLength);      //打印终端设备发过来的数据包的数据，换行符为结束符
```

整体如下：

```
    //第二收：协调器收到终端设备周期发送的点播消息，即传感数据；框架全自动处理
      case SAMPLEAPP_PropertyPost_CLUSTERID:
    HalUARTWrite(0,"\nDevice Post Msg:",17);                //提示收到数据
    HalUARTWrite(0,pkt->cmd.Data,pkt->cmd.DataLength); //打印终端设备发过来的数据包的
数据
    HalUARTWrite(1,pkt->cmd.Data,pkt->cmd.DataLength); //打印终端设备发过来的数据包的
数据,换行符为结束符
    break;
```

另外，周期性上报传感器值的时间间隔可以根据需要调整。例如，将时间间隔调整为 30 s，文件为 SampleApp.h，如图 3-43 所示。

ZigBee 程序下载

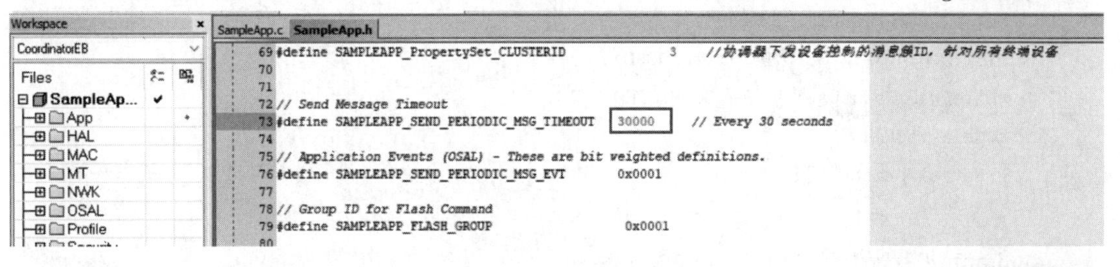

图 3-43　上报传感器值的周期

网关程序模板

3. 网关程序设计

(1) 头文件、宏、变量、对象

```
#include <WiFi.h>
#include <PubSubClient.h>
#include <ArduinoJson.h>

String inputString = "";          // a String to hold incoming data
bool stringComplete = false;      // whether the string is complete

/*配置WIFI名和密码*/const char * WIFI_SSID      = "YYY11-22";
const char * WIFI_PASSWORD = "12345678";

/*配置域名和端口号*/
const char * mqtt_server = "47.99.107.169";
const uint16_t PORT = 1883;
const char * mqtt_id = "13911112222_ESP";
const char * mqtt_username = "";
const char * mqtt_password = "";

/*需要上报的TOPIC*/
```

```
const char * pubTopic = "/13911112222/my_ESP32/post";// ****** 发布

WiFiClient espClient;
PubSubClient client(espClient);//创建了 MQTT 客户端,即 ESP32 硬件
```

在程序中:加载了 WiFi 库、PubSubClient 库(用于创建 MQTT 客户端)、ArduinoJson 库(用于 JSON 解析);配置了 WiFi 通信时的账号和密码、MQTT 服务器的 IP 地址和端口号、MQTT 客户端 ID、客户端访问服务器时的用户名和密码(为空,因为服务器允许匿名登录);定义了要发布的消息主题;创建了 WiFi 客户端和 MQTT 客户端对象。

(2) 连接 WiFi 函数

代码如下:

```
void connectWiFi(){
  Serial.print("Connecting to ");
  Serial.println(WIFI_SSID);
  WiFi.begin(WIFI_SSID,WIFI_PASSWORD);
  while(WiFi.status() != WL_CONNECTED){
    delay(500);
    Serial.print(".");
  }
  Serial.println();
  Serial.println("WiFi connected");
  Serial.print("IP Adderss: ");
  Serial.println(WiFi.localIP());
}
```

在连接 WiFi 函数中,调用 WiFi 对象的 begin 方法设置登录用户名和密码,调用 WiFi 对象的 status 方法执行连接,如果返回值为 WL_CONNECTED,则代表连接成功;如果返回值不为 WL_CONNECTED,则延时后通过 While 循环不停地尝试连接。

(3) 回调函数

代码如下:

```
void callback(char * topic, byte * payload, unsigned int len){
  Serial.print("Recevice [");
  Serial.print(topic);
  Serial.print("] ");
  for (int i = 0; i < len; i++){
    Serial.print((char)payload[i]);
  }
  Serial.println();
  StaticJsonBuffer<300> jsonBuffer;
  JsonObject& root = jsonBuffer.parseObject((const char * )payload);
  if(!root.success()){
```

```
        Serial.println("parseObject() failed");
        return;
    }
}
```

回调函数共有3个参数，分别是消息主题、消息载荷和消息载荷的长度。在回调函数中，调用Serial对象的print方法打印消息的主体和载荷；创建jsonBuffer对象，并将其作为ArduinoJson库的入口；调用jsonBuffer的parseObject方法，将消息载荷（payload字符串）转换为JsonObject对象。

需要注意，如果payload字符串本身不满足JSON对象格式，则转换会失败。假如转换失败，则打印提示信息；假如转换成功，则在后续的任务中进行解析处理，本任务未处理。

（4）reconnect函数

代码如下：

```
void reconnect(){
  while(!client.connected()){
    Serial.print("Attempting MQTT connection...");
    if (client.connect(mqtt_id, mqtt_username, mqtt_password)){
      Serial.println("connected");
    }else{
      Serial.print("failed, rc = ");
      Serial.print(client.state());
      Serial.println(" try again in 5 seconds");
      delay(5000);
    }
  }
}
}
```

在reconnect函数中，client对象会调用connected方法，根据返回值判断是否已连接MQTT服务器。如果未连接，则尝试调用connect方法进行连接；如果尝试连接失败，则间隔一段时间后再次调用connect方法进行连接。循环是通过While语句实现的。

（5）初始化函数

代码如下：

```
void setup(){
  Serial.begin(115200);
  Serial2.begin(115200);
  /* 连接 WIFI */
  connectWiFi();
```

```
    client.setServer(mqtt_server,PORT);  //没有提供用户名和密码,因为 EMQX 服务器允许公开
访问,如果设置的话是需要提供的
    /* 设置回调函数,当收到订阅信息时会执行回调函数 */
    client.setCallback(callback);
    /* 连接到 MQTT 服务器 */
    reconnect();
  }
```

在初始化函数中:设置串口 0 和串口 2 的波特率为 115 200,对应的电脑串口调试助手和协调器的串口 1 的波特率也要设置为 115 200;进行 WiFi 连接;调用 MQTT 客户端的 setServer 方法,设置要访问的 MQTT 服务器;设置 MQTT 客户端收到消息后的回调处理函数;连接 MQTT 服务器。

串口接收

(6) loop 函数

代码如下:

```
  uint8_t tempTime = 0;
  void loop(){
    if(!client.connected()){
      reconnect();
    }
    /* 解析协调器发过来的数据,上报信息 */
    if (stringComplete) {
      Serial.print(inputString);
      StaticJsonBuffer<200> jsonBuffer;        //StaticJsonBuffer:内存分配在 stack 区,有固
定大小,大小值由开发者定义,方法调用完自动回收
      JsonObject& root = jsonBuffer.parseObject(inputString);//parseObject:解析 json 对象字符串
      if(!root.success())                      //success:判断对象是否有效
      {
        Serial.println("parseObject() failed");
        inputString = "";
        stringComplete = false;
        serial2Event();
        client.loop();
        return;
      }
      const char * valDevice = root["DeviceID"];
      //如果解析出键"DeviceID"的值不为空,再解析上报。主要考虑收到其他不需要的串口数据的情况
      if(valDevice != NULL)
      {
        client.publish(pubTopic,inputString.c_str());
      }
```

```
        // clear the string:
        inputString = "";
        stringComplete = false;
      }
      serial2Event();            //在两次 loop 之间,调用 serial2Event 函数,接收串口数据并组装
      client.loop();
    }
```

loop 函数的主要功能是:根据 stringComplete 标志位判断 Serial2 是否收到协调器发来的无线传感网数据,如果收到,则创建 jsonBuffer 对象,调用 parseObject 方法将串口数据转换为 JSON 对象,然后进行解析。不管有没有收到串口数据或者接下来解析是否成功,均在每次的 loop 函数中调用 serial2Event 函数,接收串口数据并组装,并调用 client 的 loop 方法保持客户端的活跃性。

上面提到的解析过程如下。调用 JSON 对象字符串 root 的 success 方法,判断串口数据转换为 JSON 对象是否成功:如果失败,则打印转换失败的提示信息;如果成功,则进行解析,然后判断是否有 DeviceID 字段,有的话则调用 client 的 publish 方法,将串口数据作为 MQTT 消息的载荷发布出去,消息的主题为 pubTopic。注意,其他 MQTT 客户端如果想接收网关发布的消息,必须先订阅 pubTopic。

消息上报

(7) Serial2Event 函数

代码如下:

```
  //从串口接收一个字符,并组合到字符串 inputString 中。如果遇到结束字符'\n'(换行),将在 loop
中对 inputString 进行解析
  //Serial_TX:Pin1,Serial_RX:Pin3
  //Serial2_TX:Pin17,Serial2_RX:Pin16
  //示例:{"DeviceID":1,"Temp":16},{"DeviceID":2,"Humi":,"Humi":43}
  void serial2Event() {
    while (Serial2.available()) {
      // get the new byte:
      char inChar = (char)Serial2.read();
      //判断是否接收结束,标志置 1
      if (inChar == '\n') {
        stringComplete = true;
      } else {
        //add it to the inputString:
        inputString += inChar;
      }  }
  }
```

在 Serial2Event 函数中,调用 Serial2 对象的 available 方法判断串口 2 是否收到串口数据(协调器发来的无线传感网数据),如果收到,则读取数据。通过 While 循环读取串口缓冲区的所有数据。Serial2 对象的 read 方法每次只读一个字符(字节),并将此字符拼接到字符

串 inputString 中。假如遇到结束符(换行符),将标志 stringComplete 设置为真(代表收到完整字符串 inputString),以供 loop 函数查询、判断。

4. 运行结果

运行 2 个终端设备、协调器和网关,并打开 ESP32 网关的串口监视器。如图 3-44 所示,网关通过 Serial2 收到的串口数据从 Serial 打印了出来。网关会以 MQTT 消息的形式,将串口数据作为 MQTT 消息载荷上报给 MQTT 服务器,消息的主题为/13911112222/my_ESP32/post。

消息上报测试

```
COM3                                                    发送
14:20:39.312 -> load:0x3fff001c,len:1044
14:20:39.312 -> load:0x40078000,len:8896
14:20:39.312 -> load:0x40080400,len:5816
14:20:39.312 -> entry 0x400806ac
14:20:39.546 -> Connecting to YYY_11_101
14:20:40.153 -> ..
14:20:40.665 -> WiFi connected
14:20:40.665 -> IP Adderss: 192.168.0.112
14:20:40.665 -> Attempting MQTT connection...connected
14:20:44.730 -> {"DeviceID":2,"Humi":50}
14:20:44.730 ->
14:21:00.718 -> {"DeviceID":1,"Temp":13}
14:21:00.718 ->
14:21:14.749 -> {"DeviceID":2,"Humi":50}
14:21:14.749 ->
14:21:30.738 -> {"DeviceID":1,"Temp":13}
14:21:30.738 ->
自动滚屏  Show timestamp                换行符   115200 波特率   清空输出
```

图 3-44　网关串口监视器打印结果

■ 任务小结

任务 7 结合无线传感网络和 ESP32 网关,利用网关的消息转发功能,将终端设备检测的温湿度上报给 MQTT 服务器。

App 程序及整体测试

■ 实践练习

调整终端设备发送传感数据的周期,并通过串口监视器观察网关的输出情况。

任务 8　温湿度显示

■ 任务引入

任务 7 将终端设备检测的温湿度上报给 MQTT 服务器。接下来介绍 App 的设计部分,并通过操作展示传感数据。很显然,需要对接收的 MQTT 消息进行解析,该如何实现呢?

■ 任务目标

任务 8 分别在 text11 和 text12 中展示温度值和湿度值。ZigBee 和网关的程序就不必再修改了。

■ 相关知识

在 Java 中常用的字符串(String 类)处理方法有 indexOf()方法、substring()方法、contains()方法。将 3 种方法结合起来,可以解析字符串。

一、indexOf()方法

indexOf() 方法可以在字符串中查找子字符串出现的位置(即索引值)。如果存在子字符串,则返回索引值;如果不存在子字符串,则返回-1。其中字符串的索引是从 0 开始的。

二、substring()方法

substring()方法用于截取字符串的子字符串,其语法为 public String substring(int beginIndex)或 public String substring(int beginIndex, int endIndex)。

参数:beginIndex 为起始索引(包括),索引从 0 开始;endIndex 为结束索引(不包括)。

三、contains()方法

contains() 方法用于判断字符串中是否包含指定的字符或子字符串,其语法为 public boolean contains(CharSequence chars)。

参数:chars 为要判断的字符或字符串。

返回值:如果字符串包含指定的字符或字符串,则返回 true,否则返回 false。

【课堂讨论】

根据介绍,indexOf()方法是否可以实现 contains()方法的功能(即判断字符串的包含关系)?

■ 任务实施

一、实施设备

终端设备 2 个,协调器 1 个,DHT11 温湿度传感器 2 个,ESP32 网关 1 个,杜邦线若干,安装 IAR、Arduino、Android Studio 开发环境的计算机,部署 MQTT 服务器的云服务器。

二、实施过程

温度展示

1. 在 App 的 text13 中展示温度信息

在 MainActivity. java 文件的 Handler 处理中,代码如下:

```
case3:  //MQTT 收到消息回传
    if(msg.obj.toString().contains("Temp")){
        String T_val = msg.obj.toString().substring
                (msg.obj.toString().indexOf("Temp") + 6,msg.obj.toString().indexOf("}"));
```

```
        String text_val = "温度：" + T_val + "℃";
        binding1.text13.setText(text_val);
    }
    //Toast.makeText(MainActivity.this,msg.obj.toString() ,Toast.LENGTH_SHORT).show();
    break;
```

以上程序会解析出 MQTT 消息中的温度值并显示，其过程在项目 3 的任务 6 中有详细分析，此处不再赘述。

2. 在 App 的 text11 中展示温度值

将 text13 改为 text11 即可，并修改前后缀。代码如下：

```
case3：  //MQTT 收到消息回传
    if(msg.obj.toString().contains("Temp")){
        String T_val = msg.obj.toString().substring
                (msg.obj.toString().indexOf("Temp") + 6,msg.obj.toString().indexOf("}"));
        String text_val = T_val + "℃";
        binding1.text11.setText(text_val);
    }
    //Toast.makeText(MainActivity.this,msg.obj.toString() ,Toast.LENGTH_SHORT).show();
    break;
```

效果如图 3-45 所示。

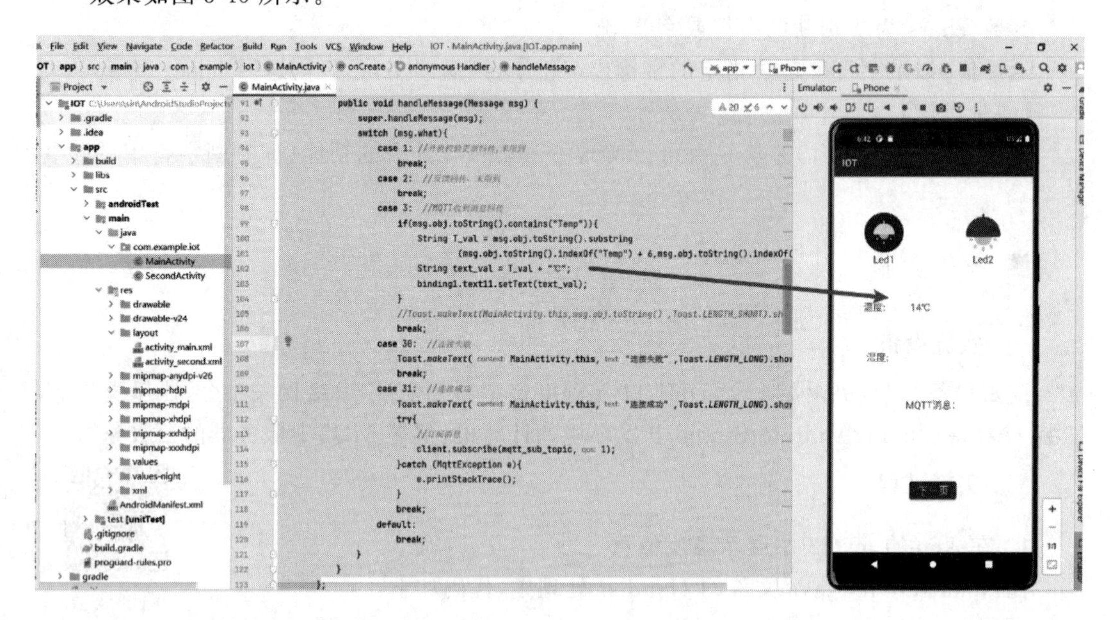

图 3-45　在 text11 中展示温度值

3. 在 App 的 text12 中展示湿度值

湿度展示

思路与在 text11 中展示温度值是一样的，但因为既有温度的解析，又有湿度的解析，所以需要通过 if else 分支结构来实现。代码如下：

```
case3:  //MQTT 收到消息回传
    if(msg.obj.toString().contains("Temp")){
        String T_val = msg.obj.toString().substring
                (msg.obj.toString().indexOf("Temp") + 6,msg.obj.toString().indexOf("}"));
        String text_val = T_val + "℃";
        binding1.text11.setText(text_val);
    }
    if(msg.obj.toString().contains("Humi")){
        String H_val = msg.obj.toString().substring
                (msg.obj.toString().indexOf("Humi") + 6,msg.obj.toString().indexOf("}"));
        String text_val = H_val + "%";
        binding1.text12.setText(text_val);
    }
//Toast.makeText(MainActivity.this,msg.obj.toString() ,Toast.LENGTH_SHORT).show();
break;
```

效果如图 3-46 所示。

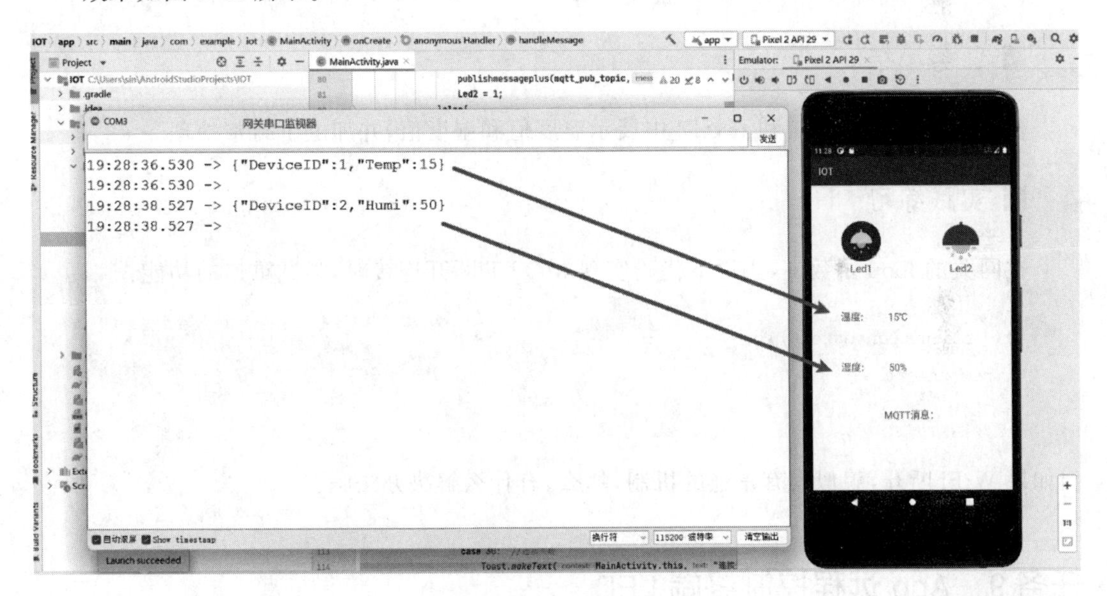

图 3-46 在 text12 中展示温湿度

4. 异常处理

异常处理

如果偏移量计算错误或者写错，比如将加 6 写成了加 26，那么是找不到对应的索引值的，且程序会报错，这时可以加上异常处理，代码如下：

```
case3:  //MQTT 收到消息回传
    try {
        if(msg.obj.toString().contains("Temp")){
            String T_val = msg.obj.toString().substring
```

```
                    (msg.obj.toString().indexOf("Temp") + 6,msg.obj.toString().indexOf("}"));
            String text_val = T_val + "℃ ";
            binding1.text11.setText(text_val);
        }
        if(msg.obj.toString().contains("Humi")){
            String H_val = msg.obj.toString().substring
                    (msg.obj.toString().indexOf("Humi") + 6,msg.obj.toString().indexOf("}"));
            String text_val = H_val + " % ";
            binding1.text12.setText(text_val);
        }
    }catch (Exception e){
        e.printStackTrace();
    }
//Toast.makeText(MainActivity.this,msg.obj.toString() ,Toast.LENGTH_SHORT).show();
break;
```

当然,如果偏移量计算正确的话,程序是不会报错的,此时可以不加异常处理。

■ 任务小结

任务 8 分别在 text11 和 text12 中展示温度值和湿度值,并加上了异常处理。

■ 实践练习

在网关的 loop 函数中,用以下代码实现 MQTT 断开连接时,尝试重连的功能:

```
if(!client.connected()){
  reconnect();
}
```

但如果 WiFi 断开,貌似没有重连的机制,那么,有什么解决办法吗?

任务 9 App 远程控制终端 LED

■ 任务引入

任务 8 实现了温湿度的展示,数据流向为传感器→终端设备→协调器→网关→MQTT 服务器→App。这个数据能不能实现反方向传输呢?比如通过 App 远程控制硬件设备。

■ 任务目标

任务 9 将实现以下内容:在 App 中单击 image11 和 image12 发布 MQTT 消息,消息主题为/手机号/my_APP/set,消息载荷为{"DeviceID":1,"Led":0}、{"DeviceID":1,"Led":1}或者{"DeviceID":2,"Led":0}、{"DeviceID":2,"Led":1};ESP32 网关收到 MQTT 消息后,将数据通过串口发送给协调器;协调器再将数据通过射频无线发送到终端设备;终端设备根据解析的命令值控制所接 LED 的点亮和熄灭。

App 程序的发送功能已经实现了,此处不用修改。ESP32 网关需要订阅、接收、解析消息,并通过串口将其转发到协调器。在 ZigBee 程序中,只需要将协调器的接收串口由 UART0 改成 UART1 即可,终端节点无线接收数据及解析的代码都不需要修改。

任务分析

■ 相关知识

在 Arduino 中,字符串连接可以使用加号(+)或 strcat()函数来实现。

一、使用加号(+)进行字符串连接

例如,将两个字符串 s1 和 s2 进行连接:

```
String s1 = "Hello";
String s2 = "world!";
String s3 = s1 + " " + s2;
```

上述代码用加号连接了字符串"Hello" 和"world!",并将结果赋值给了 s3。最终 s3 的值为"Hello world!"。

二、使用 strcat() 函数进行字符串连接

例如,将两个字符串 s1 和 s2 进行连接:

```
char s1[] = "Hello";
char s2[] = "world!";
char s3[13];
strcpy(s3, s1);            // 将 s1 复制到 s3
strcat(s3, " ");           // 在 s3 后添加一个空格字符
strcat(s3, s2);            // 在 s3 后添加 s2 的内容
```

上述代码首先定义了三个字符数组 s1、s2 和 s3,这三个字符数组分别存储"Hello"、"world!"和结果;其次,通过 strcpy() 函数将 s1 复制到 s3;最后使用 strcat()函数将空格和 s2 的内容依次添加到 s3 后面,最终 s3 的值为"Hello world!"。

需要注意的是,在使用 strcat()函数时要保证目标数组有足够的空间存储连接后的字符串,否则会导致内存溢出。在上面的示例中,为了保证 s3 的空间充足,定义时分配了 13 个元素的空间,其中第 13 个元素用于存储字符串结束符'\0'。如果连接后的字符串长度超过 12 个字符,程序将会出现异常。

■ 任务实施

一、实施设备

终端设备 2 个，协调器 1 个，DHT11 温湿度传感器 2 个，ESP32 网关 1 个，杜邦线若干，安装 IAR、Arduino、Android Studio 开发环境的计算机，部署 MQTT 服务器的云服务器。

二、实施过程

网关订阅消息

1. 网关程序设计

(1) 订阅 MQTT 消息

增加一个订阅消息主题的变量，程序如下：

```
/* 需要订阅的 TOPIC */
const char * subTopic = "/13911112222/my_APP/set";// * * * * set
```

在重连接函数中增加一条语句，实现当网关连接 MQTT 服务器成功后，调用 MQTT 客户端的 subscribe 方法订阅 subTopic，程序如下：

```
void reconnect(){
  while(!client.connected()){
    Serial.print("Attempting MQTT connection...");
    if (client.connect(mqtt_id, mqtt_username, mqtt_password)){
      Serial.println("connected");
      client.subscribe(subTopic);
    }else{
      Serial.print("failed, rc = ");
      Serial.print(client.state());
      Serial.println(" try again in 5 seconds");
      delay(5000);
    }
  }
}
```

(2) 接收、解析 MQTT 消息

完善一下回调函数 callback，代码如下：

网关解析命令

```
void callback(char * topic, byte * payload, unsigned int len) {
  String msg = "";
  Serial.print("Recevice [");
  Serial.print(topic);
  Serial.print("] ");
  for (int i = 0; i < len; i ++ ) {
    msg += (char)payload[i];                       //msg 即收到的 MQTT 消息载荷
```

```
    }
    Serial.println(msg);
    StaticJsonBuffer<300> jsonBuffer;                    //分配内存,用完回收
    JsonObject& root = jsonBuffer.parseObject(msg);     //parseObject 将字符串转为 Json 对象
    if (!root.success()) {
      Serial.println("parseObject() failed");
      return;
    }
    const char * val = root["DeviceID"];
    //如果解析出的 DeviceID 字段值非空
    if(val != NULL){
      Serial2.println(msg);                  //发送给协调器,网关的 Serial2 和协调器的 UART1 连接
      }
  }
```

在回调函数中,当收到 MQTT 消息,并成功将消息载荷转换成 JSON 对象 root 后,解析 DeviceID 字段的值。如果字段值非空,则解析成功,调用 Serial2 的 println 方法,将消息载荷从 Serial2 发送到协调器的 UART1。

如图 3-47 所示,打开计算机 Arduino 的串口监视器,观察 ESP32 网关的打印结果。当单击 App 的 image11 和 image12 时,App 会将 MQTT 消息通过 MQTT 服务器中转后发送到网关,同时网关会从 Serial2 将消息载荷发送到协调器中。

网关消息接收测试

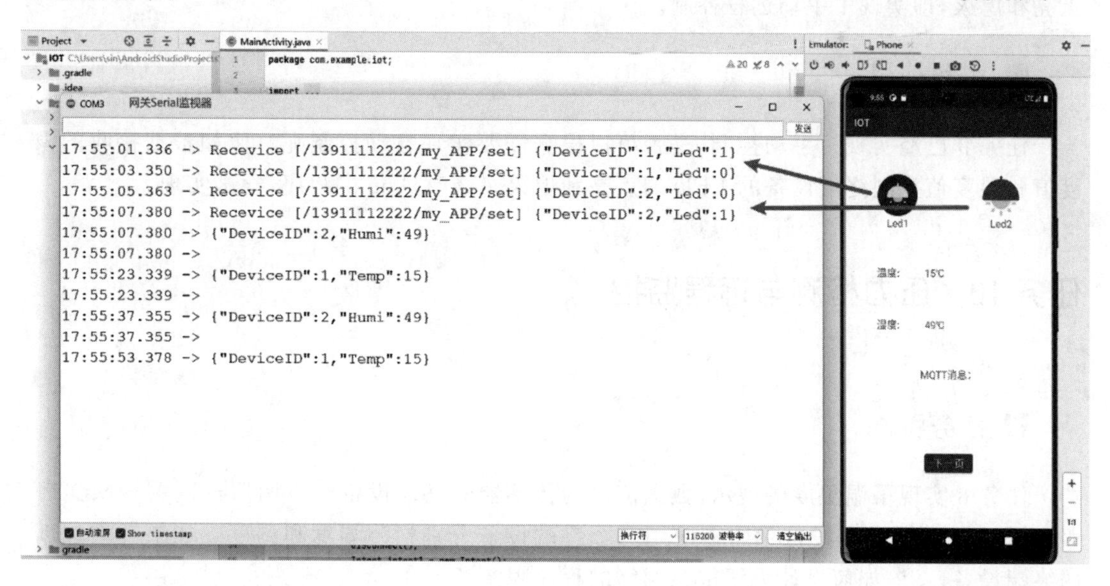

图 3-47 App 发送消息到 ESP32 网关

2. 协调器程序设计

协调器程序

Z-Stack 协议栈中设定的是通过串口 0(UART0)接收消息,但实际硬件连接的是串口 1(UART1),所以需要在 SampleApp.c 文件的 SampleApp_

ProcessEvent 函数中修改串口接收事件处理的程序。将原来的在 CMD_SERIAL0_MSG 事件调用 SampleApp_PropertySet_C2E_Message 函数，改为在 CMD_SERIAL1_MSG 事件调用 SampleApp_PropertySet_C2E_Message 函数，程序如下：

```
  //增加串口事件处理
case CMD_SERIAL0_MSG:
  //SampleApp_PropertySet_C2E_Message((mtOSALSerialData_t * )MSGpkt);
  break;
case CMD_SERIAL1_MSG:
  SampleApp_PropertySet_C2E_Message((mtOSALSerialData_t * )MSGpkt);
  break;
```

协调器收到串口数据后会执行 SampleApp_PropertySet_C2E_Message 事件处理函数，此函数已经实现了解析串口接收的数据，并将数据无线发送给对应的终端设备，具体可回顾项目 2 中的分析。

下载协调器程序

最终的效果为：点击 image11，即可控制 ZigBee 的终端设备 1 的 Led1 的点亮和熄灭；点击 image12，即可控制 ZigBee 的终端设备 2 的 Led2 的点亮和熄灭。

总体测试

■ 任务小结

在任务 9 中，点击 image11 和 image12，即可控制终端设备的对应 LED 的点亮和熄灭，即实现了手动远程控制。

■ 实践练习

任务 9 已经实现了手动控制，是否可以根据需要实现自动控制呢？比如根据接收的温度值和湿度值控制终端设备的 LED 的点亮和熄灭。修改 App 的程序，尝试实现。

任务 10　压力检测与远程监控

■ 任务引入

任务 8 实现了温湿度的展示，数据流向为传感器→终端设备→协调器→网关→MQTT 服务器→App，其中无线传感网络使用两个终端设备分别检测温度和湿度。如果想增加新的终端设备，又该如何设计无线传感网络的程序呢？

■ 任务目标

任务 10 将使用自编 ZigBee 框架，增加一个连接压力传感器的终端设备，通过 ADC 检测压力值，并将该值最终展示在 App 上。

在原来 ZigBee 程序的基础上增加压力检测代码，并将代码下载到新的终端设备即可。不管是否还使用温湿度节点，都不需要修改、删除或重新下载其相关的程序。另外，协调器节点也可以不用重新下载程序，ESP32 网关的程序也没有发生变化。

■ 相关知识

一、薄膜压力传感器

薄膜压力传感器是一种常见的压力测量设备，它使用薄膜作为敏感元件，通过膜片受到压力变形产生电阻值的变化，来测量被测物体施加的压力大小。

具体来说，薄膜压力传感器通常由四个部分组成：弹性薄膜、导电材料、支撑结构和输出信号处理电路。其中，弹性薄膜是最核心的部分，它可以根据外界受力的大小和方向而发生微小的变形；导电材料则负责将这种变形转化为电信号；支撑结构则用于支撑薄膜，避免其变形过度或损坏；输出信号处理电路则对电信号进行放大、滤波等处理，以得到准确的压力值。

二、模数转换器

ADC 是模数转换器（Analog-to-Digital Converter）的缩写，它是一种电子器件，用于将模拟信号转换为数字信号。在微控制器或单片机中，ADC 常用于将模拟输入信号（如温度、光强、压力等）转换为数字信号，以便进行数字信号的处理和控制。

具体来说，ADC 可以将模拟信号转换为离散化的数字信号，其输出结果通常是一个二进制数值，表示被测量物理量的大小。ADC 的输出精度决定了数字化信号的质量和精确程度，通常以比特位数（bit）来表示，如 8 位、10 位、12 位等。

■ 任务实施

一、实施设备

终端设备 1 个，协调器 1 个，薄膜压力传感器及转接板各 1 个，ESP32 网关 1 个，杜邦线若干，安装 IAR、Arduino、Android Studio 开发环境的计算机，部署 MQTT 服务器的云服务器。DHT11 温湿度传感器和对应终端设备有没有均可。

二、实施过程

1. ESP32 网关和薄膜压力传感器硬件连接

如图 3-48 所示，转换电路的 AO（模拟量输出引脚）连接 ZigBee 终端设备 3 的 P0_4 引脚。

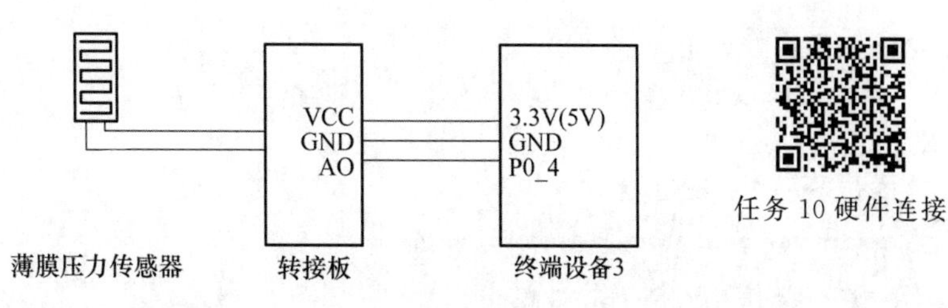

图 3-48　硬件连接示意图

2. ADC 驱动

(1) ADC 驱动文件

编写 ADC 驱动文件，并将其放到本地路径 Projects\zstack\Samples\SampleApp\Source 中，文件共 2 个，分别为 ADC.c 和 ADC.h，如图 3-49 所示。

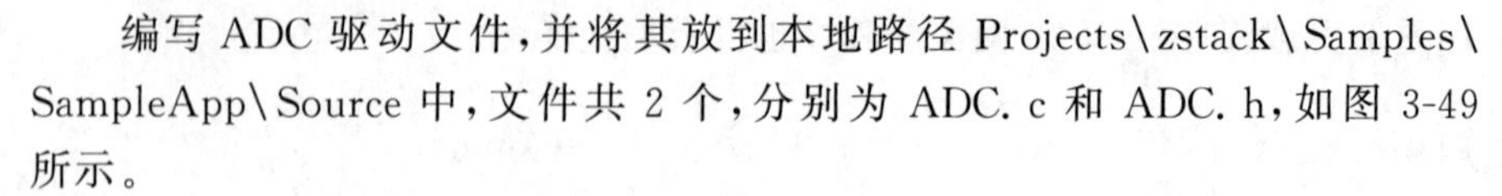

名称	修改日期	类型	大小
ADC.c	2023/1/1 19:47	C Source	3 KB
ADC.h	2023/1/1 19:48	H 文件	1 KB
DHT11.C	2022/12/27 19:57	C Source	3 KB
DHT11.H	2012/10/14 16:07	H 文件	1 KB
mystr.c	2022/12/26 18:54	C Source	2 KB
mystr.h	2022/12/17 14:11	H 文件	1 KB
OSAL_SampleApp.c	2008/2/7 13:10	C Source	5 KB
SampleApp.c	2023/1/1 18:07	C Source	15 KB
SampleApp.h	2023/1/1 12:50	H 文件	5 KB
SampleAppHw.h	2007/10/27 17:22	H 文件	4 KB

图 3-49　本地放置 ADC 驱动文件

如图 3-50 所示，将 ADC.c 加入协议栈中。

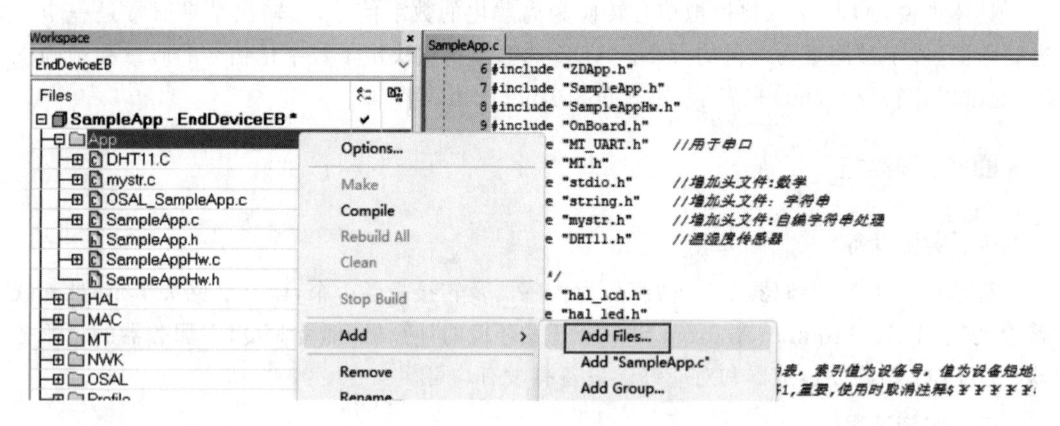

图 3-50　将 ADC.c 加入协议栈中

(2) ADC.h 头文件

ADC.h 代码如下：

```
#ifndef __ADC_H__
#define __ADC_H__

#include "OnBoard.h"
extern unsigned short ReadAdcValue(void);

#endif
```

可见，以上代码声明了一个函数 ReadAdcValue，加上修饰 extern 表示可供其他文件(即 SampleApp.c 文件)调用。

(3) ADC.c 源文件

ADC.c 代码如下：

```
#include <ioCC2530.h>
#include "ADC.h"
#include "OnBoard.h"

/****************************************
获取 AD 转换值函数，范围 0-2047
****************************************/
uint16 ReadAdcValue(void)
{
  uint16 AdValue;

  P0SEL &=~0x10;          //普通 IO,P00--0x01,P01--0x02,P04--0x10,P05--0x20
  ADCCON3 = 0x04;  //0000 0000,选择 P0_0(AIN0)单通道,可选单通道 P0_0--P0_7:P00--0x00,
P01--0x01,P04--0x04,P05--0x05
  ADCCON3|= 0x30;         //0011 0000, AD 转换分辨率,12 位有效
  ADCCON3|= 0x80;         //1000 0000,参考电压选择 AVDD5 引脚:0x80
  ADCCON1 = ADCCON1| (0x3 << 4);          //ADCCON1.ST = 1 时启动,0011 0000
  AdValue = ADCL;                          //清除 EOC
  AdValue = ADCH;
  ADCCON1 = ADCCON1| (0x1 << 6);          //bit6 置 1,启动转换,0100 0000
  while(! (ADCCON1&0x80));                 //等待 bit7 置 1,转换完成,1000 0000
  AdValue = ADCH;
  AdValue = (AdValue << 4) + (ADCL >> 4);  //与低位右移 3 位,高位左移 5 位有区别,需注意后续
计算真实值公式不同
  ADCCON1 = ADCCON1 & 0x7f;               //bit7 置 0,转换进行中,0111 1111
  return AdValue;
}
```

ADC.c 中定义了 ReadAdcValue 检测函数，其中 ADC 引脚为 P0_4，返回的 ADC 值的范围为 0～2 047。

如果 ADC 引脚为 P0_5，则可以按注释修改代码：P0SEL &=～0x20; ADCCON3=0x05。

3. SampleApp.c 文件

让 SampleApp.c 包含头文件：

```
#include "ADC.h"        //ADC 传感器
```

(1) 设备宏与设备 ID

在本任务中，定义压力检测节点为终端设备 3，当下载程序到终端设备 3 时，需要启用

Device03 的宏定义,并将 DeviceID 赋值为 3,程序如下:

```
uint16 Routing_Table[20]; //设备路由表,索引值为设备号,值为设备短地址
//#define Device01         //终端设备 1,重要,使用时取消注释 $¥¥¥¥¥$
//#define Device02         //终端设备 2,重要,使用时取消注释 $¥¥¥¥¥$
 #define Device03          //终端设备 3,重要,使用时取消注释 $¥¥¥¥¥$
uint8 DeviceID = 3;        //终端设备 ID,重要,使用某设备时赋值,如设备 1 赋值为 1,设备 2
赋值为 2 $¥¥¥¥¥$
```

(2) 终端无线发送传感数据函数

压力检测

在终端上报属性消息函数 SampleApp_PropertyPost_E2C_Message 中,终端设备 3 检测压力值并无线发送给协调器,此函数会被周期性调用。在 Device01 和 Device02 无线发送的基础上增加如下代码:

```
 #ifdef Device03
   char PostPayload[40] = "{\"DeviceID\":3,\"Pres\":";   //Payload 前缀,预留足够空间,避免
拼接时溢出
   char * PostPayloadSuffix = "}\n";                     //PayLoad 后缀
   //压力检测,调用 ReadAdcValue()函数
   char * sensorValue = itoa(ReadAdcValue());     // itoa()数字转字符串:如 1023 ->"1023"
   strcat(PostPayload, sensorValue);
   strcat(PostPayload, PostPayloadSuffix);
   HalUARTWrite(0,(uint8 * )PostPayload,strlen(PostPayload)); //终端串口打印,调试用可注释

   if (AF_DataRequest(&SampleApp_P2P_DstAddr, &SampleApp_epDesc,
                      SAMPLEAPP_PropertyPost_CLUSTERID,
                      strlen(PostPayload),            //数据长度
                      (uint8 * )PostPayload,          //数据部分
                      &SampleAPP_TransID,
                      AF_DISCV_ROUTE,
                      AF_DEFAULT_RADIUS) == afStatus_SUCCESS)
   {}
   else
   {} // Error occurred in request to send.
 #endif
```

以上整个代码的写法与 Device01 无线发送温度、Device02 无线发送湿度的代码类似。此处调用了在 ADC. c 中定义的 ReadAdcValue()函数,并利用 itoa 函数将数字量转成了字符串,拼接到无线发送消息的载荷中。

4. 终端设备 3 和网关运行效果

观察结果

在 Workspace 栏选择 EndDeviceEB,将程序下载到终端设备 3 中,一定要注意启用 Device03 的宏定义,并将 DeviceID 赋值为 3。其他 2 个终端设备和协调器可以重新下载程序,也可以不变,因为它们的功能并没有改变。

ESP32 网关程序不用修改。在计算机的串口调试助手中，分别打开终端设备 3 的 UART0 和网关的 Serial 对应的端口，观察打印结果，如图 3-51 所示。

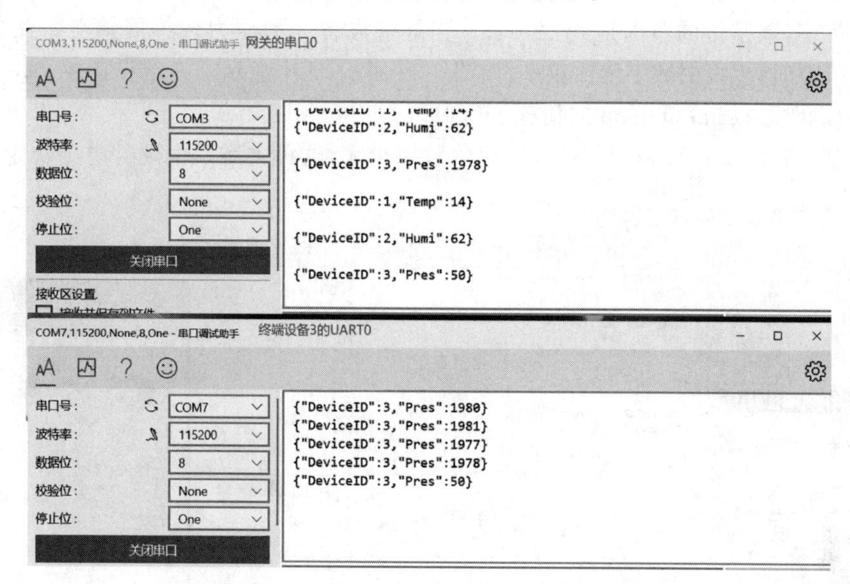

图 3-51 终端设备 3 和网关运行效果

App 解析

5. App 解析

修改 handler 中的解析代码：

```
case3:  //MQTT 收到消息回传
    try {
        if (msg.obj.toString().contains("Temp")) {
            String T_val = msg.obj.toString().substring
                    (msg.obj.toString().indexOf("Temp") + 6, msg.obj.toString().indexOf("}"));
            String text_val = T_val + "℃";
            binding1.text11.setText(text_val);
        } else if (msg.obj.toString().contains("Humi")) {
            String H_val = msg.obj.toString().substring
                    (msg.obj.toString().indexOf("Humi") + 6, msg.obj.toString().indexOf("}"));
            String text_val = H_val + " % ";
            binding1.text12.setText(text_val);
        } else if (msg.obj.toString().contains("Pres")) {
            String P_val = msg.obj.toString().substring
                    (msg.obj.toString().indexOf("Pres") + 6, msg.obj.toString().indexOf("}"));
            String text_val = "压力值:" + P_val;
            binding1.text13.setText(text_val);
        }
    }catch (Exception e){
        e.printStackTrace();
    }
    //Toast.makeText(MainActivity.this,msg.obj.toString() ,Toast.LENGTH_SHORT).show();
    break;
```

程序只是在原来温度和湿度解析的基础上，增加了一个分支而已，不再详细分析了。

6. App 展示效果

App 展示

如前所述，数字量的范围是 0～2 047。当终端设备 3 的压力传感器感受到较大的压力时，上报的数字量比较小，如图 3-52 所示，图中显示了终端设备 3 的 UART0、网关 Serial 及 App 的情况。

相反，如图 3-53 所示，压力小时，上报的数字量大，这种关系是由硬件电路决定的。

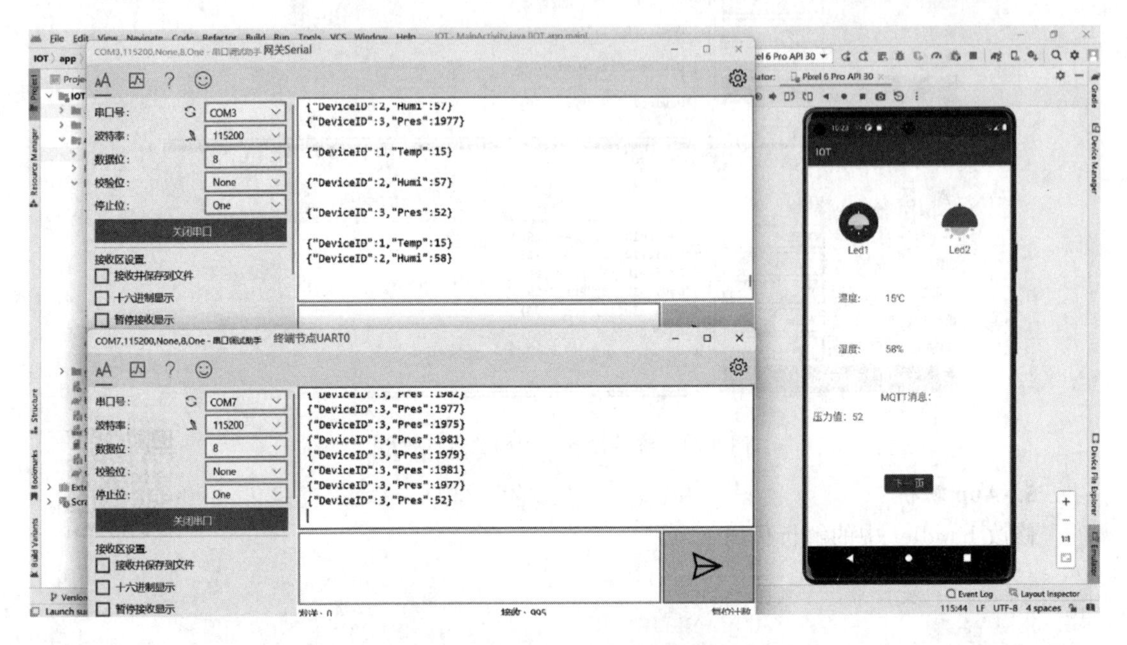

图 3-52　压力大时的压力检测效果

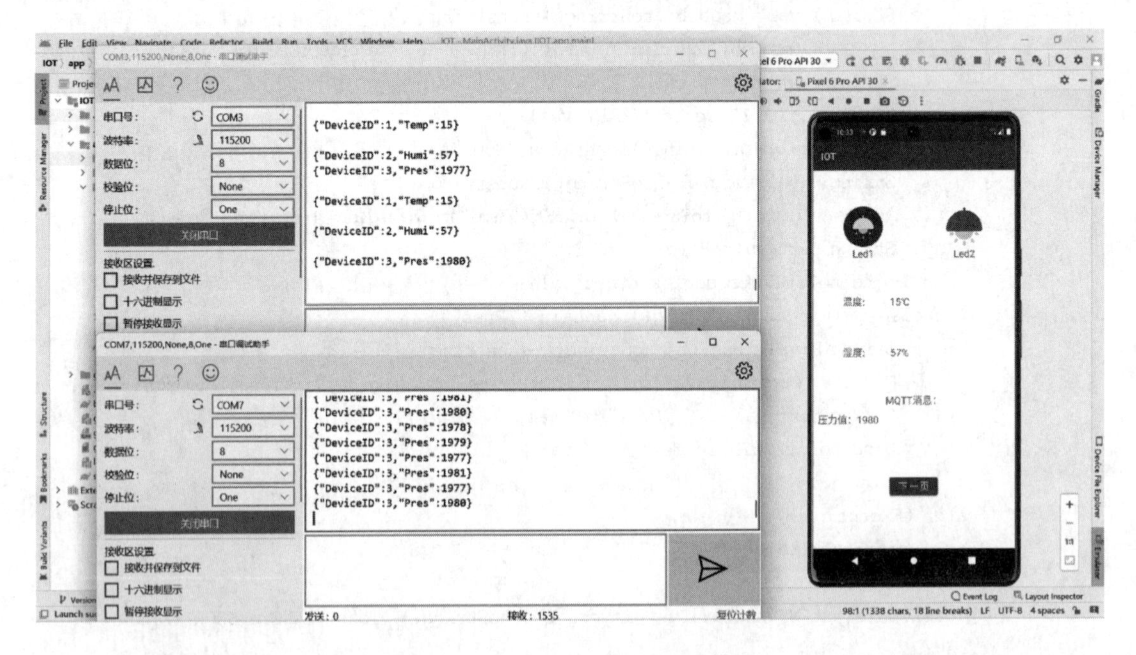

图 3-53　压力小时的压力检测效果

■ 任务小结

任务 10 实现了压力值的检测及远程监控。

■ 实践练习

压力和对应的数字量成反比，这种关系是由硬件电路决定的，但有人可能会觉得不符合生活常理。试通过程序中的简单算法，实现上报的数字量和压力大小成正比。

项目 4 物联网数据分析

● 项目概述/项目要点

项目 1 介绍了 CC2530 基础,项目 2 通过自编 ZigBee 框架组建了无线传感网络,项目 3 通过网关、App 设计实现了数据展示及控制,已经构成了较为完整的物联网系统。但是新的 MQTT 消息到达 MQTT 服务器后覆盖了原有的消息,数据没有被存储起来。另外,产生的大量物联网数据无法被更好地利用。

项目 4 将通过设计 Node-RED 后端和 MySQL 数据库,将无线传感网络产生的传感数据存储到数据库中,并对其进行数据分析,同时从压力值数据中提取关键的睡眠特征,以供后续项目的进一步应用。在学习数据分析时,需要重点学习在数据库中创建设备数据表的方法,以及触发器、存储过程、视图的设计过程。

Node-RED 后端、MySQL 数据库的开发环境均使用开源软件安装和部署。

● 学习目标

1. 知识目标

- 了解 MySQL 中常用的数据类型;
- 了解 Node-RED 中消息的属性;
- 理解在 MySQL 中创建触发器的关键字和触发类型;
- 理解 Node-RED 中数据库节点的参数和配置过程;
- 掌握 MySQL 中创建存储过程的关键字和调用过程;
- 掌握 Node-RED 中通过 SQL 语句查询视图的函数节点编写过程。

2. 技能目标

- 熟练地定义设备数据表的日期、时间类型字段;
- 熟练地在 MySQL 中创建和调用存储过程;
- 熟练地编写 MySQL 中用于筛选、聚合、排序的 SQL 语句;
- 熟练地在 Node-RED 中查询 MySQL 中的视图。

3. 素养目标

- 树立勇于创新的工作作风;
- 提高阅读设计文档、编写程序文档的能力;
- 激发敢想敢为的动力。

任务1 安装 Node-RED 和 MySQL

■ 任务引入

项目 4 将无线传感网络产生的传感数据存储到数据库中,并对其进行数据分析。那么,首要的就是 Node-RED 和 MySQL 的安装和部署。Node-RED 是构建物联网应用程序的强大工具,MySQL 是一个使用非常广泛的数据库管理系统。

■ 任务目标

任务 1 将在计算机上安装 Node-RED 开发环境,为接下来物联网系统的前后端设计做准备;部署 MySQL 数据库服务器,并安装可视化数据库管理软件,以方便数据库的操作。如果拥有一台云服务器的话,将 Node-RED 和 MySQL 都部署在上面,使用起来更为方便。

■ 相关知识

一、Node-RED

Node-RED 最初是 IBM 在 2013 年年末开发的一个开源项目,是为了实现将硬件和设备快速连接到 Web 服务和其他软件。作为物联网的一种黏合剂,它很快发展成为一种通用的物联网编程工具。

Node-RED 以新颖、有趣的方式,将作为节点(Node)的硬件设备、应用接口和在线服务连接到一起。节点实际是预定义的代码块,其中的参数和功能可以通过节点的可视化配置或编写代码来修改。所连接的节点通常包括输入节点、处理节点和输出节点,当它们连接在一起时构成一个"流"(Flows),这种物联网设计方式被称为可视化流程设计。

二、MySQL

MySQL 是最流行的关系型数据库管理系统之一,它将数据保存在不同的表中,而不是将所有数据放在一个大仓库内,这样就提高了数据访问的速度和灵活性。一般中小型和大型网站的开发都选择 MySQL 作为网站数据库。

MySQL 使用最常用的、标准化的 SQL 语言访问数据库。具有完全不同底层结构的数据库,可以使用相同的 SQL 语言进行数据输入与管理。SQL 语句可以嵌套,具有极高的灵活性和强大的功能。

【课堂讨论】

你使用过哪些可视化的编程软件?

■ 任务实施

一、实施设备

安装 Windows 操作系统的计算机。

二、实施过程

Node-RED 部署

1. Node-RED 部署过程

(1) 安装 Node. js

在官网 https://nodejs.org/en/下载 Node. js，如图 4-1 所示。

HOME | ABOUT | DOWNLOADS | DOCS | GET INVOLVED | SECURITY | CERTIFICATION | NEWS

Node.js® is a JavaScript runtime built on Chrome's V8 JavaScript engine.

New security releases now available for 18.x, 16.x, and 14.x release lines

Download for Windows (x64)

16.17.1 LTS
Recommended For Most Users

18.10.0 Current
Latest Features

Other Downloads | Changelog | API Docs　Other Downloads | Changelog | API Docs

Or have a look at the Long Term Support (LTS) schedule

图 4-1　下载 Node. js

双击“安装”，然后选择合适的安装目录。在如图 4-2 所示的界面中，不勾选。等待安装完成。

Tools for Native Modules

Optionally install the tools necessary to compile native modules.

Some npm modules need to be compiled from C/C++ when installing. If you want to be able to install such modules, some tools (Python and Visual Studio Build Tools) need to be installed.

不勾选

Automatically install the necessary tools. Note that this will also install Chocolatey. The script will pop-up in a new window after the installation completes.

Alternatively, follow the instructions at https://github.com/nodejs/node-gyp#on-windows to install the dependencies yourself.

图 4-2　不选择本机模块的工具

(2) 安装 Node-RED

如图 4-3 所示，进入 cmd，输入命令：npm install -g --unsafe-perm node-red。等待安装完成。

```
Microsoft Windows [版本 10.0.22621.521]
(c) Microsoft Corporation。保留所有权利。

C:\Users\sin>npm install -g --unsafe-perm node-red
```

图 4-3　安装 Node-RED

(3) 启动 Node-RED

如图 4-4 所示，在 cmd 输入命令：node-red，即可启动 Node-RED。

```
node-red
Run `npm audit` for details.

C:\Users\sin>node-red
2 Oct 17:48:23 - [info]

Welcome to Node-RED
===================

2 Oct 17:48:23 - [info] Node-RED version: v3.0.2
2 Oct 17:48:23 - [info] Node.js  version: v16.17.0
2 Oct 17:48:23 - [info] Windows_NT 10.0.22621 x64 LE
2 Oct 17:48:24 - [info] Loading palette nodes
2 Oct 17:48:24 - [info] Settings file  : C:\Users\sin\.node-red\settings.js
2 Oct 17:48:24 - [info] Context store  : 'default' [module=memory]
2 Oct 17:48:24 - [info] User directory : \Users\sin\.node-red
2 Oct 17:48:24 - [warn] Projects disabled : editorTheme.projects.enabled=false
2 Oct 17:48:24 - [info] Flows file     : \Users\sin\.node-red\flows.json
2 Oct 17:48:24 - [info] Creating new flow file
2 Oct 17:48:24 - [warn]

---------------------------------------------------------------------
Your flow credentials file is encrypted using a system-generated key.

If the system-generated key is lost for any reason, your credentials
file will not be recoverable, you will have to delete it and re-enter
your credentials.

You should set your own key using the 'credentialSecret' option in
your settings file. Node-RED will then re-encrypt your credentials
file using your chosen key the next time you deploy a change.
---------------------------------------------------------------------

2 Oct 17:48:24 - [warn] Encrypted credentials not found
2 Oct 17:48:24 - [info] Server now running at http://127.0.0.1:1880/
```

图 4-4　启动 Node-RED

如图 4-5 所示，打开浏览器访问 Node-RED，url 为 127.0.0.1:1880。需要说明的是，127.0.0.1 是本机 IP，本机 IP 还可以用 localhost(意为"本地主机"，在浏览器中会被解析为本机 IP)表示。如果处在局域网和广域网中，可以输入对应的 IP 地址访问 Node-RED。

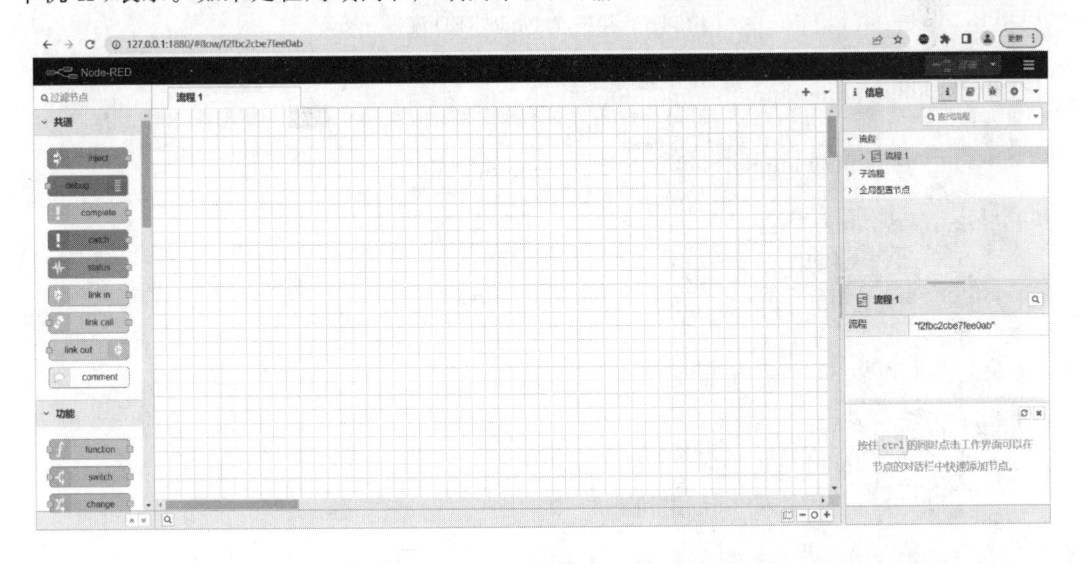

图 4-5　访问 Node-RED

(4) Node-RED 节点

如图 4-6 所示，将左侧的节点拖入中间的编辑区，以构建"流"。节点的功能可以在右侧的“帮助”中查看。双击节点，即可对其进行编辑。

节点之间传输的消息默认有 2 个属性：topic 和 payload。消息的有效荷载可以为多种类型，包括字符串、JavaScript 对象等。在 Node-RED 页面最右侧的设置菜单中单击“节点管理”，可以安装和查看节点。

Node-RED 节点管理

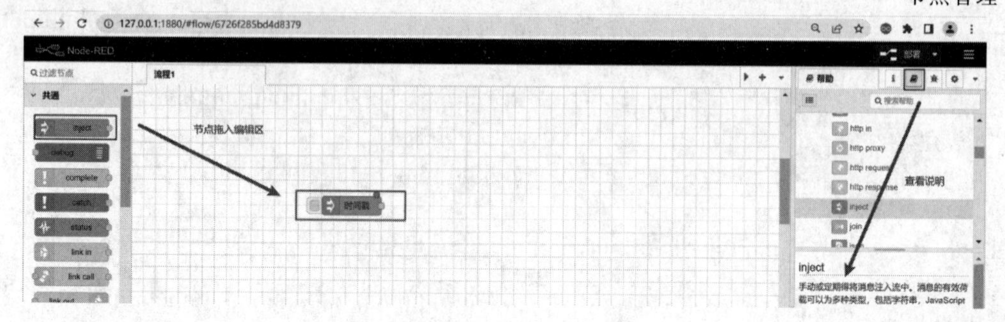

图 4-6　Node-RED 的节点

2. 第一个 Node-RED 流程

如图 4-7 所示，本任务学习的第一个 Node-RED 流程使用 2 个节点，第一个是 inject 节点，第二个是 debug 节点。

Node-RED 例子

如图 4-8 所示，第一个节点设置输出消息的 payload 为字符串“hello，world!”，每隔 5 s 执行一次。

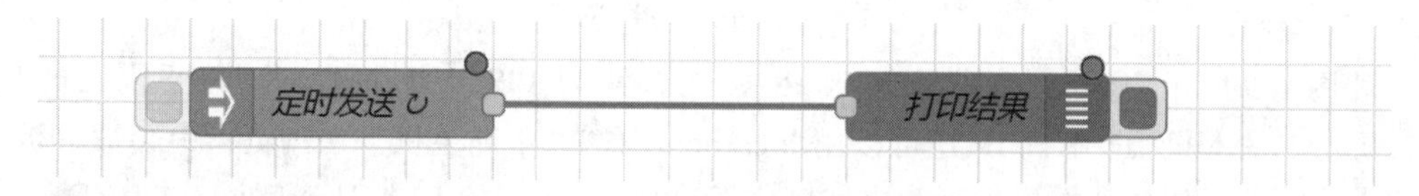

图 4-7　第一个 Node-RED 流程

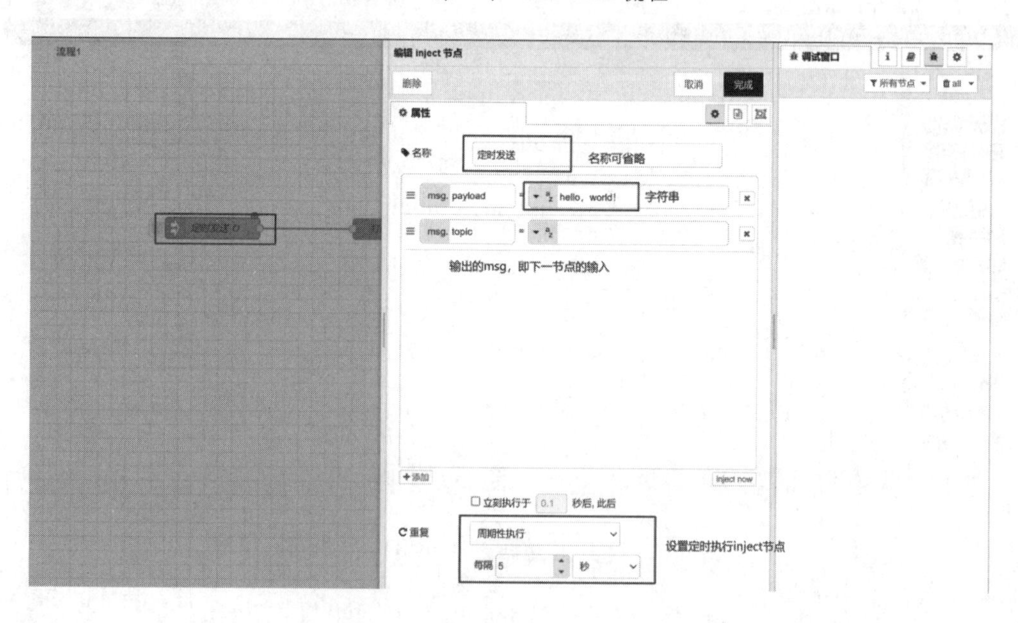

图 4-8　编辑 inject 节点

如图 4-9 所示,第二个节点设置输出消息的 payload,payload 是由上一个节点输入的。

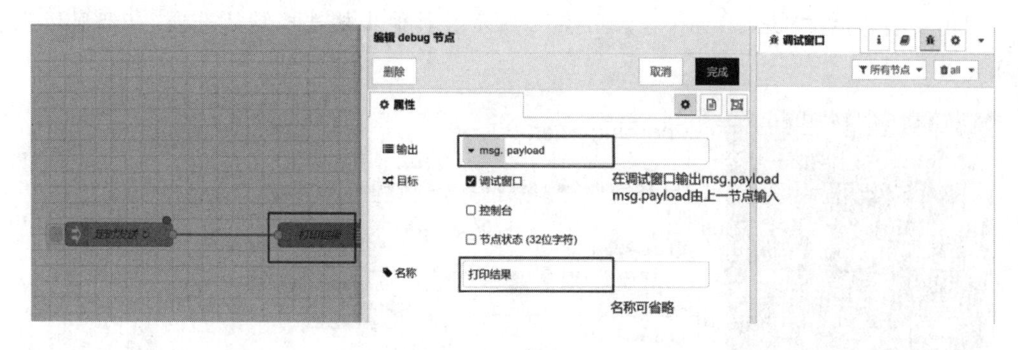

图 4-9 编辑 debug 节点

流编辑完成后,单击"部署"按钮,打开右边的调试窗口(虫子图标),即可观察 debug 节点打印的消息的 payload,如图 4-10 所示。有的节点在其左侧或右侧包含按钮,单击这些按钮可以与节点交互。inject 节点和 debug 节点是仅有的含有按钮的节点,其中,单击 debug 节点的按钮可设置 debug 节点有效或无效。

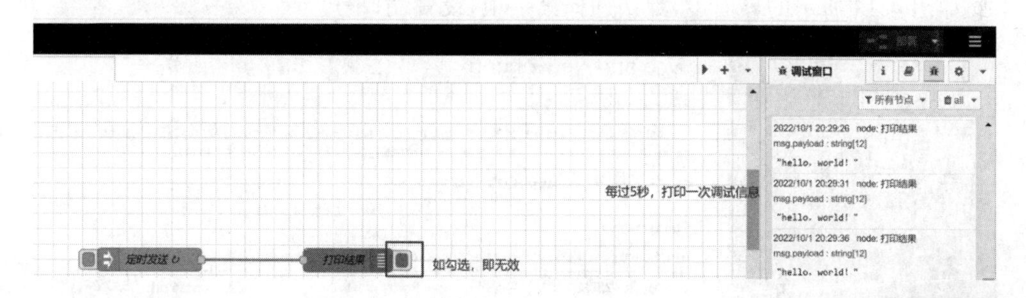

图 4-10 流程运行结果

MySQL 安装

3. MySQL 安装

(1) 下载 MySQL 安装包

在官网 https://dev. mysql. com/downloads/mysql/5. 5. html # downloads 下载安装包,如图 4-11 所示。

图 4-11 下载 MySQL 安装包

(2) 安装 MySQL

双击安装,选择“Server only”,如图 4-12 所示。其他步骤选择默认选项,直到显示安装完成。

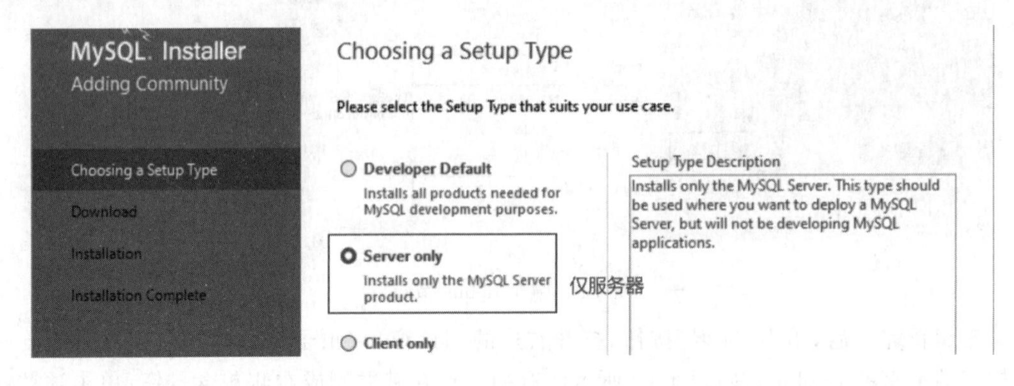

图 4-12 选择“Server only”

(3) 配置 MySQL

在如图 4-13 所示的界面中,默认选择第一项,设置端口号。

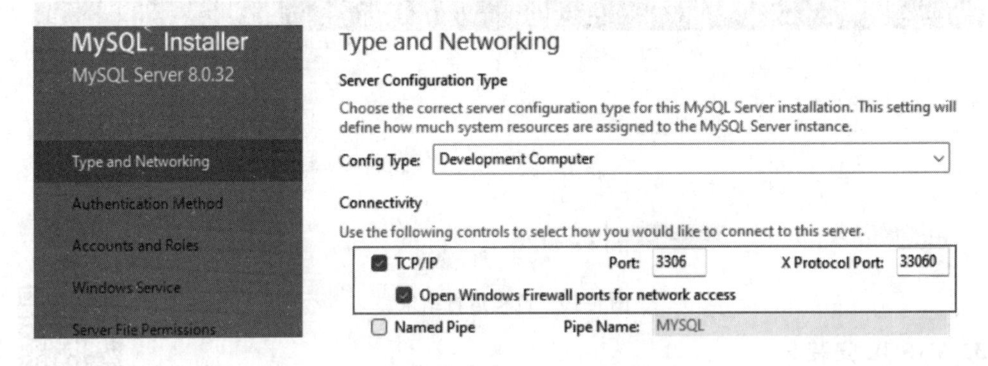

图 4-13 端口号设置界面

密码验证方式有两种:caching_sha2_password 和 mysql_native_password。建议选择第二种,如图 4-14 所示。

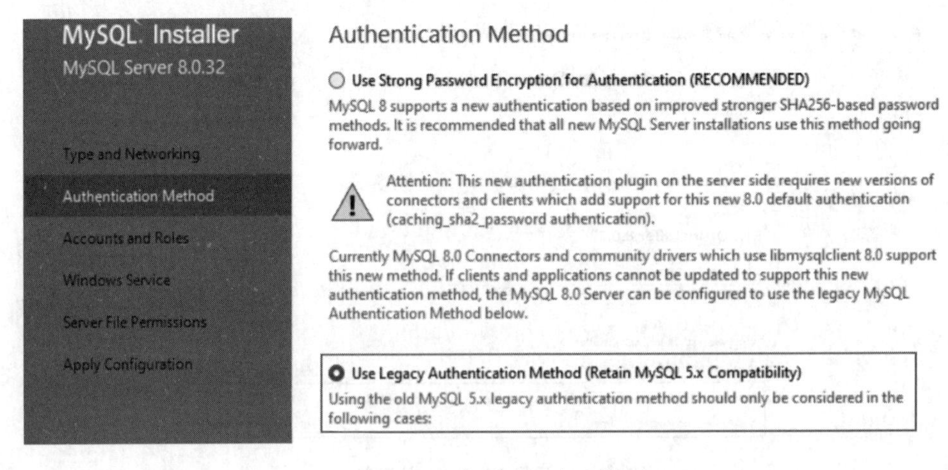

图 4-14 密码验证方式界面

设置密码,如图 4-15 所示。

图 4-15 设置密码界面

系统服务名称、启动方式等选择默认选项即可,如图 4-16 所示。

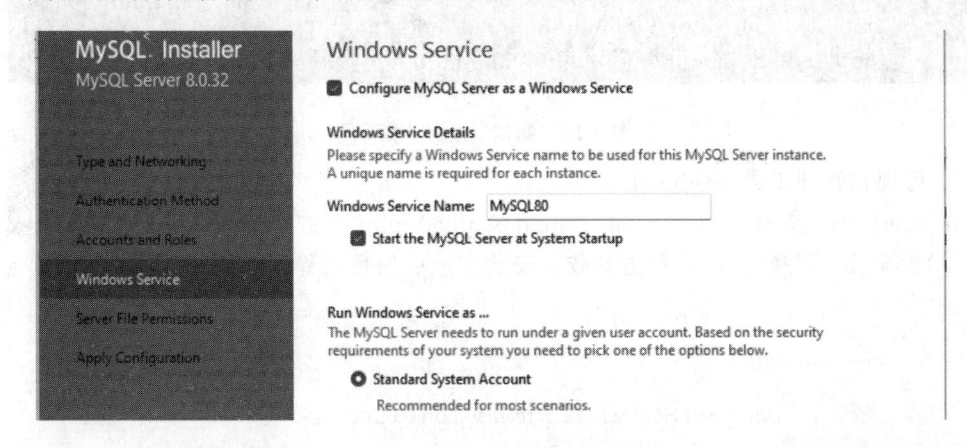

图 4-16 系统服务界面

在如图 4-17 所示的用户权限界面中,勾选 yes。配置完成后,逐步执行即可。

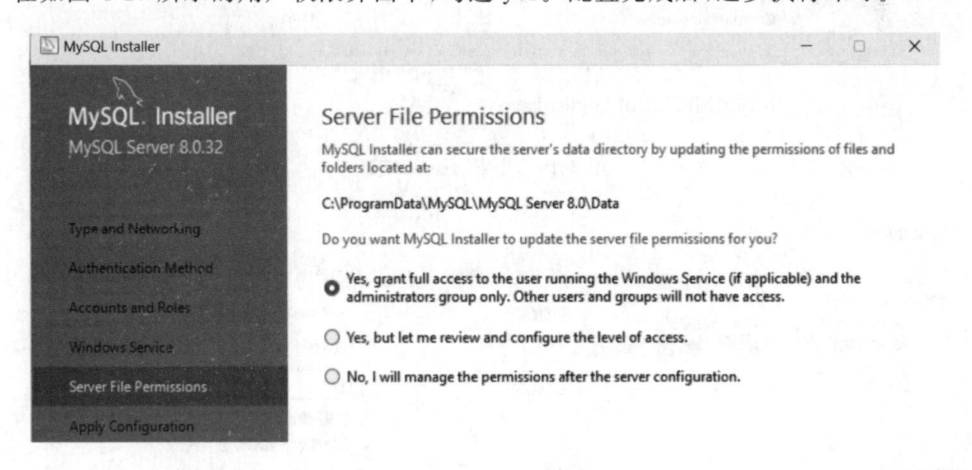

图 4-17 用户权限界面

4. 测试 MySQL

测试 MySQL

如图 4-18 所示,在开始菜单中搜索 MySQL 客户端进入控制台,输入密码,回车进入 MySQL 数据库,输入“show databases”,显示存在的数据库,工作正常。

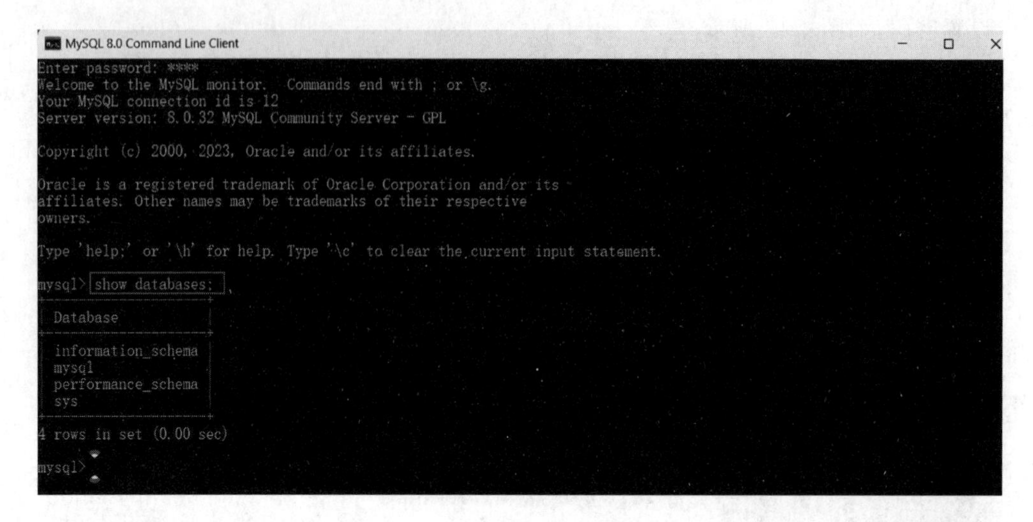

图 4-18　测试显示数据库名

5. 可视化管理工具 HeidiSQL

在网址 https://www.heidisql.com/download.php 下载 HeidiSQL，如图 4-19 所示。下载完成后，双击安装。安装完成后的登录界面如图 4-20 所示。

MySQL 可视化操作

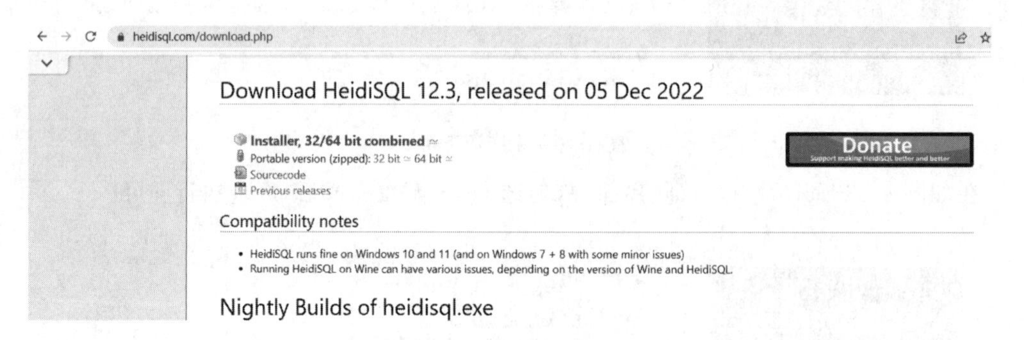

图 4-19　下载 HeidiSQL

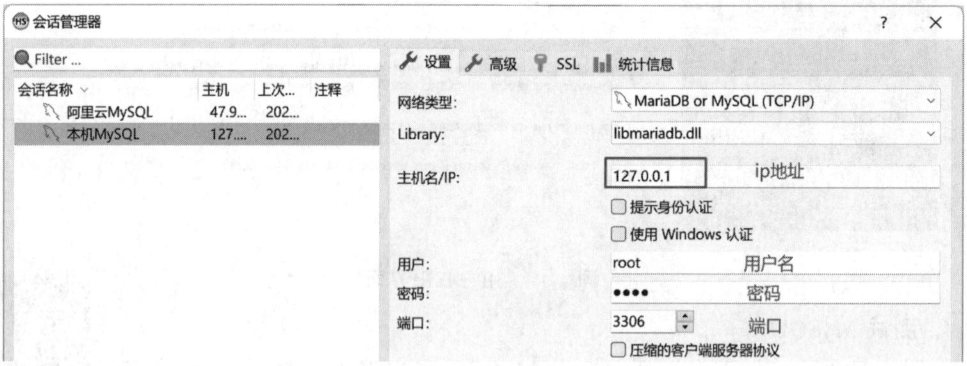

图 4-20　登录界面

在登录界面中输入正确的IP地址、用户名、密码、端口，即可进入MySQL，如图4-21所示。

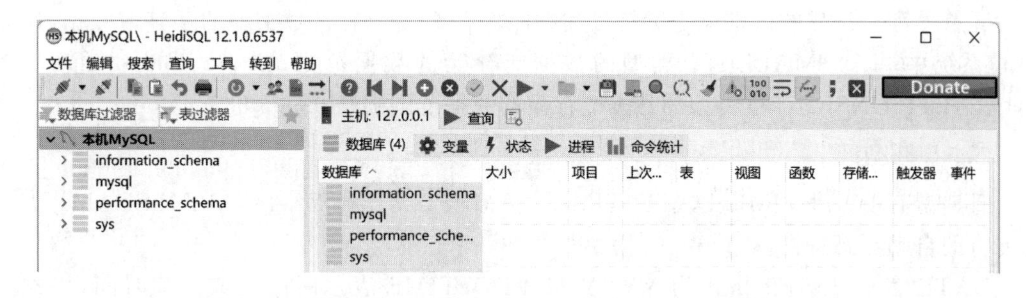

图4-21 进入MySQL

■ 任务小结

任务1完成了Node-RED和MySQL的安装。

■ 实践练习

将第一个Node-RED流程中inject节点的消息载荷修改为JSON对象格式，观察debug节点打印的调试信息。

任务2 创建设备数据表

■ 任务引入

将无线传感网络产生的传感数据存储起来，需要在MySQL中创建设备数据表，那么，应该如何设计字段，以便后续的数据分析呢？

■ 任务目标

任务2将创建设备数据表，为存储压力值做准备，这就必然要有一个压力值字段。为了便于后续的数据分析，还需要一些日期型的字段。

■ 相关知识

MySQL数据类型

MySQL支持多种数据类型，大致可以分为三类：数值型、日期型、字符串型。

一、数值型

数值型又分为2种：严格数值数据类型（INTEGER、SMALLINT、DECIMAL和NUMERIC等）、近似数值数据类型（FLOAT、REAL和DOUBLE PRECISION等）。其中，INTEGER（INT）和SMALLINT属于整型，只是取值范围不同。每一种整型数据都分无符号(UNSIGNED)和有符号(SIGNED)两种类型。

无符号和有符号的区别就是无符号类型能保存 2 倍于有符号类型的正整数数据，比如 16 位系统中一个 SMALLINT 类型的数据能存储的数据范围为 −32 768～32 767，而 SMALLINT UNSIGNED 类型的数据能存储的数据范围则是 0～65 535。

二、日期型

日期型有 DATETIME、DATE、TIMESTAMP、TIME 和 YEAR。TIMESTAMP 类型有专有的自动更新特性。

DATE 表示日期值，格式为 YYYY-MM-DD；TIME 表示时间值或持续时间，格式为 HH:MM:SS；TIMESTAMP 是时间戳，混合日期和时间值，格式为 YYYY-MM-DD hh:mm:ss。

三、字符串型

字符串型有 CHAR、VARCHAR、BINARY、VARBINARY、BLOB、TEXT、ENUM 和 SET。

CHAR 类型是定长的，MySQL 会根据定义的字符串长度为字符串分配足够的空间。VARCHAR 类型用于存储可变长字符串。

【课堂讨论】

CHAR 和 VARCHAR 分别适用什么场景？

■ 任务实施

一、实施设备

部署了 MySQL 数据库服务器和安装了 HeidiSQL 可视化管理软件的计算机。

创建数据库 iotsystem

二、实施过程

1. 创建数据库 iotsystem

打开 HeidiSQL，连接 MySQL。创建一个新的数据库，如图 4-22 所示。

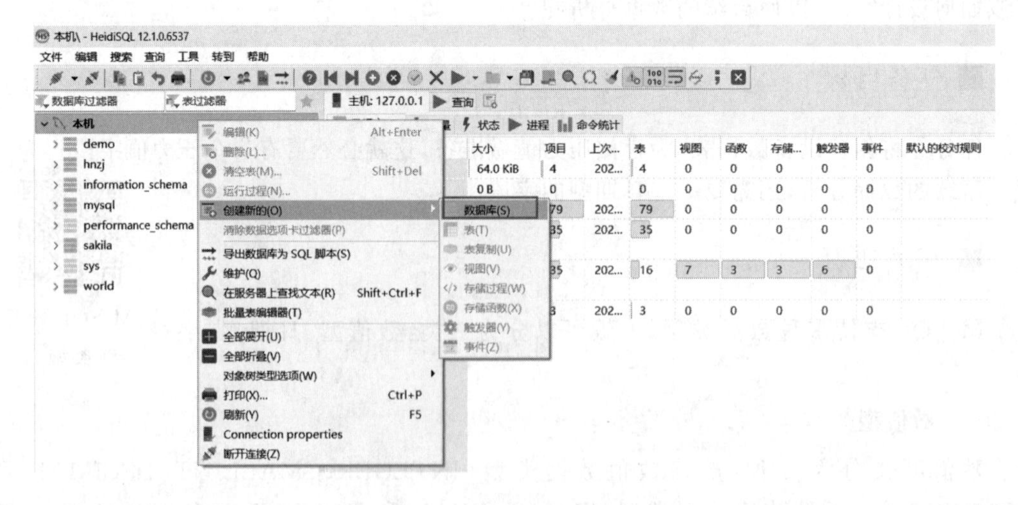

图 4-22　创建新的数据库

将数据库命名为 iotsystem,如图 4-23 所示。

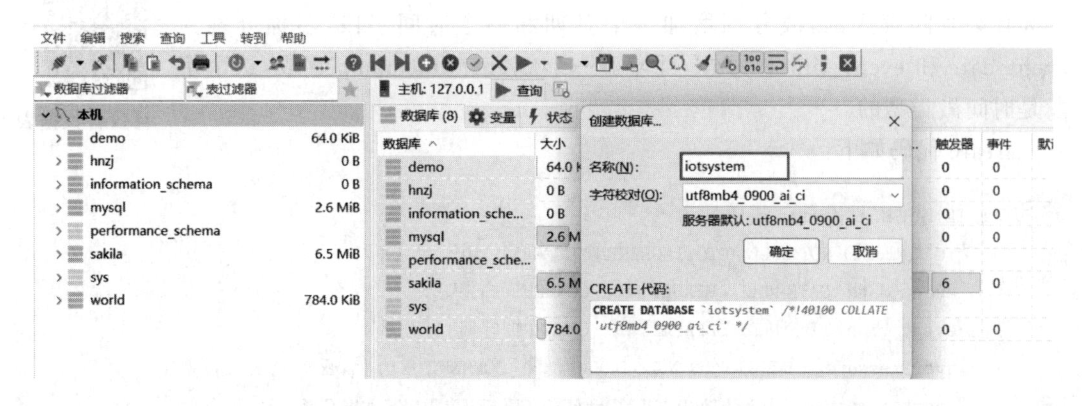

图 4-23 数据库命名

2. 创建设备数据表 t_device_data

在 iotsystem 数据库里面创建新的表,如图 4-24 所示。

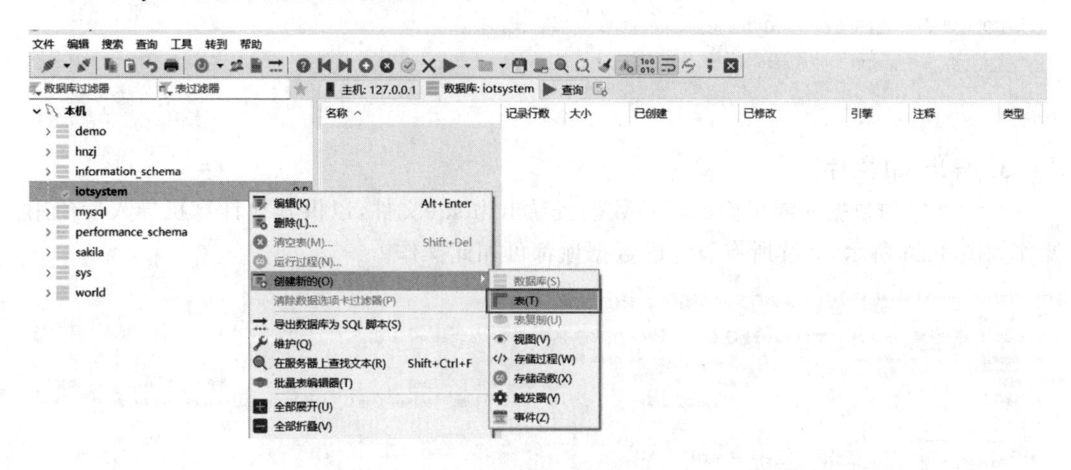

图 4-24 创建新的表

如图 4-25 所示,将新的表命名为 t_device_data,此表就是用于存储压力值的设备数据表。毫无疑问,需要有一个字段存放压力值,定义其名称为 averPressure。一般来讲,表中都需要有一个主键,定义其名称为 id,添加自动增长约束。

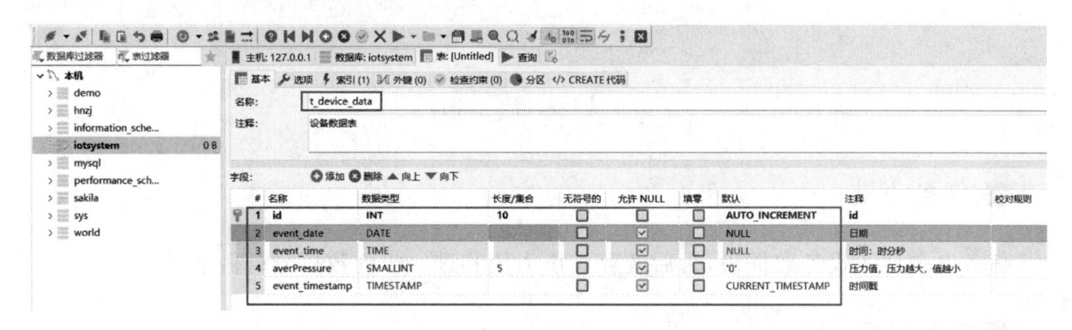

图 4-25 设备数据表的字段

考虑到数据分析和日期、时间密切相关，所有的数据记录都应该体现是哪一天什么时间存入的，故分别增加一个日期和一个时间字段，名称分别为 event_date 和 event_time。另外，再增加一个 event_timestamp 字段，这个字段是时间戳类型的。

计设备数据表

create 代码如下：

```
CREATE TABLE 't_device_data'(
    'id' INT(10) NOT NULL AUTO_INCREMENT COMMENT 'id',
    'event_date' DATE NULL DEFAULT NULL COMMENT '日期',
    'event_time' TIME NULL DEFAULT NULL COMMENT '时间:时分秒',
    'averPressure' SMALLINT(5) NULL DEFAULT '0' COMMENT '压力值,压力越大值越小',
    'event_timestamp' TIMESTAMP NULL DEFAULT CURRENT_TIMESTAMP COMMENT '时间戳',
    PRIMARY KEY ('id')
)
COMMENT='设备数据表'
COLLATE='utf8mb4_0900_ai_ci'
ENGINE=InnoDB
;
```

3. 导出 sql 文件

将设计好的数据库或里面的设备数据表导出为 sql 文件，以供其他计算机导入后使用。操作如图 4-26 所示，后续所有设计的数据库都可如此操作。

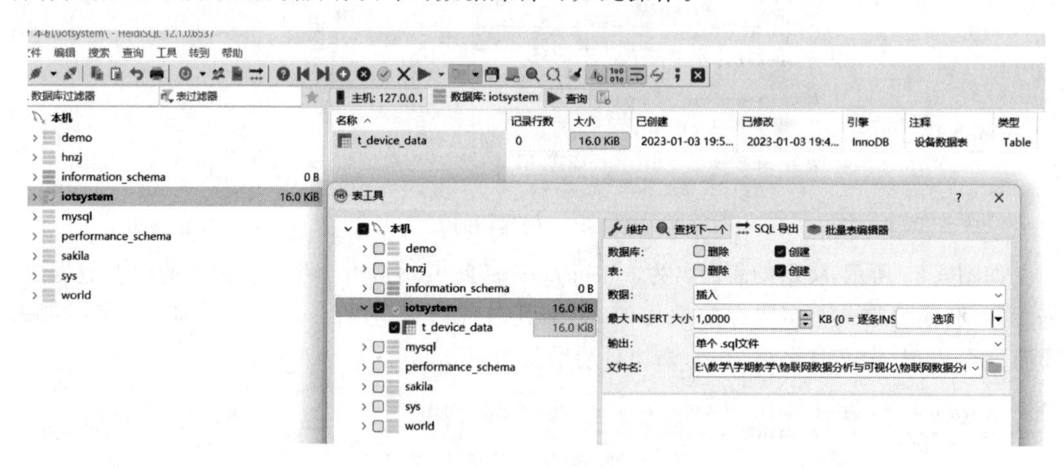

图 4-26 导出 sql 文件

■ 任务小结

任务 2 创建了设备数据表，为后续存储压力值和进一步的数据分析做准备。

■ 实践练习

创建 1 个新的设备数据表，用于存储温度值。

任务3 对数据记录施加条数限制

■ 任务引入

物联网的产生的数据非常多，比较久远的数据经过分析过后，可能不再具有多大的意义。那么，能否限制数据表中记录的条数，如1万条，超过之后不让插入新记录或者直接抛出错误呢？实现思路如下。每次插入新记录前，都检查表中的记录数是否到达限定数量：如果数量没有达到，继续插入；如果数量达到了，先插入一条新记录，再删除最老的记录，或者反着来也行。

■ 任务目标

任务3将创建2个触发器和1个计数表，以实现对数据记录施加条数限制的功能，但这一功能在下一个任务中才能完全实现。为了避免每次都对检测记录数进行全表扫描，任务3创建了1个计数表作为当前表的计数器，插入新记录前，只需查计数表即可。另外，任务3还创建了2个触发器，以便在执行INSERT语句和DELETE语句后，修改计数表的计数值。

任务分析

■ 相关知识

一、触发器

触发器(Trigger)是数据库中的一个很重要、很实用的基于事件的处理器。在处理一些业务需求的时候，使用触发器会很方便，其特点是满足条件自动触发。创建触发器的关键字为CREATE TRIGGER。

二、启动触发器

启动触发器的事件有INSERT、DELETE、UPDATE三种，这三种事件分别对应MySQL的增、删、改操作。触发器的发生时刻有BEFORE和AFTER两种。

■ 任务实施

一、实施设备

部署了MySQL数据库服务器和安装了HeidiSQL可视化管理软件的计算机。

二、实施过程

1. 创建计数表

创建计数表

如图4-27所示，创建计数表t_device_data_count，该计数表只有1个字段，也只有1条记录，值为设备数据表t_device_data的记录条数。

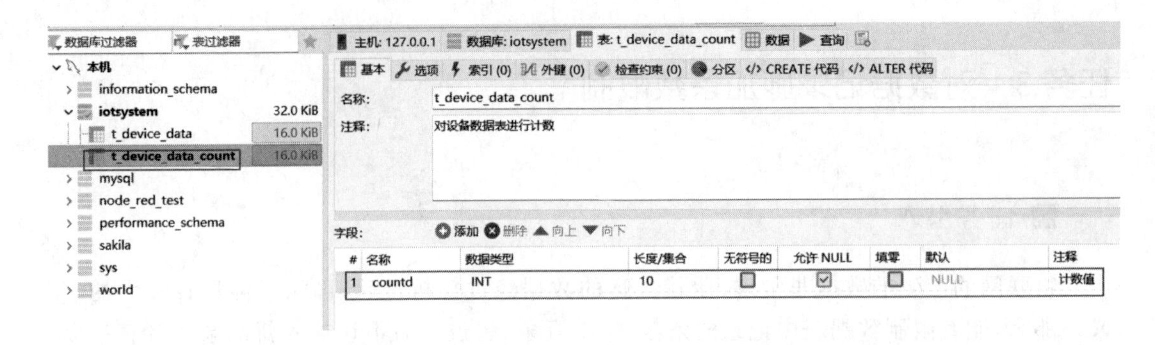

图 4-27　创建计数表 t_device_data_count

create 代码如下：

```
CREATE TABLE 't_device_data_count'(
    'countd' INT(10) NULL DEFAULT NULL COMMENT '计数值'
)
COMMENT = '对设备数据表进行计数'
COLLATE = 'utf8mb4_unicode_ci'
ENGINE = InnoDB
;
```

2. 创建触发器

触发器的功能是发生某个事件会自动触发对数据库的操作。这里设计了 2 个触发器，功能是分别对表 t_device_data 执行 INSERT 语句和 DELETE 语句后，计数表 t_device_data_count 中记录的 countd 值(也是表 t_device_data 中记录的条数)加 1 和减 1。

加 1 计数器

(1) “计数值加 1”触发器 tr_insert

如图 4-28 所示，创建一个新的触发器。

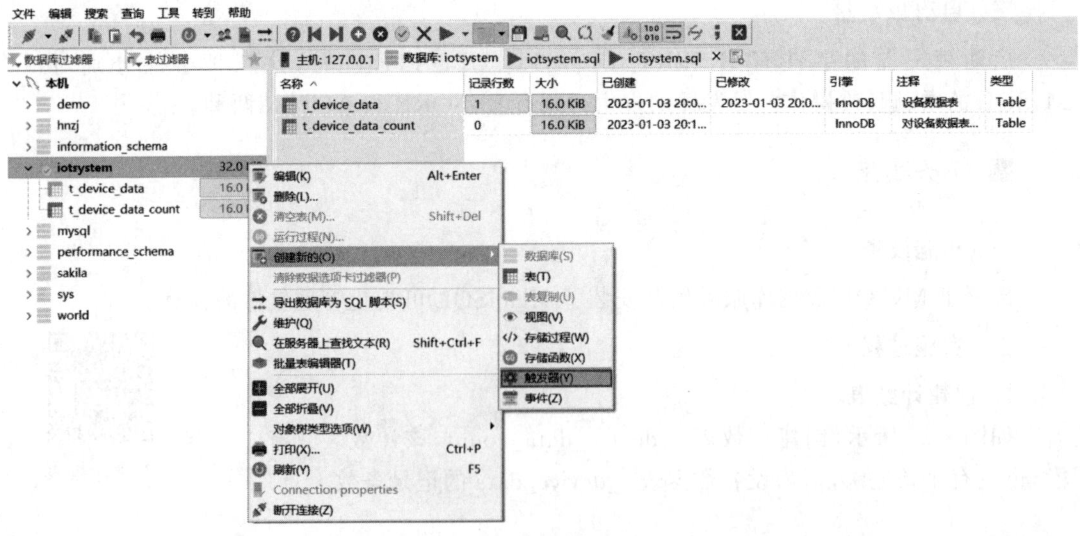

图 4-28　创建新的触发器

触发器 tr_insert 的触发事件为 INSERT，启动时刻为 AFTER，如图 4-29 所示。当对设备数据表 t_device_data 执行 INSERT 语句之后，计数表 t_device_data_count 中记录的 countd 值会加 1。

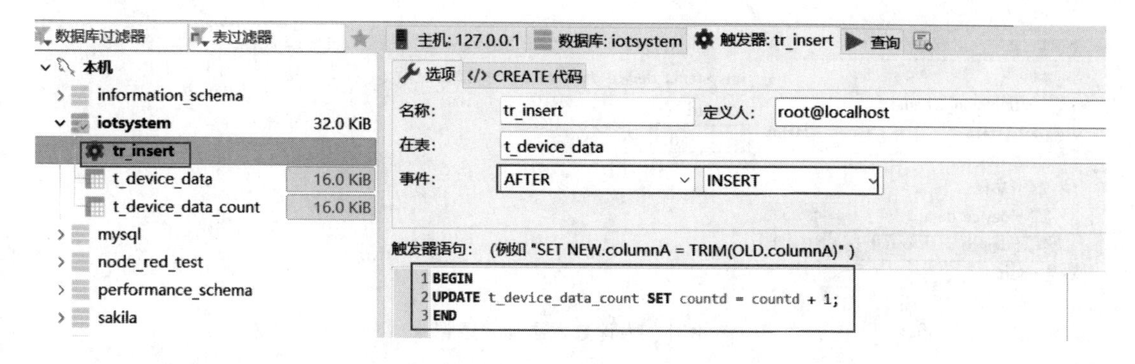

图 4-29 触发器 tr_insert

create 代码如下：

```
    CREATE DEFINER = 'root'@' localhost ' TRIGGER 'tr_insert' AFTER INSERT ON 't_device_data' FOR
EACH ROW BEGIN
    UPDATE t_device_data_count SET countd = countd + 1;
    END
```

(2) “计数值减 1”触发器 tr_delete

减 1 触发器

触发器 tr_delete 的触发事件为 DELETE，启动时刻为 AFTER，如图 4-30 所示。当对设备数据表 t_device_data 执行 DELETE 语句后，计数表 t_dcvice_data_count 中记录的 countd 值会减 1。

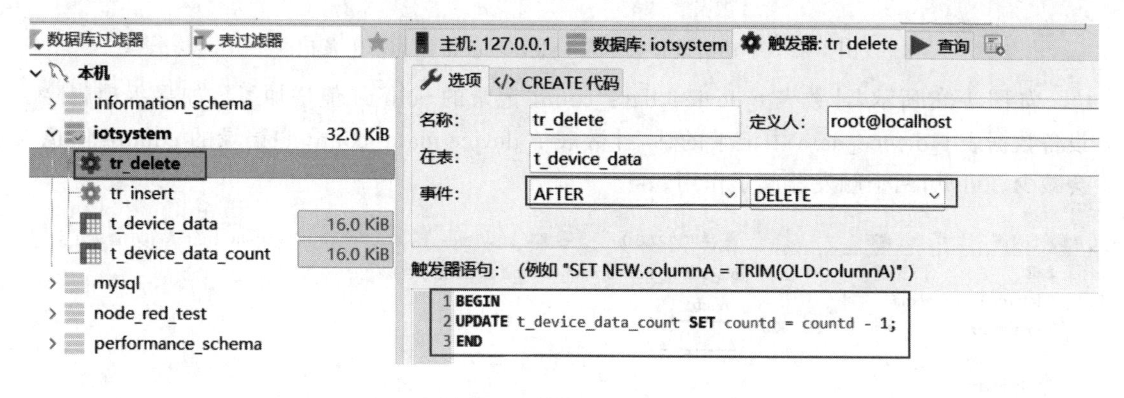

图 4-30 触发器 tr_delete

create 代码如下：

```
    CREATE DEFINER = 'root'@' localhost ' TRIGGER 'tr_delete' AFTER DELETE ON 't_device_data' FOR
EACH ROW BEGIN
    UPDATE t_device_data_count SET countd = countd-1;
    END
```

3. 测试计数表和触发器

测试前,先为计数表 t_device_data_count 增加一条记录,count 的值为 0,如图 4-31 所示。

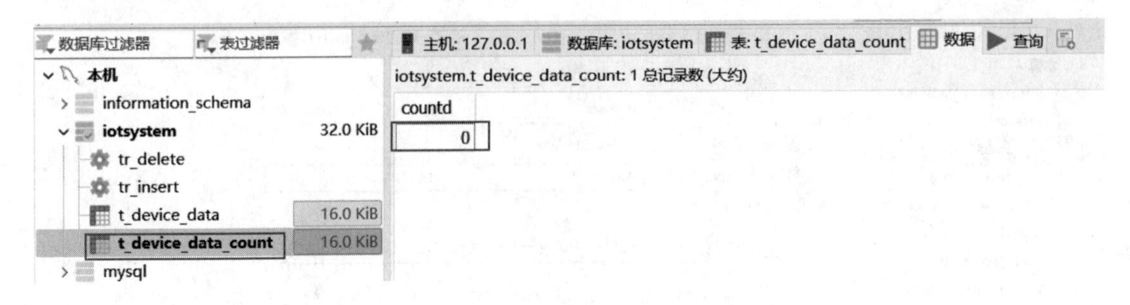

图 4-31 为计数表添加一条记录

如图 4-32 所示,手动给设备数据表 t_device_data 添加若干条记录。

数据库过滤器 表过滤器 主机: 127.0.0.1 数据库: iotsystem 表: t_device_data 数据 查询

本机: demo, hnzj, information_schema, iotsystem 32.0 KiB (tr_delete, tr_insert, t_device_data 16.0 KiB, t_device_data_count 16.0 KiB), mysql, performance_schema, sakila, sys

iotsystem.t_device_data: 10 总记录数 (大约)

id	event_date	event_time	averPressure	event_timestamp
1	2023-01-03	21:18:40	0	2023-01-03 21:18:42
2	2023-01-03	21:18:46	0	2023-01-03 21:18:48
3	2023-01-03	21:18:52	0	2023-01-03 21:18:52
4	2023-01-03	21:18:56	0	2023-01-03 21:18:56
5	2023-01-03	21:19:21	0	2023-01-03 21:19:22
6	2023-01-03	21:19:25	0	2023-01-03 21:19:25
7	2023-01-03	21:19:28	0	2023-01-03 21:19:29
8	2023-01-03	21:19:32	0	2023-01-03 21:19:33
9	2023-01-03	21:19:36	0	2023-01-03 21:19:37
10	2023-01-03	21:19:40	0	2023-01-03 21:19:40

图 4-32 手动给设备数据表 t_device_data 添加若干条记录

如图 4-33 所示,计数表 t_device_data_count 记录的 countd 值增加了。如果手动删除设备数据表 t_device_data 中记录的话,计数表 t_device_data_count 中记录的 countd 值也会减少。可见,两个触发器起了作用。

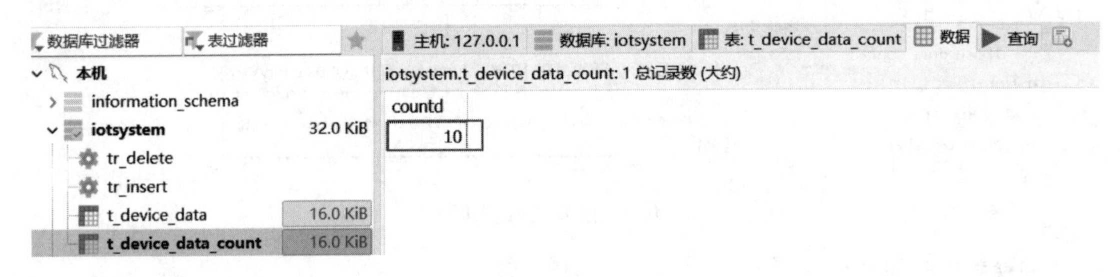

图 4-33 触发器自动工作效果

■ 任务小结

任务 3 创建了 2 个触发器和 1 个计数表,以实现对数据记录施加条数限制的功能。

■ 实践练习

尝试将触发时刻修改为 BEFORE。

任务 4 创建存储过程

■ 任务引入

任务 3 创建了 2 个触发器和 1 个计数表，用于实现对数据记录施加条数限制的功能。测试发现手动插入或者删除一条记录，会自动触发加 1 或减 1 触发器。

当无线传感网络通过网关上报的压力值消息到达之后，如果希望在 Node-RED 流程中实现自动对设备数据表插入一条记录，那就需要创建一个存储过程，以在 Node-RED 流程中被调用。

■ 任务目标

任务分析

任务 4 将实现往设备数据表中添加一条记录：输入参数是压力值，其他字段值（id、日期、时间和时间戳）会自动生成；在存储过程中，判断记录条数是否达到限制，假如达到的话，先删除一条记录，再增加一条记录。删除和增加记录的操作会自动触发相关触发器。

■ 相关知识

一、什么是存储过程？

存储过程是一组编译好的 SQL 语句的集合，优点是：提高代码重用性，简化操作，减少编译次数，提高效率；存储过程位于服务器上，调用时只需传递存储过程的名称及参数，降低了网络传输的数据量；参数化的存储过程可以防止 SQL 注入式的攻击，可设定权限，更安全。存储过程可以有 0 个返回，也可以有多个返回，适合进行批量插入、批量更新等操作。

二、创建、调用存储过程的语法

创建存储过程的语法如下：

```
create procedure <存储过程名>(
参数的种类 参数名 数据类型,
参数的种类 2 参数名 2 数据类型,
…
)
begin
# 存储过程体(一组合法有效的 SQL 语句)
End
```

参数列表包含三部分：参数模式、参数名、参数类型。在参数模式中，in 表示参数可作为输入，out 表示参数作为输出（即返回值），inout 表示该参数既可以作为输入也可以作为输出。

调用存储过程的语法如下：

```
call 存储过程名(实参列表)
```

注意，存储过程名称后面必须加括号，哪怕该存储过程没有参数传递。

■ 任务实施

准备工作

一、实施设备

部署了 MySQL 数据库服务器和安装了 HeidiSQL 可视化管理软件的计算机。

创建存储过程

二、实施过程

1. 创建存储过程

在数据库 iotsystem 中创建新的存储过程，如图 4-34 所示。

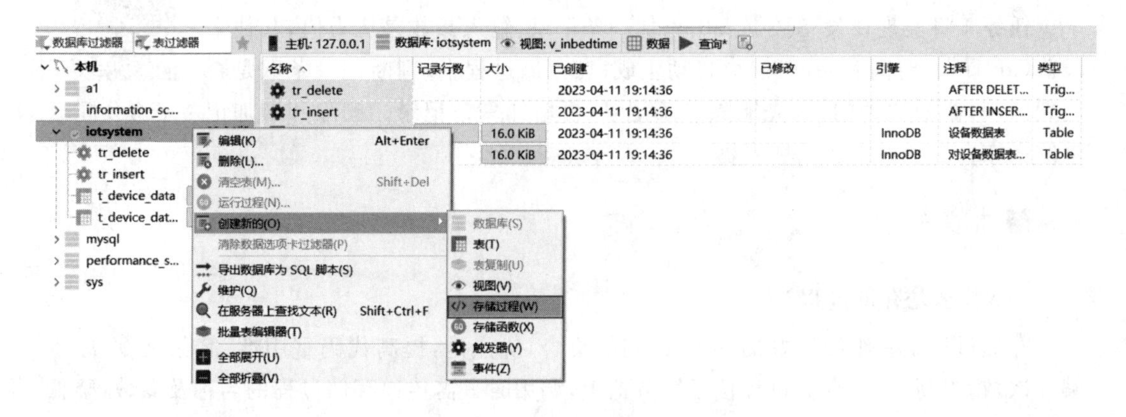

图 4-34　创建新的存储过程

在存储过程的过程体中，设置记录条数最大值为 10。如果记录数大于 10，则删除最早的 1 条记录，然后再增加一条记录；如果记录数少于 10，则直接增加一条记录。增加的值是存储过程的输入参数。

如图 4-35 所示，定义一个变量 c_date，设置其值为当前系统日期 CURRENT_DATE，并将该值作为 event_date 字段的值插入数据表 t_device_data 新的记录中。另外，定义变量 c_time，设置其值为当前系统时间 CURRENT_TIME，并将该值作为 event_time 字段的值插入数据表 t_device_data 新的记录中。

过程体

如图 4-36 所示，输入参数只有 1 个，名称为 insert_value_averPressure，参数模式 IN 表示输入参数，数据类型为 INT。

存储过程分析

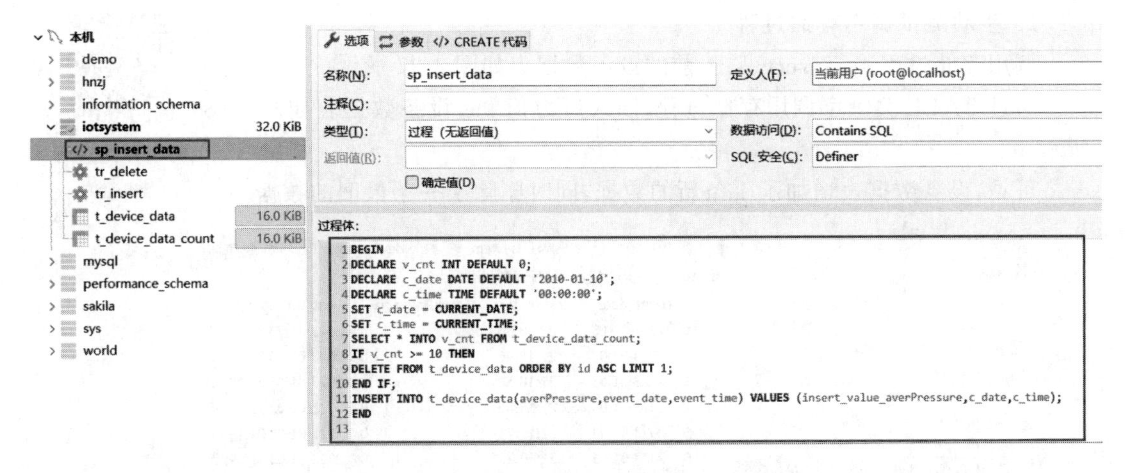

图 4-35　存储过程 sp_insert_data

图 4-36　存储过程的输入参数

CREATE 代码如下：

```
CREATE DEFINER = 'root'@'localhost' PROCEDURE 'sp_insert_data'(
    IN 'insert_value_averPressure' INT
)
LANGUAGE SQL
NOT DETERMINISTIC
CONTAINS SQL
SQL SECURITY DEFINER
COMMENT ''
BEGIN
DECLARE v_cnt INT DEFAULT 0;
DECLARE c_date DATE DEFAULT '2010-01-10';
DECLARE c_time TIME DEFAULT '00:00:00';
SET c_date = CURRENT_DATE;
SET c_time = CURRENT_TIME;
SELECT * INTO v_cnt FROM t_device_data_count;
IFv_cnt > = 10 THEN
DELETE FROM t_device_data ORDER BY id ASC LIMIT 1;
END IF;
INSERT INTO t_device_data(averPressure,event_date,event_time) VALUES (insert_value_
averPressure,c_date,c_time);
END
```

2. 手动测试调用存储过程

调用存储过程

测试

调用存储过程 sp_insert_data 前的设备数据表如图 4-37 所示。

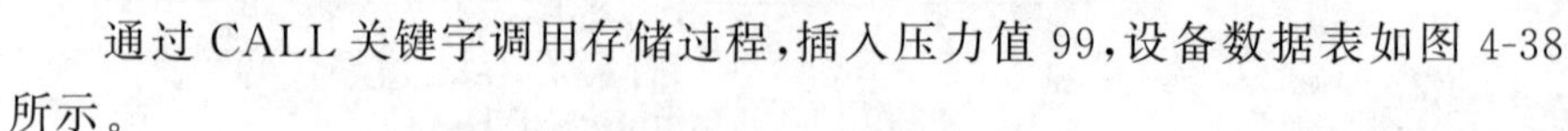

通过 CALL 关键字调用存储过程，插入压力值 99，设备数据表如图 4-38 所示。

可见，设备数据表增加了 1 条新的数据，同时删除了一条最旧的数据。

数据库过滤器　表过滤器　主机: 127.0.0.1　数据库: iotsystem　表: t_device_data　数据　查询

本机 / demo / hnzj / information_schema / iotsystem 32.0 KiB / sp_insert_data / tr_delete / tr_insert / t_device_data 16.0 KiB / t_device_data_count 16.0 KiB / mysql / performance_schema / sakila

iotsystem.t_device_data: 10 总记录数 (大约)

id	event_date	event_time	averPressure	event_timestamp
1	2023-01-03	21:18:40	0	2023-01-03 21:18:42
2	2023-01-03	21:18:46	0	2023-01-03 21:18:48
3	2023-01-03	21:18:52	0	2023-01-03 21:18:52
4	2023-01-03	21:18:56	0	2023-01-03 21:18:56
5	2023-01-03	21:19:21	0	2023-01-03 21:19:22
6	2023-01-03	21:19:25	0	2023-01-03 21:19:25
7	2023-01-03	21:19:28	0	2023-01-03 21:19:29
8	2023-01-03	21:19:32	0	2023-01-03 21:19:33
9	2023-01-03	21:19:36	0	2023-01-03 21:19:37
10	2023-01-03	21:19:40	0	2023-01-03 21:19:40

图 4-37　调用存储过程 sp_insert_data 前的设备数据表

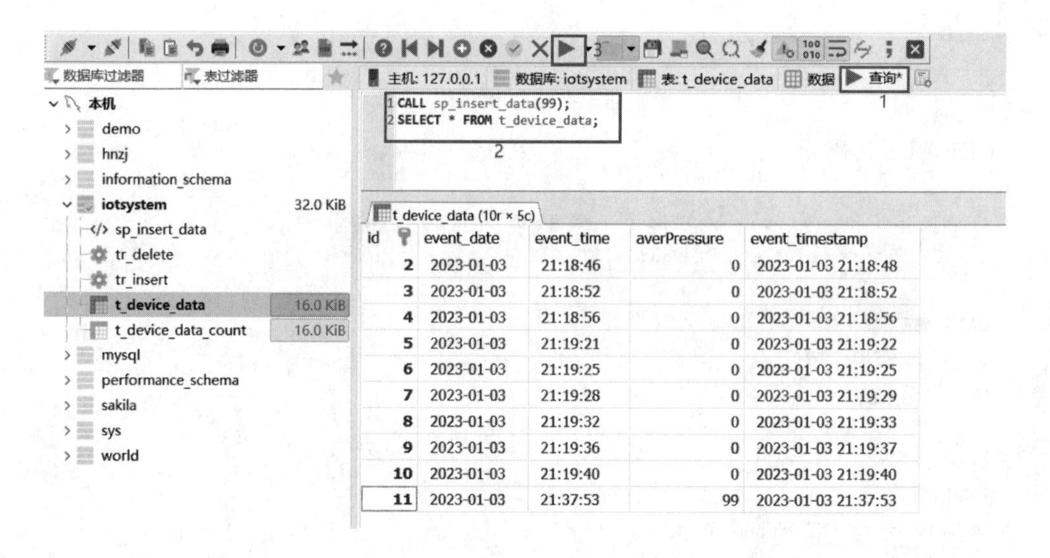

图 4-38　调用存储过程后的设备数据表

■ 任务小结

任务 4 通过创建存储过程，实现了调用存储过程时往设备数据表中添加记录，增加的记录中包含当前日期和时间的值，为接下来的数据分析做了准备。创建的存储过程 sp_insert_data 中还包含触发器的设计，实现了在往设备数据表中添加记录时总记录条数保持不变。

■ 实践练习

修改存储过程，限定最大记录条数为 20，然后调用存储过程，观察结果。

任务5 实物压力值自动存入设备数据表

■ 任务引入

任务4创建了可以往设备数据表中添加一条记录的存储过程。当无线传感网络通过网关上报的压力值消息到达之后，我们希望在Node-RED流程中自动调用存储过程，从而在设备数据表中添加一条包含MQTT消息里面的压力值的记录。

■ 任务目标

任务5要实现的内容有：在Node-RED中设计流程，创建一个MQTT客户端，接收ESP32网关上报的MQTT消息；解析出压力值后，访问数据库；调用存储过程，并将压力值作为存储过程sp_insert_data的输入参数，从而在设备数据表t_device_data中自动插入一条包含压力值的记录。

■ 相关知识

在MySQL中，约束是一种用于限制表中数据的规则。常见的约束包括PRIMARY KEY约束、UNIQUE约束、NOT NULL约束、CHECK约束、FOREIGN KEY约束。

一、PRIMARY KEY约束

PRIMARY KEY约束指定一个或多个列作为主键，以唯一标识表中的每一行记录。

二、UNIQUE约束

UNIQUE约束指定一个或多个列具有唯一性，不允许出现重复的值。

三、NOT NULL约束

NOT NULL约束指定一个或多个列不能为空，即该列必须包含有效数据。

四、CHECK约束

CHECK约束检查一个或多个列是否符合特定的条件，只有满足条件的记录才能插入或更新到表中。

五、FOREIGN KEY约束

FOREIGN KEY(外键)约束用于建立表与表之间的关联关系，为两个表的数据建立连接。对于两个具有关联关系的表而言，相关联字段中主键所在的表就是主表(父表)，外键所在的表就是从表(子表)。

在使用约束时，需要根据数据类型、数据长度、数据范围等因素进行综合考虑和优化设计，以确保数据的正确性和完整性。

■ 任务实施

一、实施设备

终端设备 1 个，协调器 1 个，薄膜压力传感器及转接板各 1 个，ESP32 网关 1 个，杜邦线若干，安装了 IAR、Arduino、MySQL、HeidiSQL 的计算机，部署了 MQTT 服务器的云服务器。DHT11 温湿度传感器和对应的终端设备有没有均可。

二、实施过程

1. 调整数据库

调整数据库

打开数据库，比如用 HeidiSQL 软件。在存入真实数据之前，将设备数据表中原有的记录删除，如图 4-39 所示。

图 4-39　删除设备数据表中的原有记录

先将 id 修改为无默认值，再修改为自动增长，如图 4-40 所示。这一步是因为之前 id 有初值了，清零后方便观察结果。

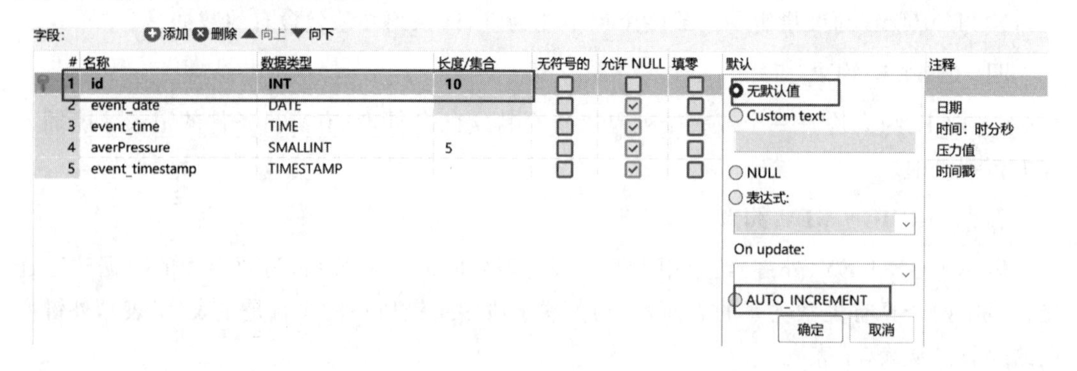

图 4-40　调整 id 字段

根据需要调整存储过程中的数据记录限制条数，比如修改为比较正常的条数 10 000，如图 4-41 所示。

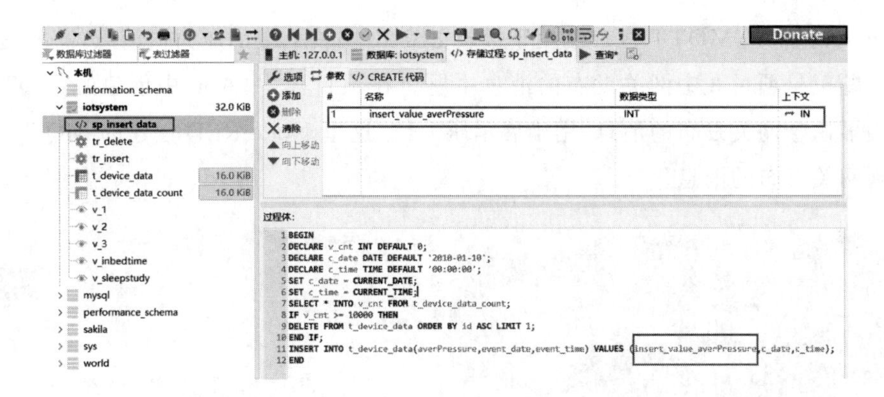

图 4-41 调整存储过程中的数据记录限制条数

2. Node-RED 流程设计

(1) 新建流程

如图 4-42 所示，打开 Node-RED，新建流程，添加 4 个节点：mqtt in、switch、function、mysql，并将它们连接起来。注意，系统中的节点添加到编辑区后会被默认命名，默认名称可以在节点配置时被修改。比如节点“mqtt in”添加到编辑区后会被默认命名为“mqtt”，在节点配置时可以被修改为“mqtt 客户端”。

新建流程

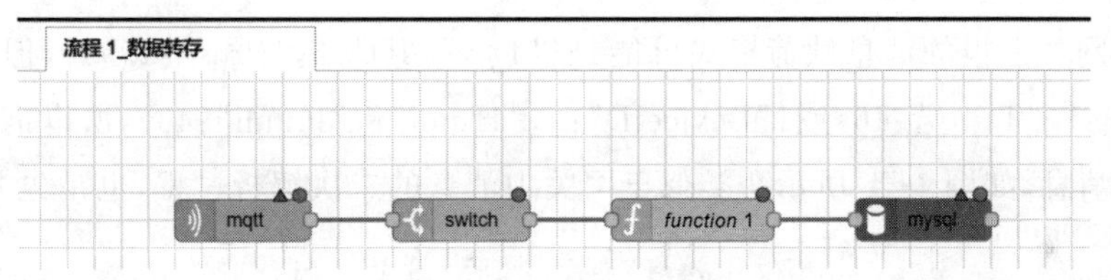

图 4-42 数据转存流程

(2) 编辑 mqtt in 节点

mqtt in 和 switch 节点

如图 4-43 所示，配置 mqtt in 节点的代理服务器，要连接的 MQTT 服务器的 IP 地址为 47.99.107.169，端口号为 1883。注意，通过 mqtt in 节点创建的 MQTT 客户端必须有独一无二的客户端 ID。

图 4-43 配置 mqtt in 节点的代理服务器

如图 4-44 所示，MQTT 客户端用于接收 ESP32 网关上报的压力值消息，需要提前订阅的消息主题正是项目 3 中网关发布的消息主题。在项目 3 中，App 中创建的 MQTT 客户端也订阅了这个网关发布的消息，用于展示压力值，这里 Node-RED 创建的 MQTT 客户端也将收到网关发布的消息。

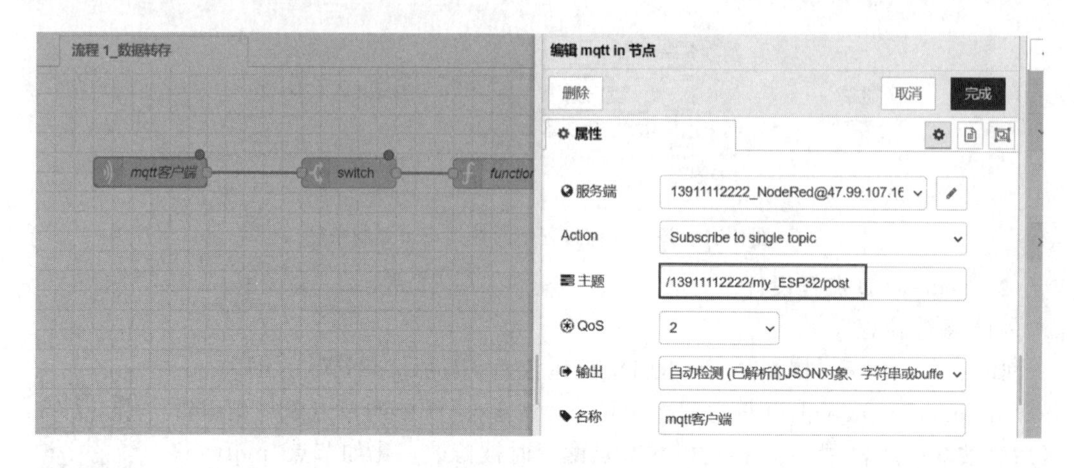

图 4-44　mqtt in 节点属性

（3）编辑 switch 节点

ESP32 网关上报的消息载荷格式可能是{"DeviceID":3,"Pres":1999}，但也有可能是{"DeviceID":1,"Temp":16}或{"DeviceID":2,"Humi":,"Humi":43}，所以需要判断其是不是压力值消息，如图 4-45 所示。类似于网关中消息的二次解析过程，也是先判断非空，然后再次解析。

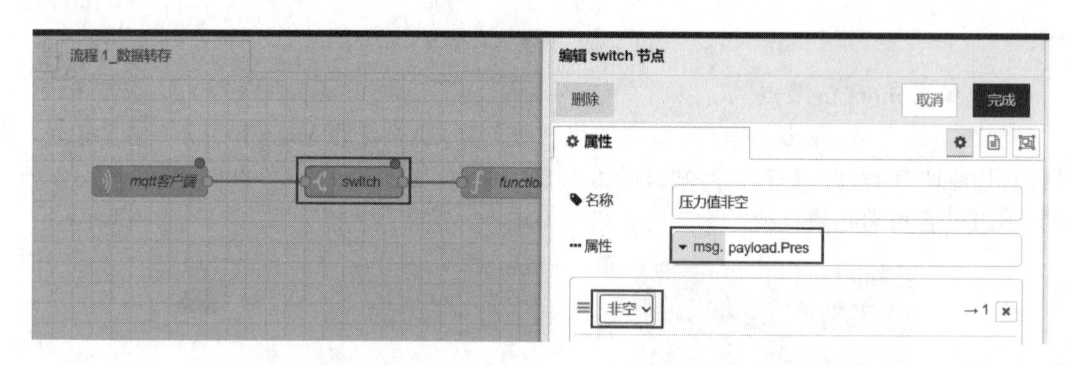

图 4-45　编辑 switch 节点

（4）编辑 function 节点

function 节点编写了一条 SQL 语句作为消息 msg：call sp_insert_data(msg. payload. Pres)，消息 msg 送往下一个数据库节点执行，即调用在 iotsystem 数据库中编写的存储过程 sp_insert_data，如图 4-46 所示。

存储过程的功能在任务 4 中详细介绍过：向设备数据表 t_device_data 中插入一条记录，其中日期、时间字段的值赋值为系统日期和时间，时间戳字段的值为自动获取的当前时间戳,id在数据表创建时设置为自动增长。因此,只需要传入一个输入参数(即压力值)即可。

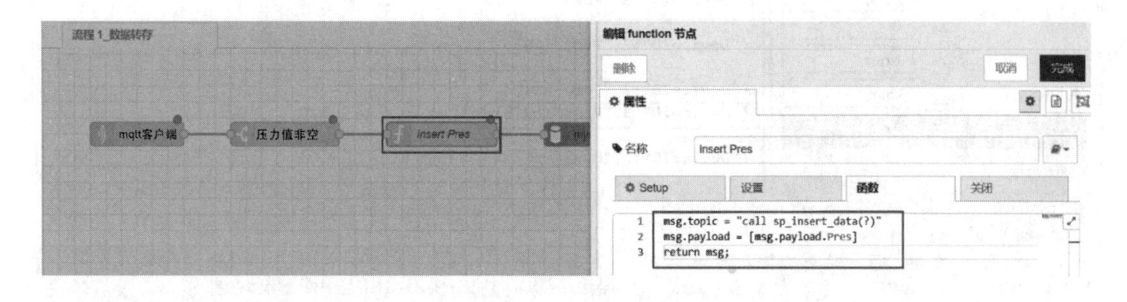

图 4-46 编辑 function 节点

另外,还需要说明压力值是如何解析出来的。再详细说明一下,ESP32 网关上报的消息载荷格式为{"DeviceID":3,"Pres":1999},满足 JSON 对象格式。对 JSON 对象格式的数据进行解析,有如下 2 种方式:

```
JSON 对象名.字段名;
JSON 对象名["字段名"];
```

(5) 编辑 mysql 节点

如图 4-47 所示,mysql 节点的配置包括 MySQL 数据库服务器的 IP 地址、端口号、登录的用户名和密码以及数据库名称。

SQL 语句和数据库节点

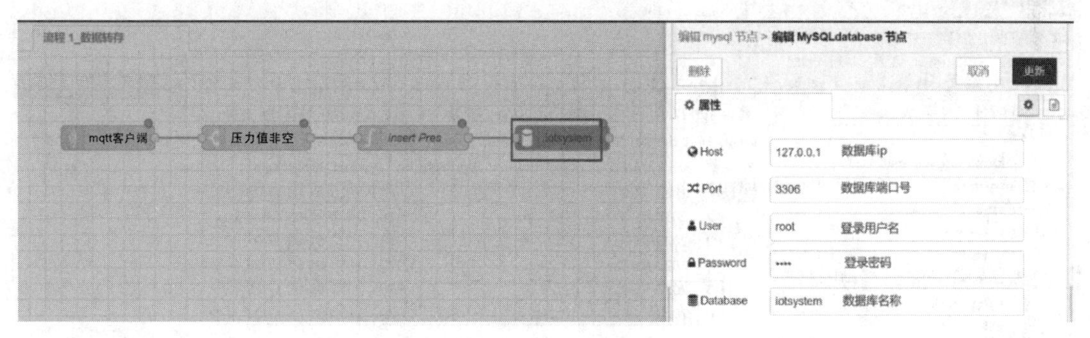

图 4-47 编辑 mysql 节点

3. 测试实物数据转存

部署流程,并运行项目 3 中的程序,硬件至少包含薄膜压力传感器、转接板、终端设备 3、协调器和网关。

ESP32 网关串口监视器收到消息内容和 t_device_data 数据表的记录,如图 4-48 所示。

测试串口和数据表

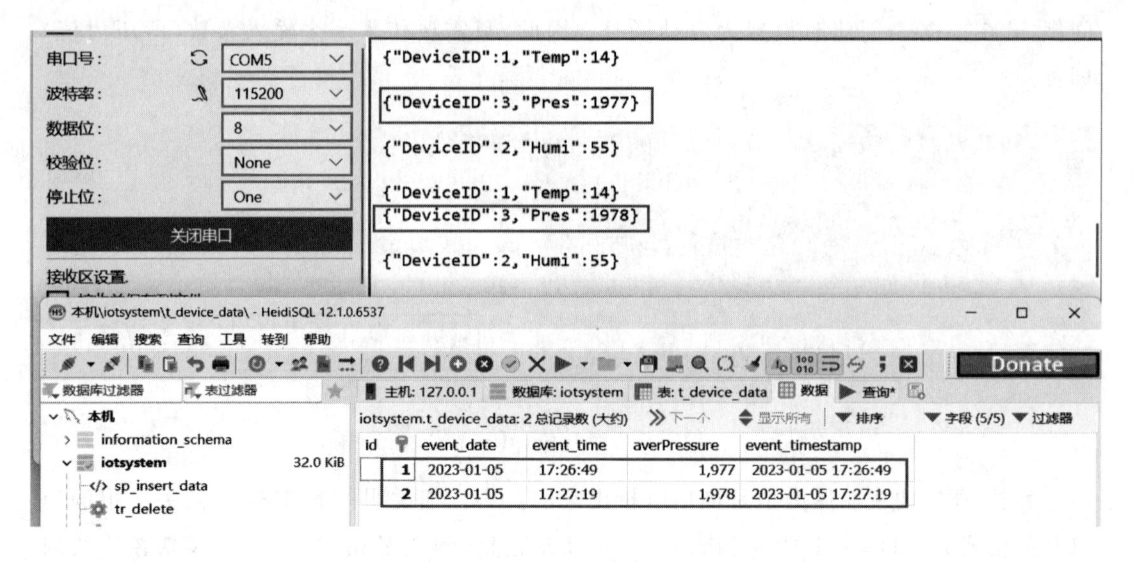

图 4-48　数据转存的 2 条记录

如图 4-49 所示，再观察一段时间就可以发现，上报的时间间隔为 30 秒左右，和终端设备将消息无线发送给协调器的周期一致。想改变周期的话，可自行在 ZigBee 程序中调整。

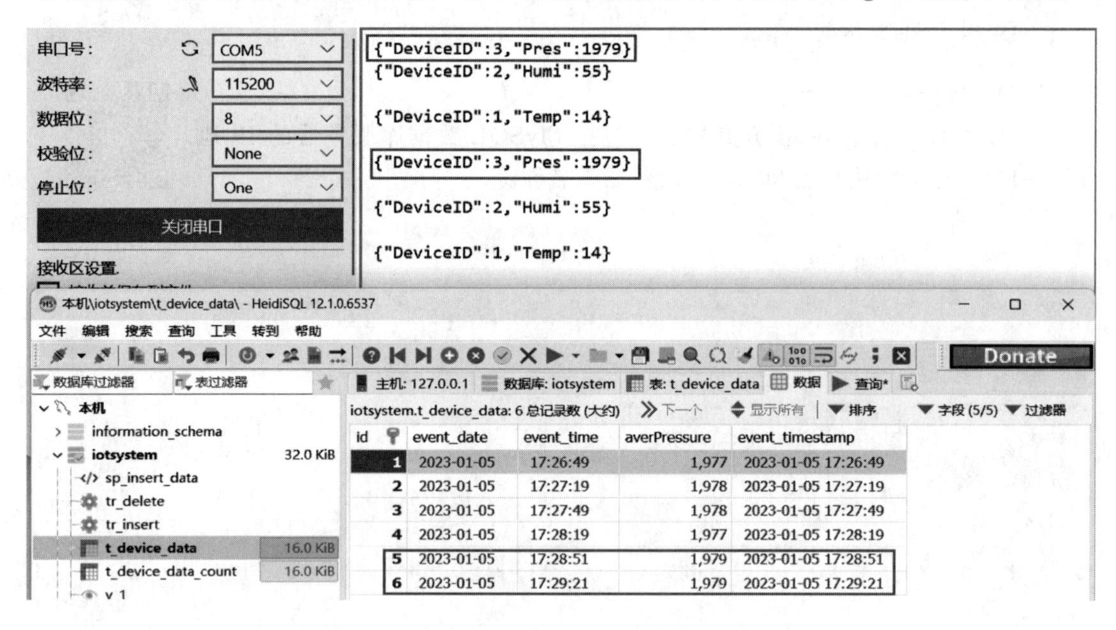

图 4-49　数据转存的 6 条记录

■ 任务小结

实物观察

任务 5 通过在 Node-RED 中设计流程，实现了压力值的自动转存。整体回顾一下数据传递流程：终端设备 3 按设定的周期检测压力值，并无线发送给协调器；协调器将压力值串口转发给网关；网关中的 MQTT 客户端以消息的形式将压力值上报到 MQTT 服务器；Node-RED 中的 MQTT 客户端收到消息内容并对其进行解析后，用户便可登录 iotsystem 数据库，调用存储过程，往数据表中插入 1 条记录。

■ 实践练习

保持良好的作息规律，保存3天的压力值数据，用于接下来的入睡时间分析。

任务6 入睡时间分析

■ 任务引入

任务5通过Node-RED流程设计，实现了压力值的自动转存。假设已经有了若干天的压力值数据，如果想从中获得一些有价值的特征，具体该怎么实现呢？

■ 任务目标

任务6给出了3天的压力值数据（共24条），创建了一个简单的用于数据分析的视图v_inbedtime，并对每天的入睡时间进行了分析。学会数据分析的过程和方法之后，可以直接将其应用于已有的睡眠数据。

■ 相关知识

一、视图和基表

视图是一种虚拟存在的表，本身并不包含数据。数据库只存放了视图的定义，只有在使用视图时才通过select语句展示基表的部分数据。视图通过基表动态生成数据，基表就是用来创建视图的表。

数据库使用视图的优点包括：简化用户操作，提高查询效率；保护机密数据；使用户只能查看结果集；数据独立，一旦构成视图，可以在一定程度上屏蔽表结构变化给用户带来的影响。

一般在下面两种情况下使用视图：多个地方使用相同的查询结果；该查询结果使用的SQL语句较为复杂。

二、创建视图的语法

创建视图的语法如下：

```
create or replace view < view_name >[(column_list)]
as < select_statement >
with check option;
```

说明：create view是创建视图的关键字；view_name是视图名；column_list是视图中的字段；select_statement是一条完整的查询语句。

如果要查询视图的话，可以使用select语句，和普通表的查询语法是一样的。

■ 任务实施

一、实施设备

部署了 MySQL 数据库服务器和安装了 HeidiSQL 可视化管理软件的计算机。

二、实施过程

1. 数据准备与分析思路

(1) 准备 24 条数据

准备数据

准备 24 条数据(时间为 3 天,每天 8 条),模拟睡眠情况。模拟的设备数据表如表 4-1 所示。

表 4-1 模拟的设备数据表

id	event_date	event_time	averPressure	event_timestamp
1	2022-10-01	00:51:40	21	2022-10-01 00:51:40
2	2022-10-01	06:51:41	20	2022-10-01 06:51:41
3	2022-10-01	06:51:45	1 999	2022-10-01 06:51:45
4	2022-10-01	09:51:40	2 000	2022-10-01 09:51:40
5	2022-10-01	13:51:40	1 999	2022-10-01 13:51:40
6	2022-10-01	19:51:42	2 000	2022-10-01 19:51:42
7	2022-10-01	19:51:46	20	2022-10-01 19:51:46
8	2022-10-01	22:51:46	20	2022-10-01 22:51:46
9	2022-10-02	00:30:30	20	2022-10-02 00:30:30
10	2022-10-02	07:30:30	20	2022-10-02 07:30:30
11	2022-10-02	07:30:35	2 000	2022-10-02 07:30:35
12	2022-10-02	10:30:35	2 000	2022-10-02 10:30:35
13	2022-10-02	12:30:38	1 999	2022-10-02 12:30:38
14	2022-10-02	20:30:35	1 999	2022-10-02 20:30:35
15	2022-10-02	20:30:38	20	2022-10-02 20:30:38
16	2022-10-02	21:30:38	20	2022-10-02 21:30:38
17	2022-10-03	00:10:25	21	2022-10-03 00:10:25
18	2022-10-03	08:10:25	21	2022-10-03 08:10:25
19	2022-10-03	08:10:27	2 000	2022-10-03 08:10:27
20	2022-10-03	10:10:27	2 000	2022-10-03 10:10:27
21	2022-10-03	12:10:27	2 000	2022-10-03 12:10:27
22	2022-10-03	21:10:26	1 999	2022-10-03 21:10:26
23	2022-10-03	21:10:29	20	2022-10-03 21:10:29
24	2022-10-03	22:10:29	20	2022-10-03 22:10:29

(2) 入睡时间分析思路

以上 24 条模拟数据分属 3 天:10 月 1 号、10 月 2 号、10 月 3 号。压力字段的值(代表

ADC 检测的数字量)小代表入睡,大代表未入睡。

可以看出:1 号是 6 点多起床,19 点多入睡;2 号是 7 点多起床,20 点多入睡;3 号是8 点多起床,21 点多入睡。如果倒推的话,可以根据时间和压力值大小的规律,判断哪条记录对应起床,哪条记录对应入睡,这样就实现了物联网数据分析。

接下来借助于这 24 条模拟数据对入睡时间进行分析。对于硬件采集后真实存入的数据,直接使用数据分析的过程即可。

(3) 入睡时间分析算法

算法分析

入睡时间分析算法的目标:找出每天 12:00:00 点后最开始出现压力值小于 1 000 的时间,这个时间表示入睡时间。在这个过程中,需要用到数据的筛选、分组聚合、排序等知识。

入睡时间分析算法的步骤为:筛选小于 1 000 的压力值;筛选大于 12:00:00 点的时间;分组聚合,即按日期分组,取每组的时间最小的记录;按日期排序。

当然,求每天 12:00:00 点后最后出现压力值大于 1 000 的时间,效果是一样的,所以算法不止一种。下面将以上算法编写为视图语句。因为算法分为 4 步,所以视图的编写过程也分为同样的 4 步。

2. 分析入睡时间的视图

视图 v_1:筛选小于 1 000 的压力值

视图共分为 4 步,下面分别进行介绍。

(1) 视图 v_1:筛选小于 1 000 的压力值

在 iotsystem 数据库中创建 1 个新的视图,创建过程如图 4-50 所示。

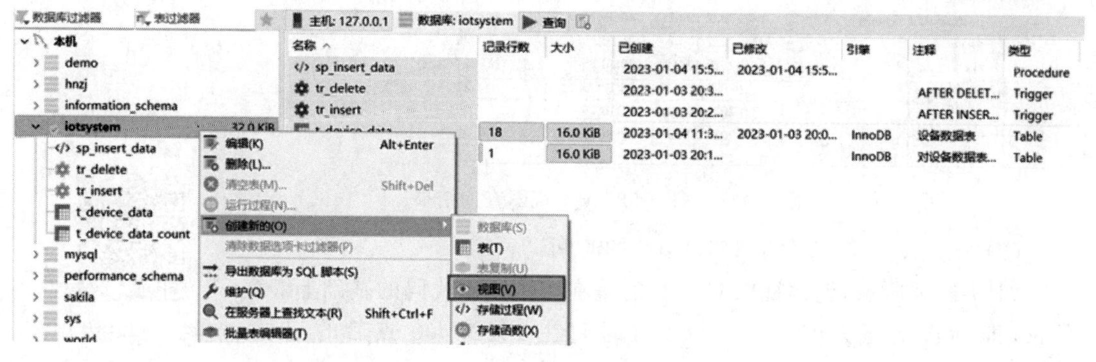

图 4-50　创建视图 1

如图 4-51 所示,将新建的视图命名为 v_1,其功能是在基表 t_device_data 中筛选出压力值小于 1 000 的记录。CREATE 代码如下:

```
    CREATE ALGORITHM = UNDEFINED SQL SECURITY DEFINER VIEW 'v_1' AS SELECT event_date,event_time,
averPressure FROM t_device_data
    WHERE averPressure < 1000
    ;
```

通过 SELECT * FROM v_1 语句查询 v_1 视图,结果如图 4-52 所示,可见从表 t_device_data 的 24 条记录中筛选出了 12 条记录,每条记录的 averPressure 字段的值都是小于 1 000 的。

如果想修改视图中的字段名,可参考如下代码:

```
SELECT event_date AS DATE,event_time AS TIME,averPressure AS Pressure
FROM t_device_data
```

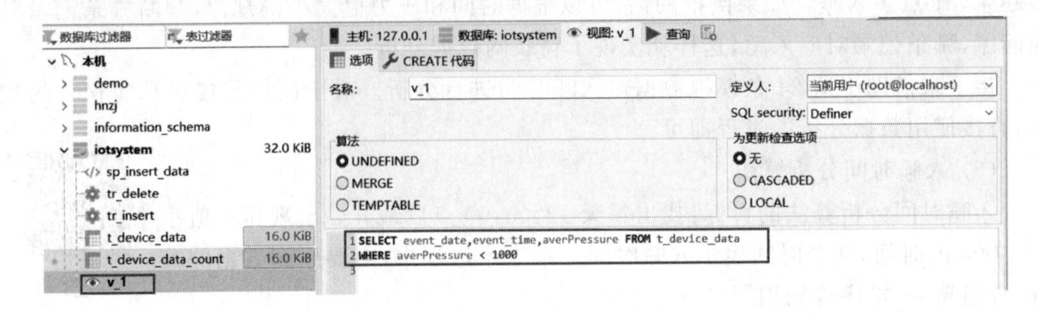

图 4-51　v_1 视图

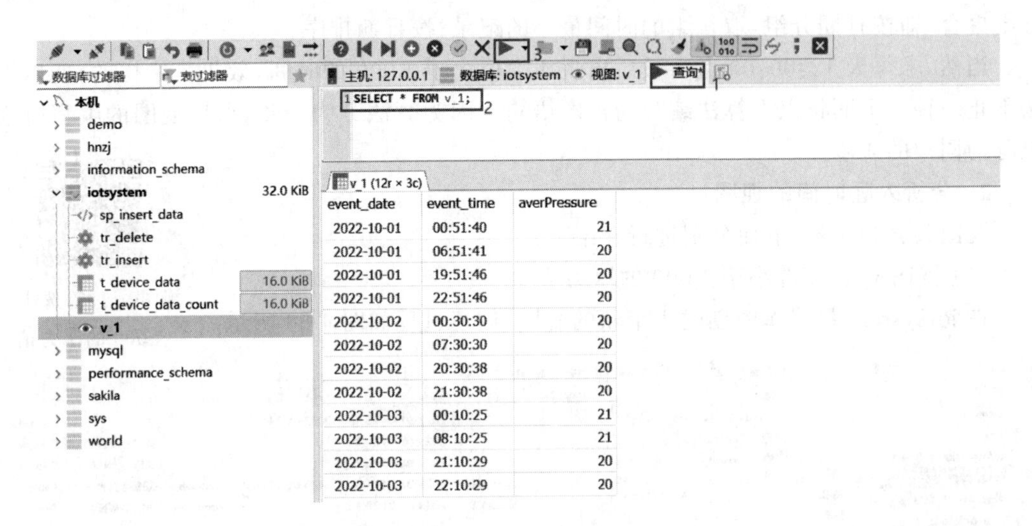

图 4-52　v_1 视图查询结果

(2) 视图 v_2:筛选大于 12:00:00 的时间

如图 4-53 所示,创建视图 v_2,目的是在视图 v_1 代码的基础上继续筛选,即筛选出压力值小于 1 000 且时间在 12:00:00 点后的记录。CREATE 代码如下:

视图 v_2:筛选大于12:00:00 的时间

```
CREATE ALGORITHM = UNDEFINED SQL SECURITY DEFINER VIEW 'v_2' AS SELECT event_date,event_time,
averPressure
    FROM
    (
    SELECT event_date,event_time,averPressure
    FROM t_device_data
    WHERE averPressure < 1000) AS v_1
    WHERE event_time > "12:00:00"
    ;
```

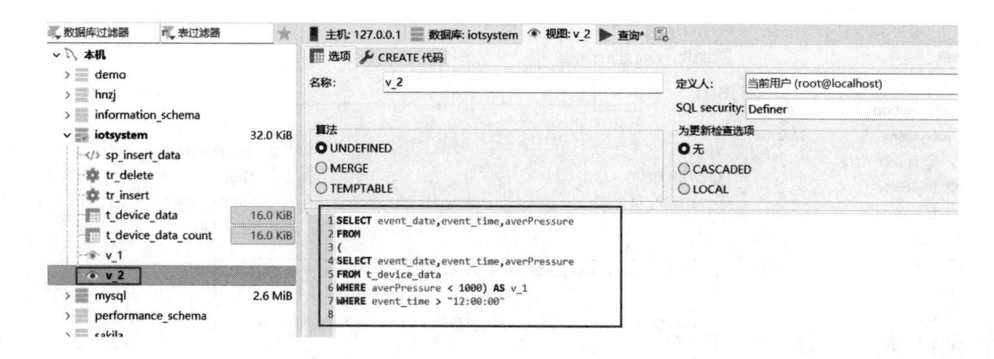

图 4-53　v_2 视图

通过 SELECT * FROM v_2 语句查询 v_2 视图，结果如图 4-54 所示，可见原来的 24 条记录只剩下了 6 条。

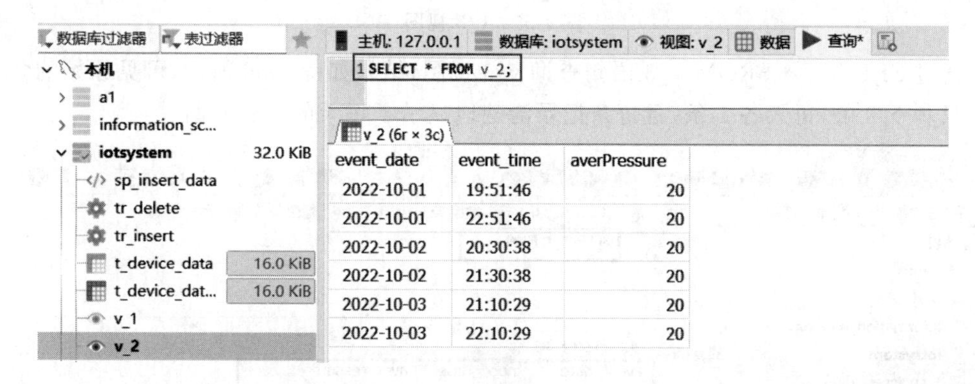

event_date	event_time	averPressure
2022-10-01	19:51:46	20
2022-10-01	22:51:46	20
2022-10-02	20:30:38	20
2022-10-02	21:30:38	20
2022-10-03	21:10:29	20
2022-10-03	22:10:29	20

图 4-54　v_2 视图查询结果

视图 v_3：分组聚合

(3) 视图 v_3：分组聚合

如图 4-55 所示，视图 v_3 在视图 v_2 代码的基础上分组聚合，按日期分组，取每组的时间最小的记录。在视图 v_3 中，时间字段被修改为 inbed_time。CREATE 代码如下：

```
CREATE ALGORITHM = UNDEFINED SQL SECURITY DEFINER VIEW 'v_3' AS SELECT event_date, MIN(event_time) AS inbed_time,averPressure
FROM
(
SELECT event_date,event_time, MIN(averPressure) AS averPressure
FROM
(
SELECT event_date,event_time,averPressure
FROM t_device_data
WHERE averPressure < 1000) AS v_1
WHERE event_time > "12:00:00") AS v_2
GROUP BY event_date
;
```

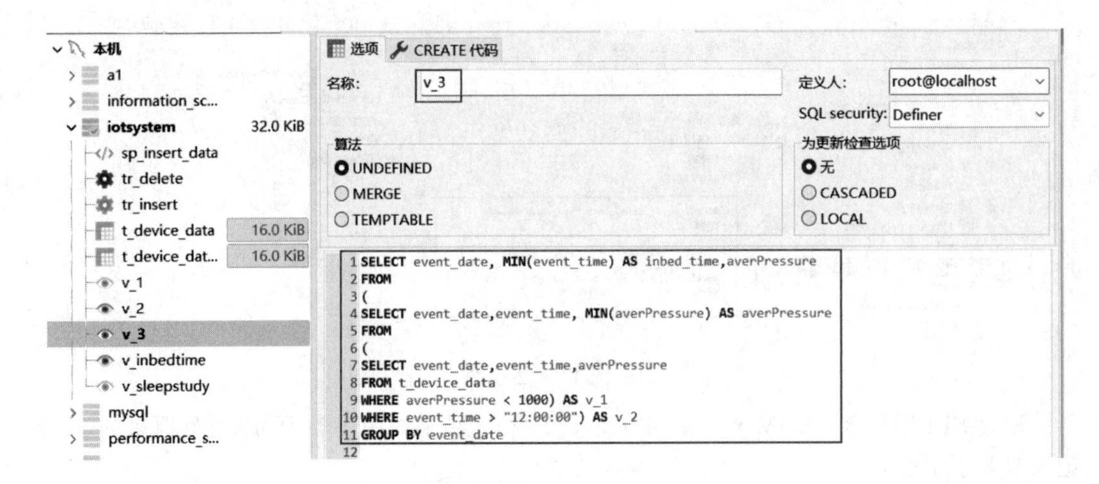

图 4-55　v_3 视图

通过 SELECT * FROM v_3 语句查询 v_3 视图，结果如图 4-56 所示，可见原始的 24 条记录只剩下 3 条，每天各 1 条，且每条记录清楚地显示了每天的入睡时间。

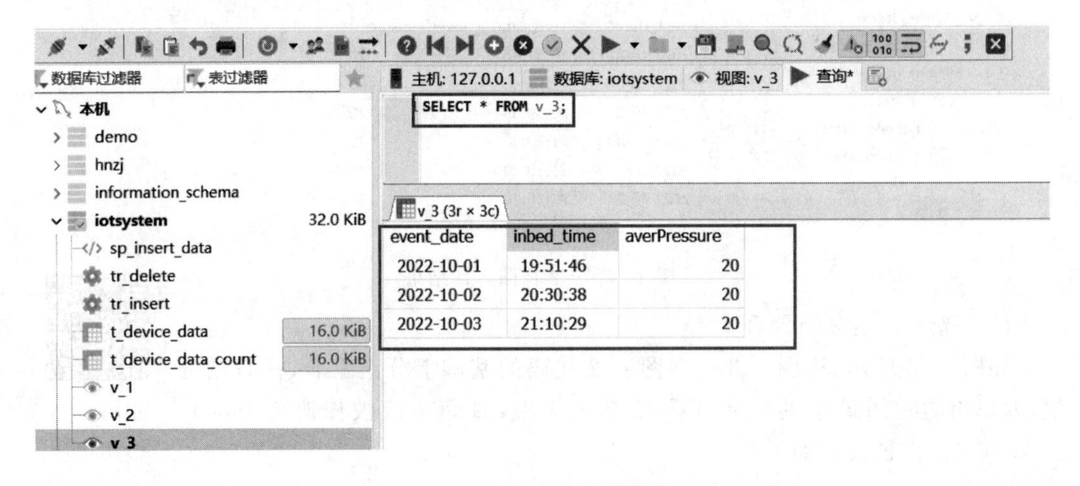

图 4-56　v_3 视图查询结果

注意，在 GROUP BY 中出现的字段可以不出现在 SELECT 语句中，但是在 SELECT 中出现的字段（聚合函数除外）必须出现在 GROUP BY 中。例如：v_3 视图中的 averPressure 字段没有出现在 GROUP BY 中，如果在 SELECT 中也没有聚合的话，那么 2022-10-01 这一天的记录中会有多个 averPressure 值，而无论取哪个值都会有歧义，所以在 MySQL 5.7.5 及以上版本中会报 SQL 错误：Expression #3 of SELECT list is not in GROUP BY clause and contains……。

（4）视图 v_inbedtime：倒序

观察 v_3 视图的查询结果，可见日期早的记录在前。一般来说，把最近的日期放在前面，更方便查询和使用。

默认的排序方式是正序（ASC），将默认的排序改为倒序（DESC）即可。视图名为 v_inbedtime，如图 4-57 所示。

视图 v_inbedtime：倒序

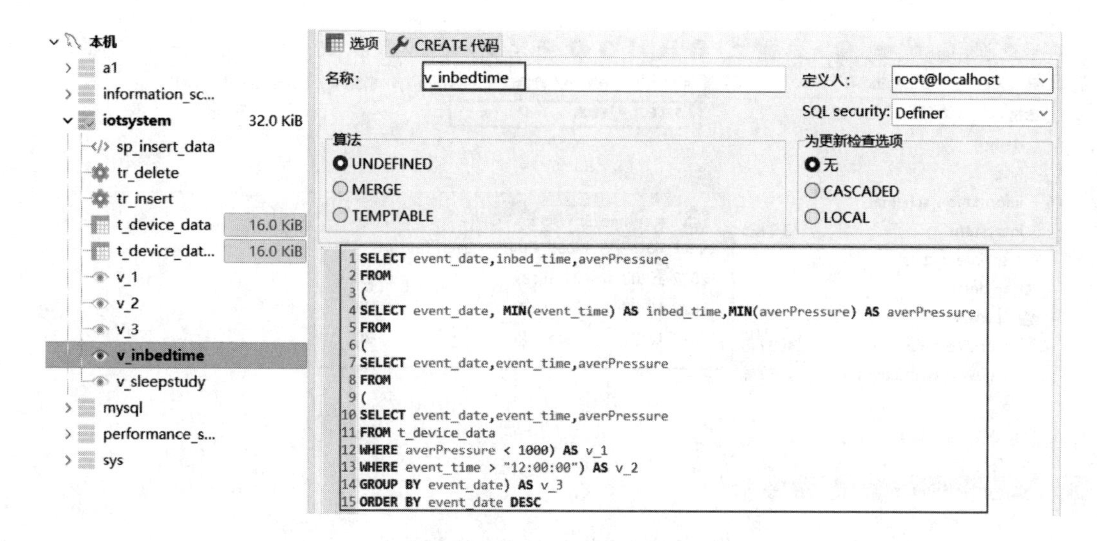

图 4-57 v_inbedtime 视图

CREATE 代码如下：

```
CREATE ALGORITHM = UNDEFINED SQL SECURITY DEFINER VIEW 'v_inbedtime' AS SELECT event_date,
inbed_time,averPressure
FROM
(
SELECT event_date, MIN(event_time) AS inbed_time,MIN(averPressure) AS averPressure
FROM
(
SELECT event_date,event_time,averPressure
FROM
(
SELECT event_date,event_time,averPressure
FROM t_device_data
WHERE averPressure < 1000) AS v_1
WHERE event_time > "12:00:00") AS v_2
GROUP BY event_date) AS v_3
ORDER BY event_date DESC
;
```

通过 SELECT * FROM v_inbedtime 语句查询 v_inbedtime 视图，结果如图 4-58 所示。图中共有 3 条记录，分别显示了每天的入睡时间，且最近的日期在前。

■ 任务小结

任务 6 创建了视图 v_inbedtime，查询此视图会发现每天各有 1 条记录，分别显示了每天的入睡时间，且最近的日期在前。后续如果要访问数据库，查询视图 v_inbedtime 获取结果集，只需要一条查询语句就可以，非常方便。

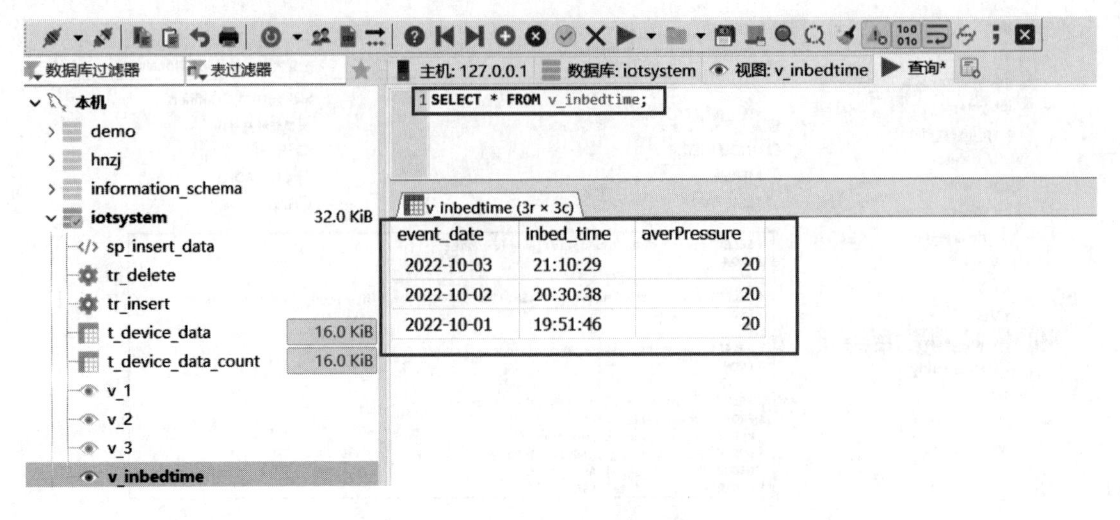

图 4-58 v_inbedtime 视图查询结果

■ 实践练习

尝试采用另外一种算法，求每天 12:00:00 后最后出现压力值大于 1 000 的时间，设计视图，并实现同样的入睡时间分析。

任务 7 睡眠分析

■ 任务引入

任务 6 通过 4 步操作创建了视图 v_inbedtime，实现了入睡时间分析，同样的过程也可以实现起床时间分析。那么，能不能在相同基表的基础上，利用一个视图分析多个数据特征呢？

■ 任务目标

任务 7 将在同一个视图中，同时实现起床时间、入睡时间、睡眠时长分析。视图仍然需要分步实现，但设计过程中不再为每一步创建单独的视图。基表仍然是 t_device_data。

■ 相关知识

一、时区

时区指的是地球上各个区域在时间上的差异，通常以格林尼治标准时间（Greenwich Mean Time，GMT）为基准。由于地球自转速度不均匀，且地球公转时与太阳的距离会发生变化，所以地球上的不同地区所对应的系统时间有所不同。

二、时区的转换

目前全球共划分为 24 个主要时区，其与 GMT 的差值范围从－12 到＋12 小时不等。例如，北京属于东八区，与 GMT 的差值为＋8 小时。

在计算机系统和网络应用中，时区通常被用来记录和处理日期和时间信息。例如，在编程语言和数据库系统中，可以使用标准的时区名称或偏移量来进行时区设置和转换，以保证数据的正确性和一致性。

【工匠精神】

党的二十大提出：青年强，则国家强，当代中国青年生逢其时，施展才干的舞台无比广阔，实现梦想的前景无比光明。当代青年要积极学习物联网知识，提高物联网系统集成能力，学会利用物联网数据分析结论改善作息规律，成为既怀有梦想又脚踏实地，既敢想敢为又善作善成的新时代好青年。

■ 任务实施

一、实施设备

部署了 MySQL 数据库服务器和安装了 HeidiSQL 可视化管理软件的计算机。

二、实施过程

1. 睡眠分析算法

任务分析

睡眠分析算法如下：

第一步，筛选压力值大于 1 000 的记录；

第二步，筛选时间，去除 11:30:00 至 12:30:00 的午休时间；

第三步，按日期将记录分组，取每天的时间最小值(起床时间)和时间最大值(入睡时间)；

第四步，通过公式计算睡眠时长(睡眠时长＝起床时间＋24－入睡时间)；

第五步，按日期倒序。

2. 睡眠分析视图设计过程

筛选大于 1 000 的压力值

(1) 第一步：筛选大于 1 000 的压力值

创建视图 v_sleepstudy，如图 4-59 所示。在第一步中，从基表 t_device_data 中筛选出压力值大于 1 000 的记录。视图语句如下：

```
SELECT event_date,event_time,averPressure
FROM t_device_data
WHERE averPressure > 1000
```

通过 SELECT * FROM v_sleepstudy 语句查询 v_sleepstudy 视图，结果如图 4-60 所示，共 12 条记录。可见，在筛选出的记录中，averPressure 字段的值都是大于 1 000 的。任务 6 筛选的是压力值小于 1 000 的记录，而本任务则筛选压力值大于 1 000 的记录，两个任务通过不同的算法，最终可以实现相同的目标。

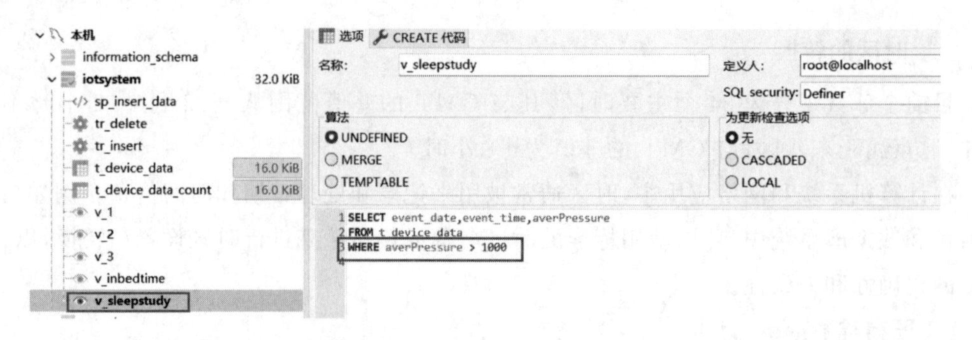

图 4-59　筛选大于 1 000 的压力值

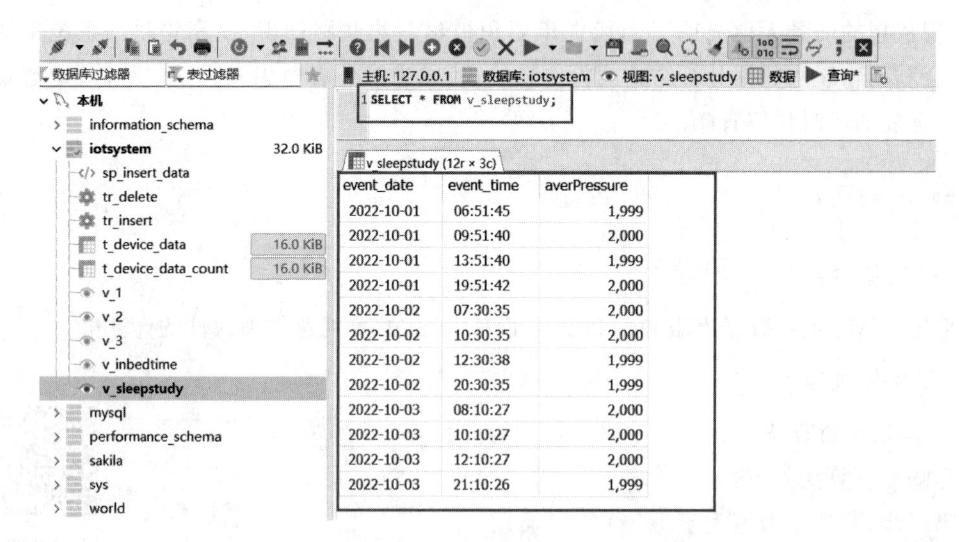

event_date	event_time	averPressure
2022-10-01	06:51:45	1,999
2022-10-01	09:51:40	2,000
2022-10-01	13:51:40	1,999
2022-10-01	19:51:42	2,000
2022-10-02	07:30:35	2,000
2022-10-02	10:30:35	2,000
2022-10-02	12:30:38	1,999
2022-10-02	20:30:35	1,999
2022-10-03	08:10:27	2,000
2022-10-03	10:10:27	2,000
2022-10-03	12:10:27	2,000
2022-10-03	21:10:26	1,999

图 4-60　筛选压力值的结果

(2) 第二步:筛掉午休时间

筛掉午休时间

考虑到中午午休,可将中午时间段的记录筛掉,在第一步代码的基础上完善视图,如图 4-61 所示。视图语句如下:

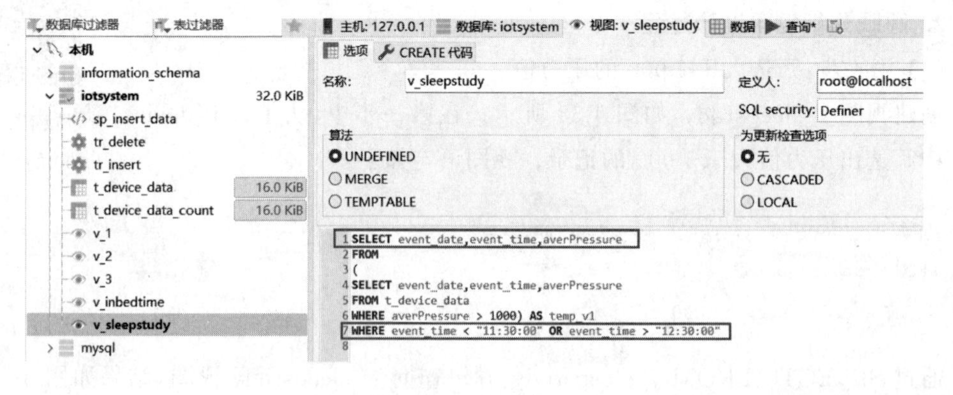

图 4-61　筛选时间

```
SELECT event_date,event_time,averPressure
FROM
```

```
(
SELECT event_date,event_time,averPressure
FROM t_device_data
WHERE averPressure > 1000) AS temp_v1
WHERE event_time < "11:30:00" OR event_time > "12:30:00"
```

筛掉午休时间后的结果如图 4-62 所示,可见,有一条中午时间段的记录被排除了。

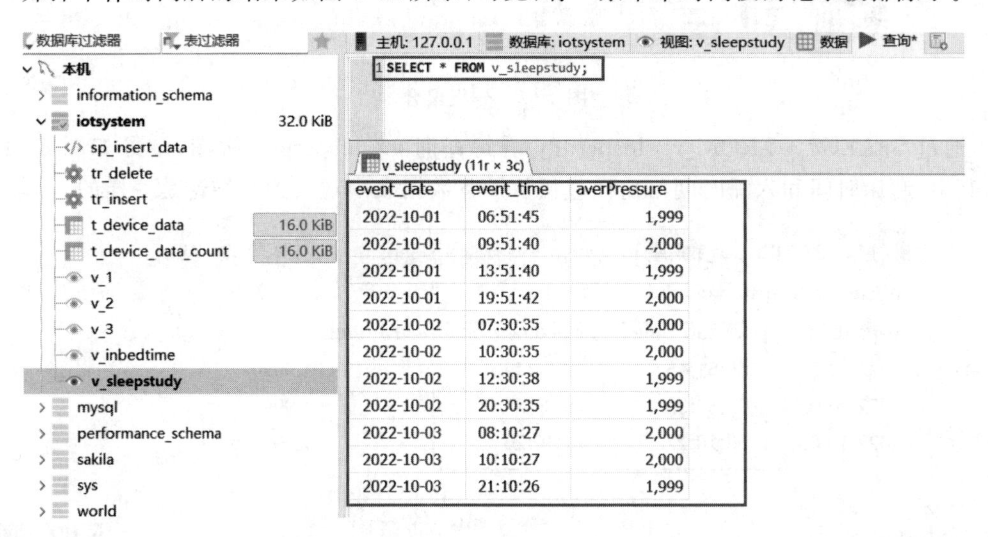

event_date	event_time	averPressure
2022-10-01	06:51:45	1,999
2022-10-01	09:51:40	2,000
2022-10-01	13:51:40	1,999
2022-10-01	19:51:42	2,000
2022-10-02	07:30:35	2,000
2022-10-02	10:30:35	2,000
2022-10-02	12:30:38	1,999
2022-10-02	20:30:35	1,999
2022-10-03	08:10:27	2,000
2022-10-03	10:10:27	2,000
2022-10-03	21:10:26	1,999

图 4-62 筛掉午休时间后的结果

(3) 第三步:分组聚合

分组聚合

如图 4-63 所示,按日期将记录分组,取每天的时间最小值(命名为起床时间)和时间最大值(命名为入睡时间),从而得到每天的起床时间和入睡时间。视图语句如下:

```
SELECT event_date, MIN(event_time) AS wokeup_time, MAX(event_time) AS sleepdown_time, MIN
(averPressure) AS averPressure
FROM
(
SELECT event_date,event_time,averPressure
FROM
(
SELECT event_date,event_time,averPressure
FROM t_device_data
WHERE averPressure > 1000) AS temp_v1
WHERE event_time < "11:30:00" OR event_time > "12:30:00") AS temp_v2
GROUP BY event_date
```

将求出来的 2 个极值字段重新命名为 wokeup_time 和 sleepdown_time,分别代表起床时间和入睡时间。

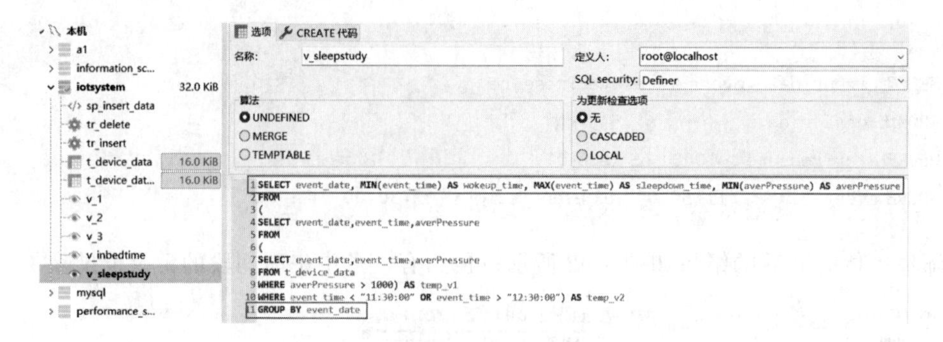

图 4-63　分组聚合

通过 SELECT * FROM v_sleepstudy 语句查询 v_sleepstudy 视图，结果如图 4-64 所示，其中，起床时间和入睡时间与前面直接从设备数据表中观察到的结论是一样的。

主机: 127.0.0.1　数据库: iotsystem　视图: v_sleepstudy　数据　查询*

iotsystem.v_sleepstudy　下一个　显示所

event_date	wokeup_time	sleepdown_time	averPressure
2022-10-01	06:51:45	19:51:42	1,999
2022-10-02	07:30:35	20:30:35	1,999
2022-10-03	08:10:27	21:10:26	1,999

图 4-64　分组聚合后的结果

求睡眠时长

(4) 第四步:求睡眠时长

有了每天的 wokeup_time 和 sleepdown_time，即可求出每天的睡眠时长，这里使用的公式为:睡眠时长=起床时间+24-入睡时间，如图 4-65 所示。

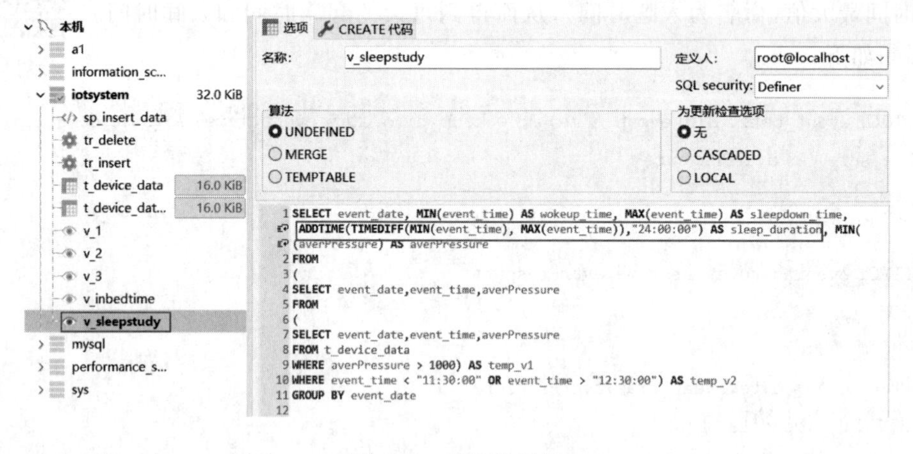

图 4-65　求睡眠时长

视图语句如下:

```
SELECT event_date, MIN(event_time) AS wokeup_time, MAX(event_time) AS sleepdown_time,
ADDTIME(TIMEDIFF(MIN(event_time), MAX(event_time)),"24:00:00") AS sleep_duration, MIN
(averPressure) AS averPressure
```

```
FROM
(
SELECT event_date,event_time,averPressure
FROM
(
SELECT event_date,event_time,averPressure
FROM t_device_data
WHERE averPressure > 1000) AS temp_v1
WHERE event_time < "11:30:00" OR event_time > "12:30:00") AS temp_v2
GROUP BY event_date
```

通过 SELECT * FROM v_sleepstudy 语句查询 v_sleepstudy 视图，结果如图 4-66 所示，视图中的 3 个字段分别是起床时间、入睡时间、睡眠时长。睡眠时长的计算公式可用 SQL 语言描述为

```
ADDTIME(TIMEDIFF(MIN(event_time), MAX(event_time)),"24:00:00") AS sleep_duration
```

主机: 127.0.0.1 | 数据库: iotsystem | 视图: v_sleepstudy | 数据 | 查询*

iotsystem.v_sleepstudy　下一个　显示所有　排序　字段 (5/5)　过滤器

event_date	wokeup_time	sleepdown_time	sleep_duration	averPressure
2022-10-01	06:51:45	19:51:42	11:00:03	1,999
2022-10-02	07:30:35	20:30:35	11:00:00	1,999
2022-10-03	08:10:27	21:10:26	11:00:01	1,999

图 4-66　求睡眠时长后的结果

按日期倒序

(5) 第五步:按日期倒序

和任务 6 一样，为了后续查询视图，更方便地使用返回的数据集，按日期倒序排列记录，如图 4-67 所示。

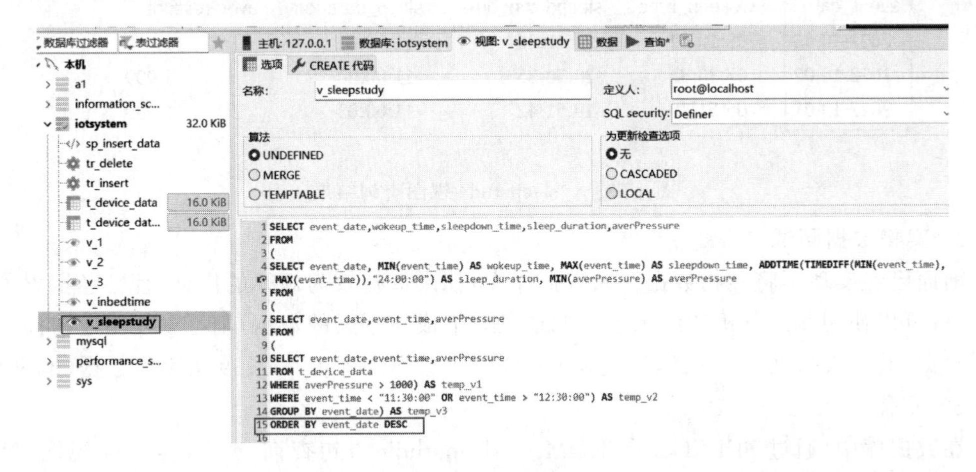

图 4-67　日期倒序

视图语句如下：

```
SELECT event_date,wokeup_time,sleepdown_time,sleep_duration,averPressure
FROM
(
SELECT event_date, MIN(event_time) AS wokeup_time, MAX(event_time) AS sleepdown_time,
ADDTIME(TIMEDIFF(MIN(event_time), MAX(event_time)),"24:00:00") AS sleep_duration, MIN
(averPressure) AS averPressure
FROM
(
SELECT event_date,event_time,averPressure
FROM
(
SELECT event_date,event_time,averPressure
FROM t_device_data
WHERE averPressure > 1000) AS temp_v1
WHERE event_time < "11:30:00" OR event_time > "12:30:00") AS temp_v2
GROUP BY event_date) AS temp_v3
ORDER BY event_date DESC
```

通过 SELECT * FROM v_sleepstudy 语句查询 v_sleepstudy 视图，结果如图 4-68 所示。由图可知，结果非常清晰。

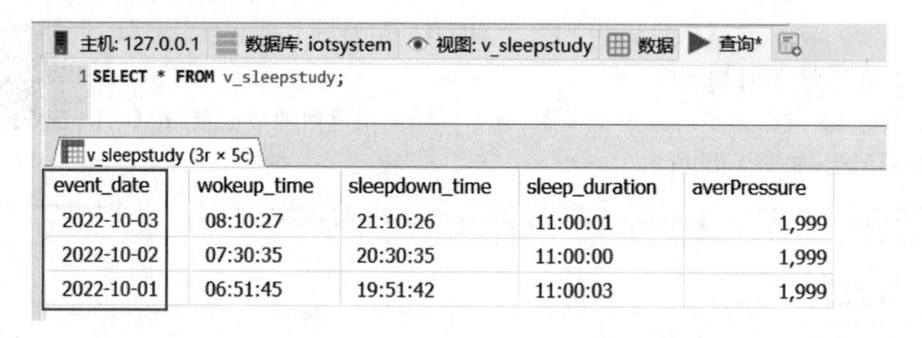

event_date	wokeup_time	sleepdown_time	sleep_duration	averPressure
2022-10-03	08:10:27	21:10:26	11:00:01	1,999
2022-10-02	07:30:35	20:30:35	11:00:00	1,999
2022-10-01	06:51:45	19:51:42	11:00:03	1,999

图 4-68　v_sleepstudy 视图查询结果

3. 实物数据测试

前面已经实现了将实物数据存入数据库中，如果保持较为规律的作息，且已经积累了若干天，就可以使用睡眠分析的结果了。如果没有形成若干天的数据，则可以使用之前提供的睡眠数据(共 4 天)，共 5 159 条，通过 sql 文件导入数据库即可。5 159 条实物数据(部分)如图 4-69 所示。

在数据库中，通过 SELECT * FROM v_sleepstudy 语句查询 v_sleepstudy 视图，结果如图 4-70 所示。

iotsystem.t device data: 5,159 总记录数 (大约)

id	event_date	event_time	averPressure	event_timestamp
1	2022-10-26	07:12:21	234	2022-10-26 07:12:21
2	2022-10-26	07:13:22	231	2022-10-26 07:13:22
3	2022-10-26	07:14:24	232	2022-10-26 07:14:24
4	2022-10-26	07:15:26	231	2022-10-26 07:15:26
5	2022-10-26	07:16:28	1,979	2022-10-26 07:16:28
6	2022-10-26	07:17:30	1,977	2022-10-26 07:17:30
7	2022-10-26	07:18:32	1,979	2022-10-26 07:18:32
8	2022-10-26	07:19:34	1,979	2022-10-26 07:19:34
9	2022-10-26	07:20:36	1,977	2022-10-26 07:20:36
10	2022-10-26	07:21:38	1,978	2022-10-26 07:21:38
11	2022-10-26	07:22:40	1,977	2022-10-26 07:22:40
12	2022-10-26	07:23:42	1,977	2022-10-26 07:23:42
13	2022-10-26	07:24:44	1,977	2022-10-26 07:24:44
14	2022-10-26	07:25:46	1,979	2022-10-26 07:25:46
15	2022-10-26	07:26:47	1,977	2022-10-26 07:26:47

图 4-69　5 159 条实物数据(部分)

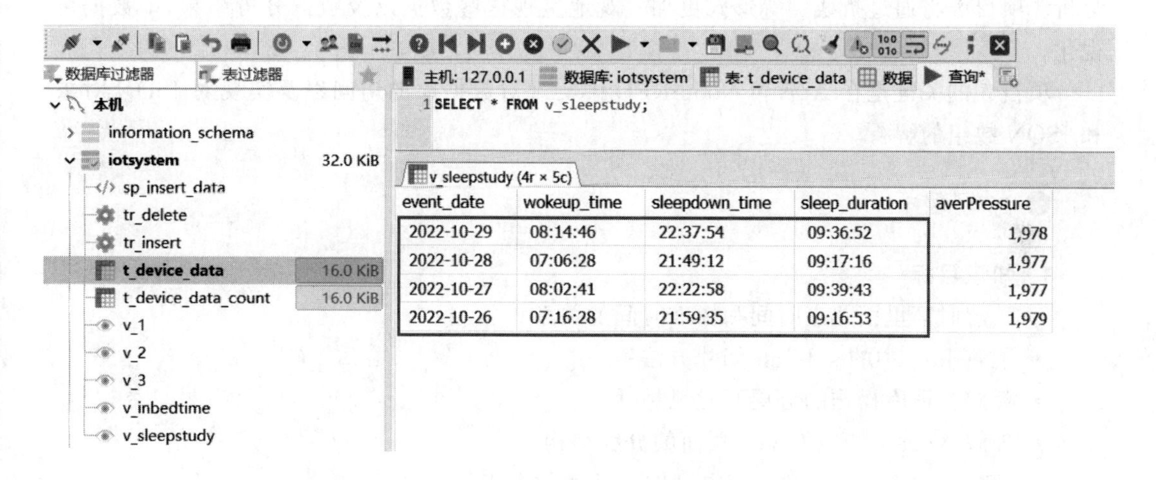

```
1 SELECT * FROM v_sleepstudy;
```

v_sleepstudy (4r × 5c)

event_date	wokeup_time	sleepdown_time	sleep_duration	averPressure
2022-10-29	08:14:46	22:37:54	09:36:52	1,978
2022-10-28	07:06:28	21:49:12	09:17:16	1,977
2022-10-27	08:02:41	22:22:58	09:39:43	1,977
2022-10-26	07:16:28	21:59:35	09:16:53	1,979

图 4-70　实物数据分析结果

■ 任务小结

任务 7 在同一个视图中,同时实现了起床时间、入睡时间、睡眠时长分析。

■ 实践练习

自行积累若干天数据后,使用视图查询,观察睡眠分析结果,并思考是否还能分析出更多有意思的特征。

项目 5 物联网数据可视化

● 项目概述/项目要点

项目 3 在 App 设计中,以较为简单的文本框形式展示了传感数据,但能同时展示的数据条数有限。项目 4 将无线传感网络产生的传感数据存储到数据库中,并对其进行了数据分析。项目 5 将通过折线图等形式更加直观地呈现这些数据以及数据分析结果,即数据可视化。

项目 5 的关键是在 App 和 Node-RED 中实现对数据库的访问以及实现对 JSON 对象和 JSON 数组的解析。

● 学习目标

1. 知识目标

- 了解时区里面北京时间和标准时间的关系;
- 了解 Java 中的 subList 切片方法;
- 理解数据库操作的分层开发思想;
- 理解 Node-RED 的 Web 页面的分级结构;
- 掌握查询 MySQL 数据表或视图后返回数据集的格式;
- 掌握 Java 中实体 bean 类的定义步骤。

2. 技能目标

- 熟练编写 JDBC 访问 MySQL 数据库的连接类方法;
- 熟练重写实体 bean 的 toString 方法;
- 熟练编写数据接口类的查询方法;
- 在 App 设计中熟练编写数据库返回结果集的处理程序。

3. 素养目标

- 树立勇于创新的工作作风;
- 提高逻辑思维和实际动手能力;
- 提高自主、开放的学习能力;

- 提高善作善成的能力;
- 遵守诚实、守信的道德规范。

任务1 Web页面展示物联网数据

■ 任务引入

项目4得到的睡眠分析的结果以及实时采集的数据能不能在Web页面直观地展示出来呢?我们可以通过在Node-RED中设计流程查询数据库或者通过接收、解析MQTT消息来实现。

■ 任务目标

任务1将在Node-RED中设计流程,访问数据库,执行视图(项目4中创建的睡眠分析视图)查询语句,对返回的结果集进行解析,通过表格展示睡眠分析结果。另外,还可以设计流程,直接接收、解析ESP32网关上报的包含压力值的MQTT消息,以折线图的形式展示压力变化。

■ 相关知识

一、dashboard节点与Web页面的布局

Node-RED中常用的图形化节点叫作dashboard,它主要用于快速创建实时数据仪表板。在安装节点的输入框内输入“dashboard”,找到名为“node-red-dashborad”的控件并单击安装即可。

使用dashboard节点时,屏幕右侧调试窗口旁会多出一个名为“dashborad”的标签,其中Layout选项用于设计Web页面的布局。

总体来看,通过dashboard设计的Web页面布局分为三级,分别是tab、group和spacer。仪表板的布局依赖于Tab和Group属性,tab可以理解为页面,group是分组,spacer即控件。一个页面里可以有多个分组。建议使用多个分组,而不是一个大组,因为dashboard可以根据页面的大小动态调整分组的位置。

二、查询MySQL表(或视图)返回的结果集

在Node-RED中,如果对数据库查询结果进行可视化,必须清楚地查询MySQL表(或视图)的返回情况。

查询MySQL表(或视图)会返回一个数组类型的结果集,此数组的每个元素都是JSON对象类型,MySQL表(或视图)中有多少条记录,数组就有多少个元素。JSON对象由若干个成员(键值对)组成,其中的键即表(或视图)中的字段,其中的值就是表(或视图)对应记录中字段的值。

表5-1为学生信息表table_student,假设id和age字段是INT类型,name字段是VARCHAR类型。

表 5-1 学生信息表 table_student

id	name	age
1	zhangsan	20
2	lisi	21

通过 SELECT * FROM table_student 语句查询表 table_student，返回的结果集为[{"id":1,"name":"zhangsan","age":20}、{"id":2,"name":"lisi","age":21}]。

根据数组和 JSON 对象的相关知识，如果想解析出张三的年龄，可以用以下 2 种方式：

```
msg.payload[0].age
msg.payload[0]["age"]
```

■ 任务实施

一、实施设备

部署了 Node-RED 工具、MySQL 数据库服务器和安装了 HeidiSQL 可视化管理软件的计算机。

二、实施过程

1. 查询数据分析结果

(1) 创建睡眠数据分析流程

创建睡眠数据分析流程

如图 5-1 所示，在 Node-RED 中创建睡眠数据分析流程。

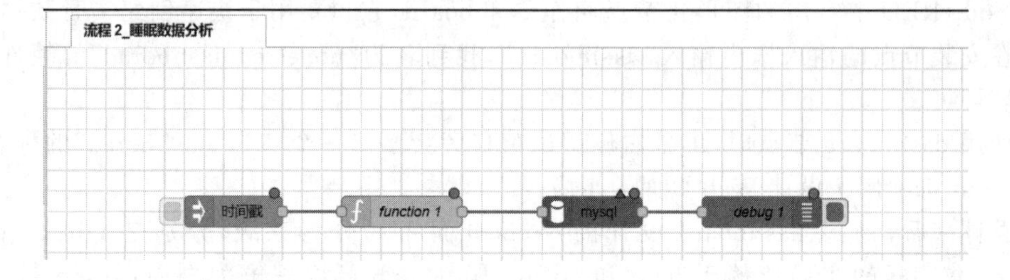

图 5-1 创建睡眠数据分析流程

流程中共有 4 个节点，其中 inject 节点参数默认，使用时手动触发；function 节点编写 SQL 语句；mysql 节点用于连接 iotsystem 数据库的 v_sleepstudy 视图，这个视图对 4 天的压力数据进行了分析；debug 节点参数默认，打印数据库返回结果。

(2) 编辑 function 节点

编辑 function 节点

如图 5-2 所示，在 function 节点中，将“流”中的消息主题和消息载荷组合起来，则消息 msg 为 select * from v_sleepstudy，这正是查询视图 v_sleepstudy 的语句。

(3) 编辑 mysql 节点

如图 5-3 所示，要访问的数据库为 iotsystem，执行上一个节点传入的 SQL 语句，将数据库返回的结果集作为“流”中的消息载荷传给下一个节点。

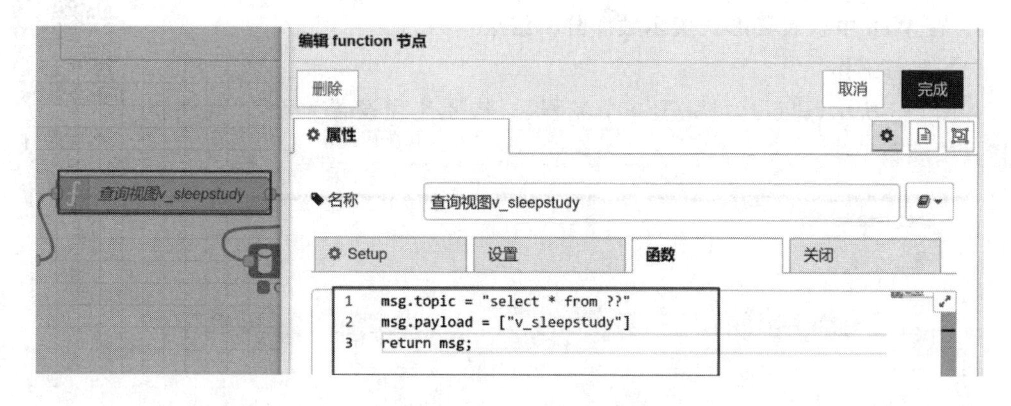

图 5-2 编辑 function 节点

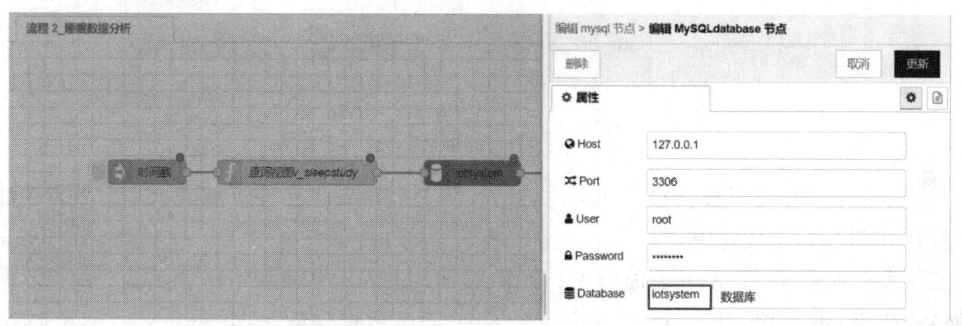

图 5-3 编辑 mysql 节点

查看视图并返回结果

(4) 打印结果

部署流程,触发一次 inject 节点,即可访问数据库,执行查询视图 v_sleepstudy 的 SQL 语句,打印数据库返回的结果集,如图 5-4 所示。

结果集是包含 4 个元素的数组,其中记录中 event_date 字段的值包含了时区,比如第一条记录(元素索引为 0)中的 10 月 28 日 16 点是标准时间,其实就是北京时间 10 月 29 日 0 点。注意:北京时间是东八区时间,比标准时间要晚 8 小时。

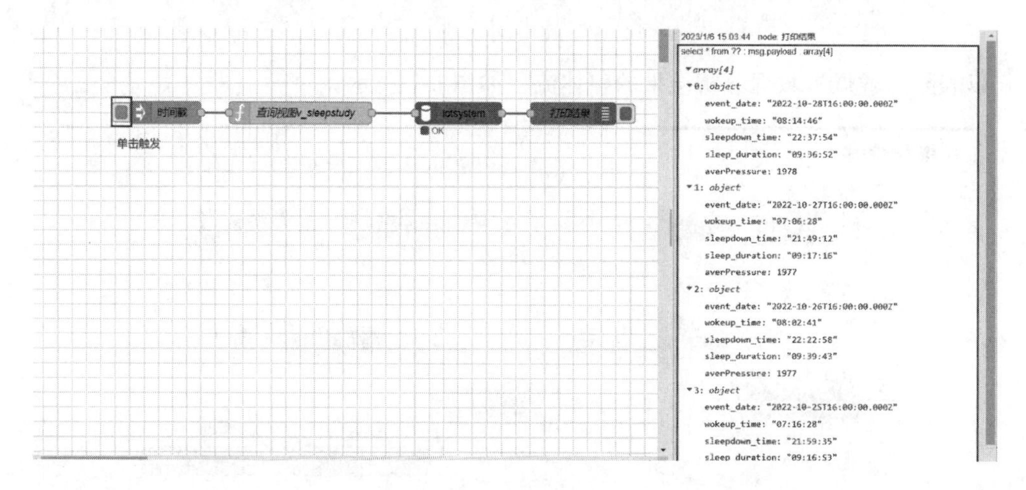

图 5-4 运行结果

2. 在 Web 中以表格形式展示数据分析结果

新建流程

(1) 准备工作

如图 5-5 所示，建议拷贝完上一个流程后，将原流程设置为无效，并在新的拷贝中编辑。

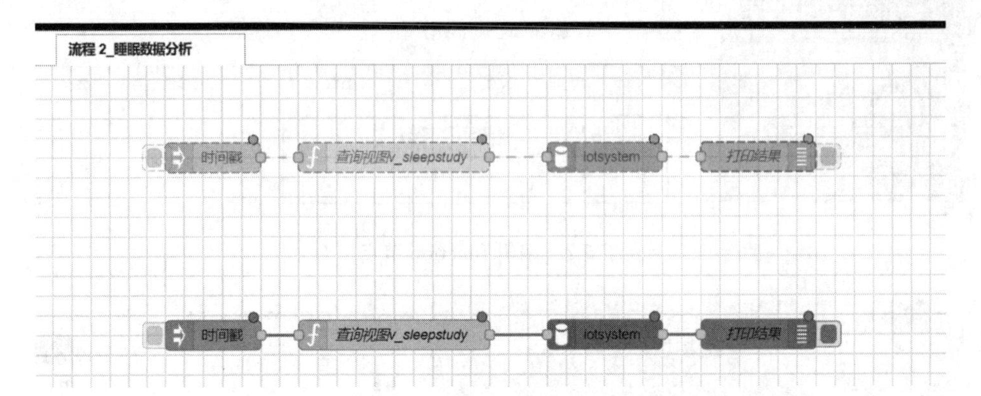

图 5-5　拷贝节点

要输出表格，需要下载新控件 node-red-node-ui-table，此控件下载完成后会更新到 dashboard 系列中。

Web 页面布局

如图 5-6 所示，进行 Web 页面的 UI 设计：在 dashboard 里面新增一个名为"数据分析"的 tab 菜单，再在 tab 里新增一个名为"睡眠数据分析"的组 group。

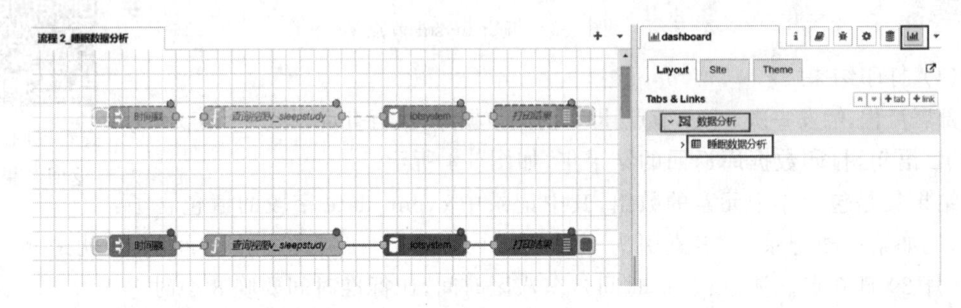

图 5-6　UI 设计

以表格形式展示数据分析结果的整体流程如图 5-7 所示。

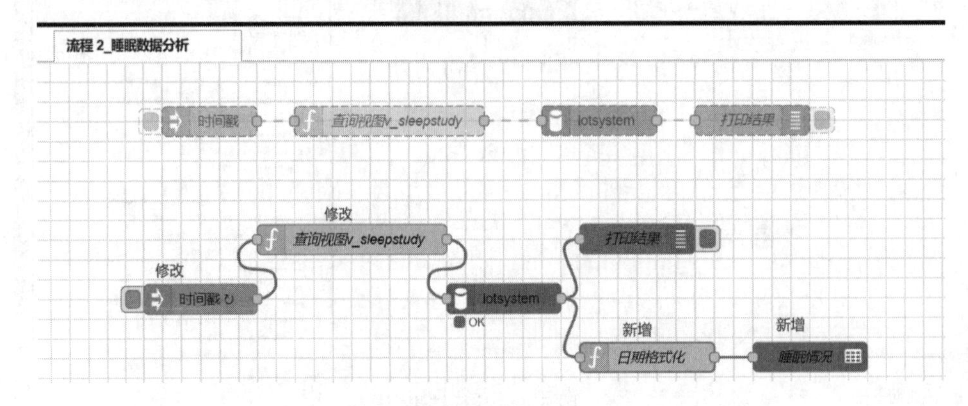

图 5-7　以表格形式展示数据分析结果的整体流程

(2) 修改触发节点

修改触发节点和SQL语句节点

根据需要修改触发节点,如图5-8所示,每隔60分钟登录数据库,执行一次查询视图v_sleepstudy的SQL语句,如果基表t_device_data中新增了较多的压力值记录,查询结果应该会及时体现出来。

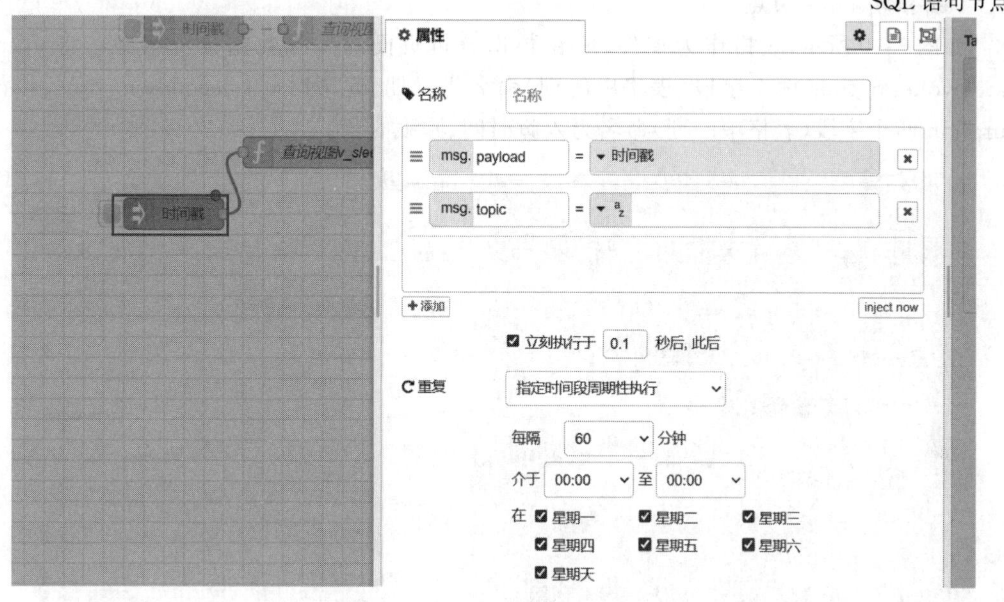

图5-8 修改触发节点

(3) 修改SQL语句节点

查询视图的SQL语句节点,将功能由查询视图v_sleepstudy的所有记录修改为查询视图中的3条记录(对应最近3天):

```
msg.topic = "select * from ?? limit 3"
msg.payload = ["v_sleepstudy"]
return msg;
```

(4) 新增日期格式化节点

新增日期格式化节点和table节点

因为在MySQL传来的结果集记录中,日期字段的值包含时区,不太方便显示,故将其转换成"年/月/日"的格式,如图5-9所示。

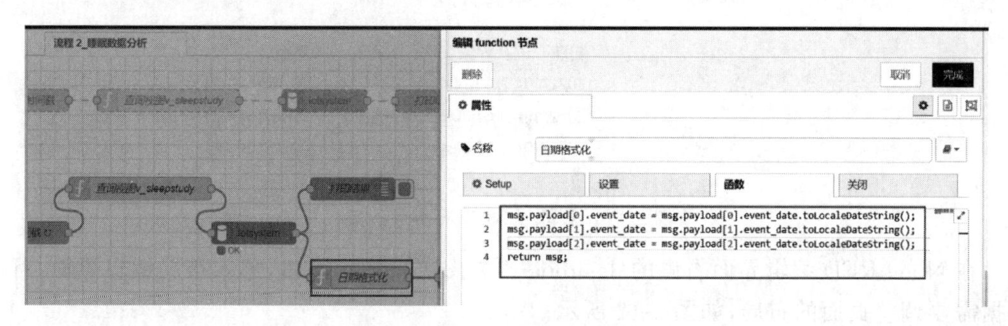

图5-9 新增日期格式化节点

经过日期格式化的节点后输出的消息载荷仍然是一个数组。前面介绍过，数组中的每一个元素对应一条记录(一天的数据分析结果)，每条记录由 5 个键值对成员构成，其中的键(字段)为 event_date、wokeup_time、sleepdown_time、sleep_duration、averPressure。接下来，前四个字段作为表头，值在 table 显示，压力值不再显示。

(5) 新增 table 节点

如图 5-10 所示，表格作为控件，放在数据分析页面的睡眠数据分析组中。将 event_date、wokeup_time 两个字段(表格中的列)命名为日期、起床时间，sleepdown_time、sleep_duration 两个字段(表格中的列)命名为入睡时间、睡眠时长。

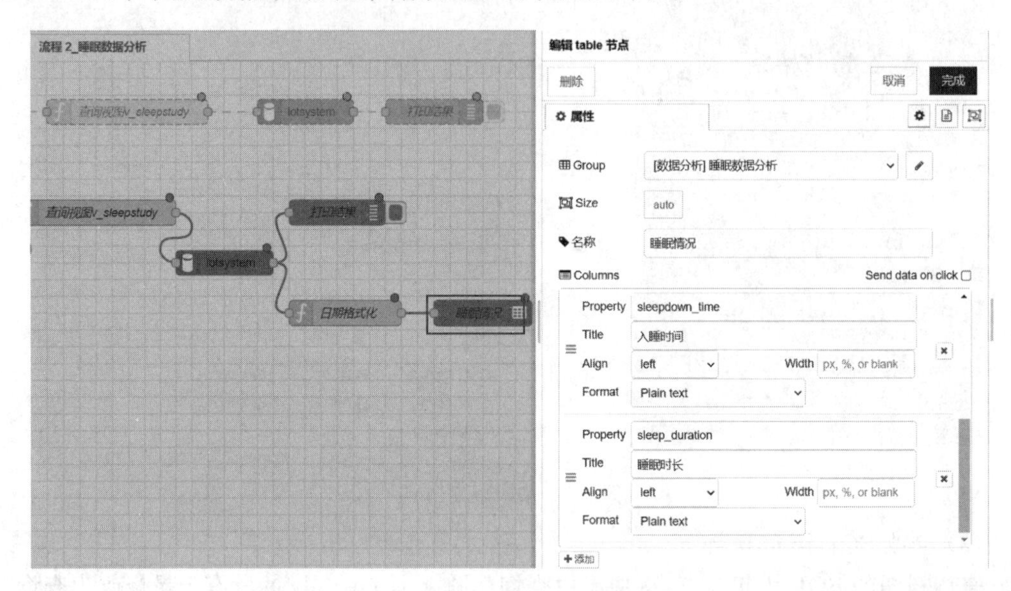

图 5-10 新增 table 节点

(6) Web 展示结果

流程部署后，在 http://127.0.0.1:1880/ui 查看 Web 中表格的展示效果，如图 5-11 所示。

Web 展示结果

127.0.0.1:1880/ui/#!/0?socketid=TI3TzKYkj16rwGRvA...

数据分析

睡眠数据分析

日期	起床...	入睡...	睡眠...
2022/10/...	08:14:46	22:37:54	09:36:52
2022/10/...	07:06:28	21:49:12	09:17:16
2022/10/...	08:02:41	22:22:58	09:39:43

图 5-11 Web 表格展示初步效果

在 Node-RED 编辑界面右侧的 dashboard 中找到 layout 按钮，进入布局编辑界面，可以根据需要调整页面的布局，如图 5-12 所示。

重新部署流程，观察结果，如图 5-13 所示。

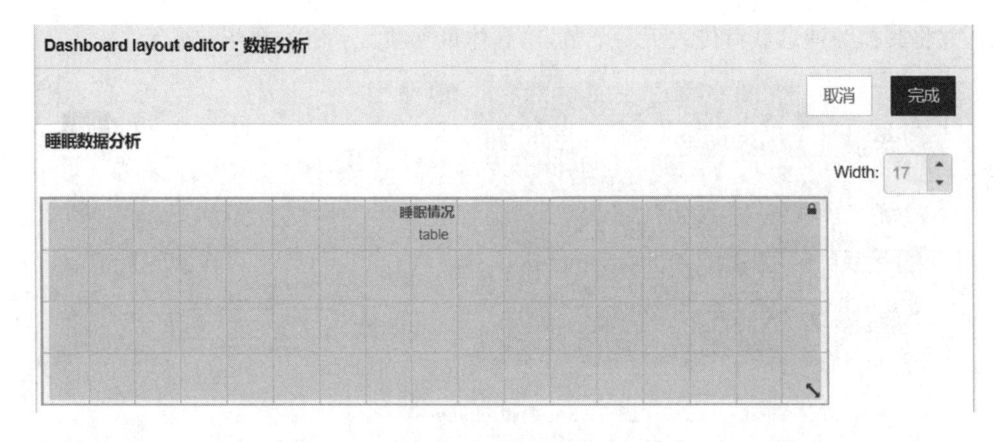

图 5-12 布局编辑界面

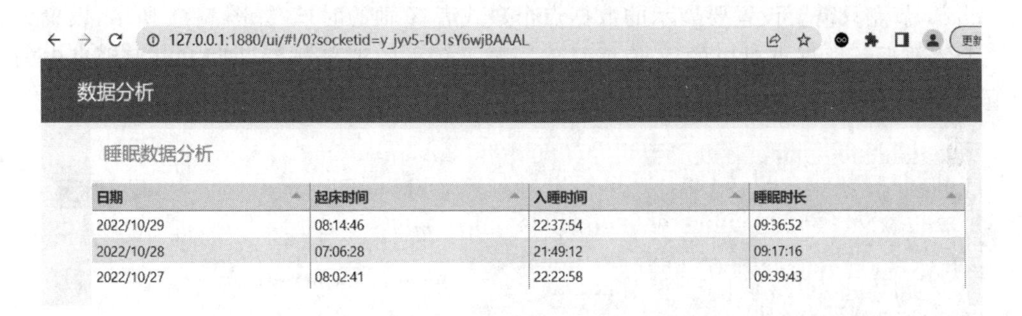

日期	起床时间	入睡时间	睡眠时长
2022/10/29	08:14:46	22:37:54	09:36:52
2022/10/28	07:06:28	21:49:12	09:17:16
2022/10/27	08:02:41	22:22:58	09:39:43

图 5-13 Web 表格展示数据分析结果

3. Web 展示压力值变化曲线

可以尝试以曲线形式展示压力值变化。如图 5-14 所示,回到流程 1_数据转存,拷贝原来的流程后对其进行修改,将原流程设置为无效。

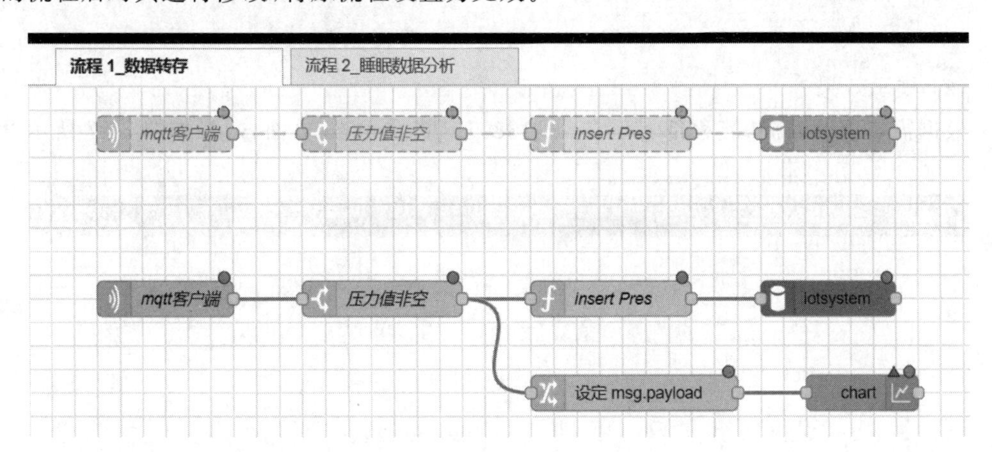

图 5-14 新建展示压力值变化曲线的流程

由图 5-14 可知,新流程新增了 2 个节点,分别用于解析压力值和显示折线图。

(1) 编辑 change 节点

如图 5-15 所示,在函数节点中,取出之前节点传入的消息,解析消息载荷里 Pres 字段的值，并将其作为消息载荷传入下一个节点，具体可见项目 4 中的介绍。

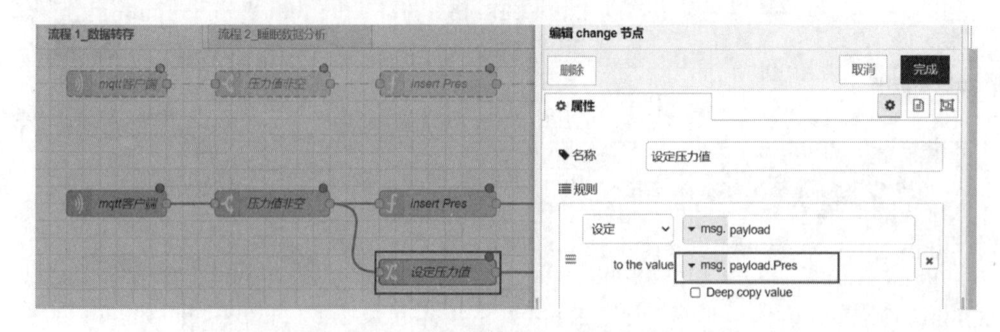

图 5-15　编辑 change 节点

（2）编辑 chart 节点

chart 节点只需要设置要展示的数据点个数或者 X 轴的时长，如图 5-16 所示，设置为展示三天的数据。数据点对应的 Y 值就是上一节点传入的消息载荷，即 MQTT 消息中的压力值。

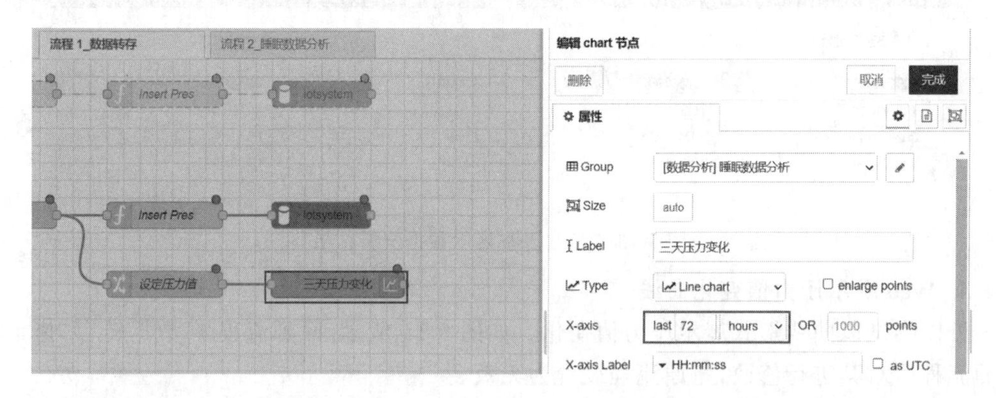

图 5-16　编辑 chart 节点

（3）展示效果

根据需要调整布局，流程部署后在 IP:1880/ui 查看 Web 页面，效果如图 5-17 所示。

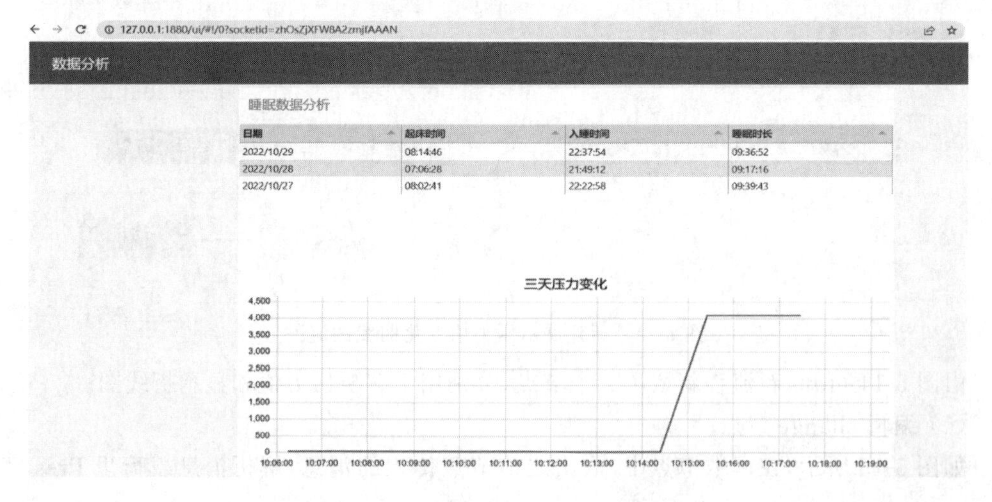

图 5-17　在 Web 中展示压力曲线的效果

4. 系统联调

(1) 展示多天的压力曲线

硬件全部运行起来后，可以持续多天观察压力曲线，比如图 5-18 就是系统运行三天后的效果。

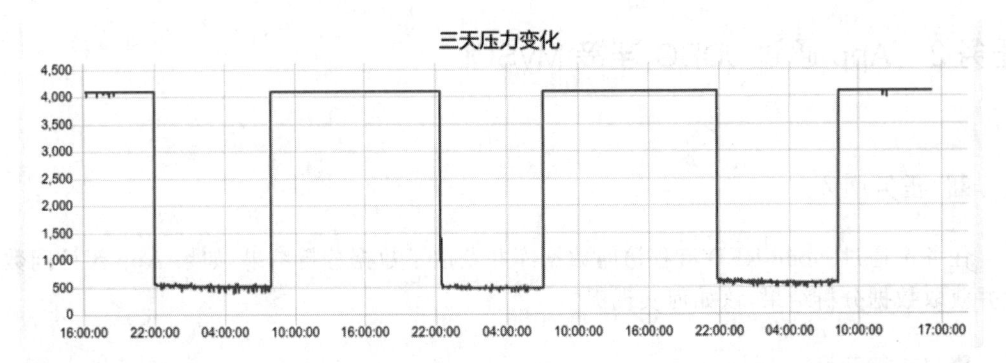

图 5-18　系统运行三天后的效果

(2) 解决天数少时报错的问题

问题分析

天数比较少时，日期格式化节点会报错。比如系统刚运行时，t_device_data 表只存储了不到一天的数据记录，访问数据库执行查询 v_sleepstudy 视图，返回的数据集中只有 1 个元素(一天的分析结果)，而日期格式化节点却要获取 3 个元素并进行格式化，显然会失败。在这种情况下，修改日期格式化节点的函数体即可，如图 5-19 所示。还有一点需要说明的是，当天的数据分析结果肯定也是不对的，因为时间不完整，特别是睡眠时长，算出来肯定不准确。最后提醒一下：保持良好的睡眠习惯，拥有健康的身体，对学习和工作都是非常重要的。

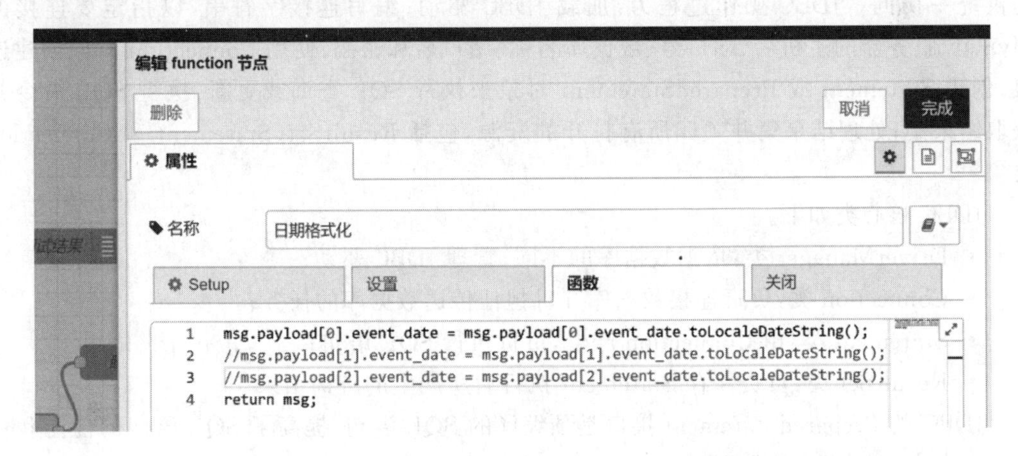

图 5-19　修改日期格式化节点的函数体

■ 任务小结

任务 1 在 Node-RED 中设计流程，不仅实现了在 Web 页面中通过表格形式展示睡眠分析结果，还实现了以折线图的形式展示压力变化曲线。

■ 实践练习

使压力变化曲线只展示两天的数据，并使系统运行 2 天，观察结果。

任务 2　App 通过 JDBC 连接 MySQL

■ 任务引入

任务 1 通过 Node-RED 流程访问数据库并获取了数据分析结果，如果 App 想访问数据库并获取数据分析结果，该如何实现呢？

■ 任务目标

将 App 与 MySQL 服务器的 iotsystem 数据库连接起来，执行 SQL 语句 select * from v_3 以及 select * from v_3 where event_date＝"2022-10-28"，从视图 v_3 中获取查询结果并展示。

■ 相关知识

一、JDBC

JDBC(Java Data Base Connectivity)是 java 数据库连接的简称，可以为多种关系数据库提供统一访问。JDBC 操作过程为：加载 JDBC 驱动；编写连接字符串，以指定要连接的 MySQL 服务器的主机名、端口号、数据库名称、用户名和密码；使用 Connection 对象创建连接；创建 Statement 或 PreparedStatement 对象来执行 SQL 查询或更新；执行 SQL 命令并获取结果集；处理结果集并关闭所有打开的资源，包括 ResultSet、Statement 和 Connection 对象。

JDBC 核心类如下。

- DriverManager 类：依据数据库的不同，管理 JDBC 驱动；
- Connection 类：负责连接数据库并且担任传送数据库的任务；
- Statement 类：由 Connection 产生，负责执行 SQL 语句；
- ResultSet 类：负责保存 Statement 执行后所产生的查询结果。

JDBC 的 PreparedStatement 接口是预编译的 SQL 语句，提高了 SQL 语句的性能和代码的安全性、可读性、可维护性。

二、DAO

DAO(Data Access Object)是一个操作数据库的设计模式，将对数据库和数据表的操作封装到一个类中，由其他类来调用这个类的方法，以完成对数据库的操作。比如在 DAO 类中定义一个方法 getList，执行 SQL 语句 select * from v_3，其过程如下：创建并实例化 Connection 连接；创建并实例化可执行 SQL 语句的 Statement 对象；执行 SQL 语句获取

ResultSet 结果集;将每条记录转成 bean 对象并添加到列表 list 中;关闭数据库连接,释放资源。

为了方便 DAO 操作,可以为连接数据库和关闭数据库的方法封装一个数据库连接和关闭工具类 DBUtil,也可以为数据表定义一个 Bean 类,用于数据持久化。

三、Statement 常用方法

- ResultSet executeQuery(String sql):执行 SQL 查询并且获取 ResultSet 对象。
- Boolean next():将光标从当前位置向下移动一行。
- Void close():关闭 ResultSet 对象。
- Int getInt(String columnName):以 int 形式获取 ResultSet 结果集当前行指定的列名值。
- Float getFloat(String columnName):以 float 形式获取 ResultSet 结果集当前行指定的列名值。
- String getString(String columnName):以 String 形式获取 ResultSet 结果集当前行指定的列名值。
- Date getDate(String columnName):以 Date 形式获取 ResultSet 结果集当前行指定的列名值。
- Time getTime(String columnName):以 Time 形式获取 ResultSet 结果集当前行指定的列名值。

四、数据实体类 Bean

一个数据表对应一个 Bean 类,表中的一条记录对应 Bean 类的一个对象,表中的一个字段对应 Bean 类的一个属性。

数据实体类 Bean 是一个 Java 类,通常用于表示数据库中的一行数据或其他需要进行操作和处理的数据。Bean 类通常包含一组私有字段(属性),并提供相应的公共 getter 和 setter 方法,以便在应用程序中对这些属性进行访问和修改。

通常情况下,Bean 类的属性与数据库表中的列名是一一对应的。这意味着每个属性都应该有一个对应的数据库列,并且它们的数据类型也应该匹配。例如,如果数据库表中有一个名为"name"的字符串列,则可以创建一个名为"name"的私有 String 类型属性,并提供一个公共的 getName()方法和一个公共的 setName()方法来获取和设置该属性的值。

此外,Bean 类还可以提供其他方法,如 toString()、equals()和 hashCode()等,以便开发人员更好地管理数据对象。

总之,Bean 类是一种将数据封装成对象的方式,使得我们能够更加方便地处理和操作这些数据。它是 Java 开发中非常常见的概念,通常用于表示数据库中的数据或其他业务逻辑中的数据。

■ 任务实施

一、实施设备

部署了 Android Studio、MySQL 数据库服务器和安装了 HeidiSQL 可视化管理软件的计算机。

二、实施过程

1. 驱动 jar 包并开启联网权限

驱动 jar 包并开启联网权限

(1) 下载 mysql 驱动 jar 包

如图 5-20 所示，下载 mysql 驱动 jar 包 mysql-connector-java-5.1.49.jar，并右键加入 jar 包。

图 5-20　加载 mysql 驱动 jar 包

效果如图 5-21 所示，另外再添加 viewBinding 框架。

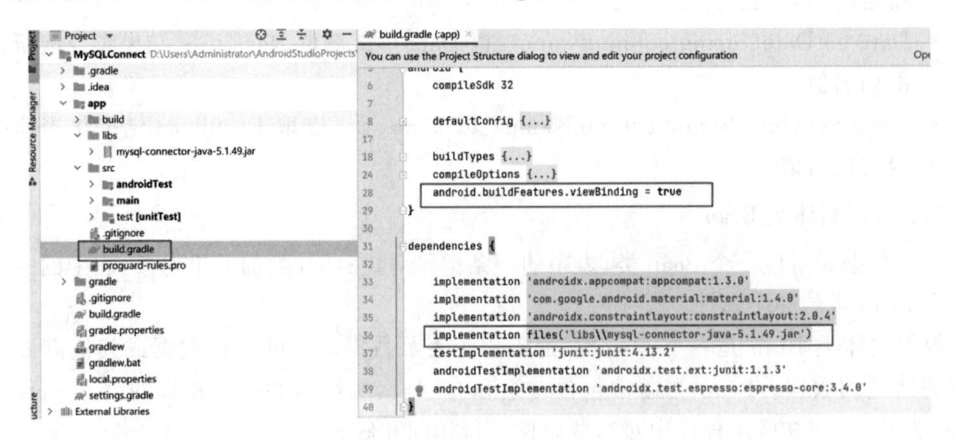

图 5-21　添加 viewBinding 框架

(2) 开启联网权限

如图 5-22 所示，在目录 app→src→main 的 AndroidManifest.xml 文件中，编写以下代码开启联网权限：

```
<uses-permission android:name = "android.permission.INTERNET"/>
```

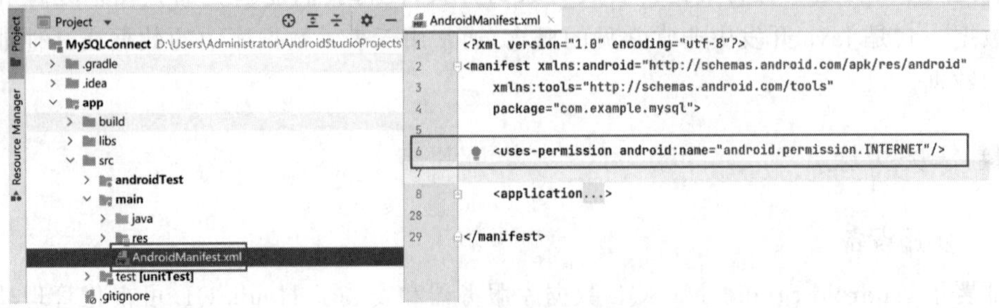

图 5-22　开启联网权限

2. 页面布局

布局文件

(1) 准备一张图片

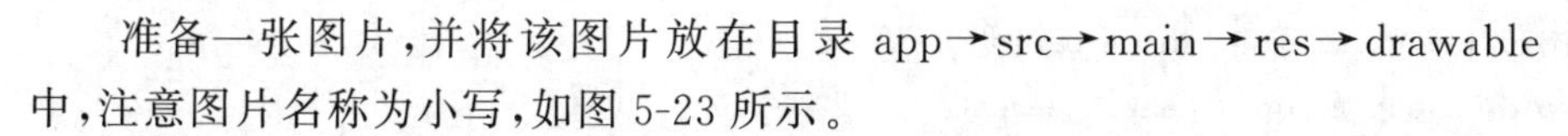

准备一张图片，并将该图片放在目录 app→src→main→res→drawable 中，注意图片名称为小写，如图 5-23 所示。

图 5-23 准备一张图片

(2) 整体布局

如图 5-24 所示，布局文件为 activity_main.xml，整体为线性布局，内部由小的 5 个线性布局构成。2 个按钮的 id 分别是 btn1 和 btn2，文本框的 id 为 text1。

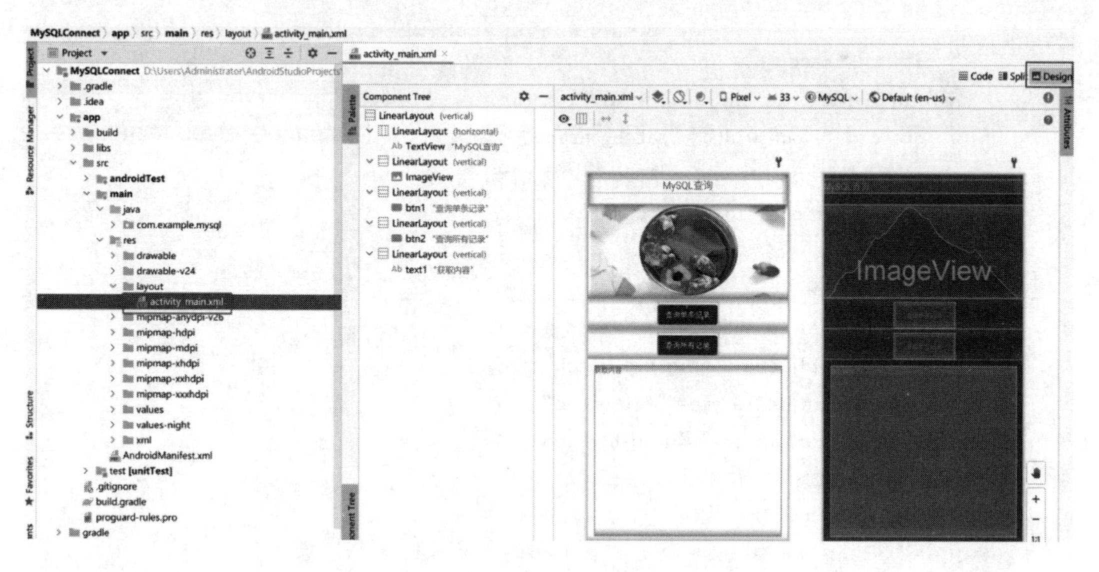

图 5-24 整体布局

布局代码如下：

```
<?xml version="1.0" encoding="utf-8"?>
<LinearLayout xmlns:android="http://schemas.android.com/apk/res/android"
```

```
xmlns:app = "http://schemas.android.com/apk/res-auto"
xmlns:tools = "http://schemas.android.com/tools"
android:layout_width = "match_parent"
android:layout_height = "match_parent"
android:orientation = "vertical"
tools:context = ".MainActivity">

<!--     1-MySQL 查询 text -->
<LinearLayout
    android:layout_width = "match_parent"
    android:layout_height = "60dp"
    android:orientation = "horizontal">
    <TextView
        android:gravity = "center"
        android:layout_width = "match_parent"
        android:layout_height = "wrap_content"
        android:layout_weight = "1"
        android:layout_marginTop = "10dp"
        android:layout_marginBottom = "20dp"
        android:text = "MySQL 查询"
        android:textSize = "20sp"/>
</LinearLayout>

<!--     2-Image -->
<LinearLayout
    android:layout_width = "match_parent"
    android:layout_height = "185dp"
    android:orientation = "vertical">

    <ImageView
        android:layout_width = "match_parent"
        android:layout_height = "match_parent"
        android:scaleType = "fitCenter"
        app:srcCompat = "@drawable/icon" />
</LinearLayout>

<!--     3-查询单条记录 -->
<LinearLayout
    android:layout_width = "match_parent"
    android:layout_height = "60dp"
    android:gravity = "center"
```

```
        android:orientation = "vertical">

        <Button
            android:id = "@ + id/btn1"
            android:layout_marginTop = "10dp"
            android:layout_width = "wrap_content"
            android:layout_height = "wrap_content"
            android:layout_weight = "1"
            android:gravity = "center"
            android:text = "查询单条记录" />
    </LinearLayout>

    <!--    4-查询所有记录 -->
    <LinearLayout
        android:layout_width = "match_parent"
        android:layout_height = "60dp"
        android:gravity = "center"
        android:orientation = "vertical">

        <Button
            android:id = "@ + id/btn2"
            android:layout_marginTop = "10dp"
            android:layout_width = "wrap_content"
            android:layout_height = "wrap_content"
            android:layout_weight = "1"
            android:gravity = "center"
            android:text = "查询所有记录" />
    </LinearLayout>

    <!--    5-获取内容 -->
    <LinearLayout
        android:layout_width = "match_parent"
        android:layout_height = "match_parent"
        android:layout_margin = "15dp"
        android:orientation = "vertical">

        <TextView
            android:id = "@ + id/text1"
            android:layout_width = "match_parent"
            android:layout_height = "match_parent"
            android:text = "获取内容" />
```

```
        </LinearLayout>

    </LinearLayout>
```

DBUtil 类

3. 数据库操作相关的类

DBUtil 类的 getConn 方法

(1) 数据库连接和关闭的工具类 DBUtil

数据库连接通过 DBUtil 类的 getConn 方法实现,数据库关闭通过 close 方法实现。

定义 DBUtil 类的代码如下:

```
public class DBUtil {

    private static String driver = "com.mysql.jdbc.Driver";
    private static String url = "jdbc:mysql://192.168.0.111:3306/iotsystem?" + "useUnicode =
true&characterEncodeing = UTF-8&useSSL = false&serverTimezone = GMT&allowPublicKeyRetrieval =
true";
    private static String user = "local";            //用户名
    private static String password = "123456";       //密码

    /*
     * 连接数据库
     **/
    public static Connection getConn() {
        Connection conn = null;
        try {
            Class.forName(driver);
            conn = (Connection) DriverManager.getConnection(url, user, password);//获取连接
            Log.e("getConn", "连接成功");
        } catch (ClassNotFoundException e) {
            Log.e("getConn", e.getMessage(), e);
            e.printStackTrace();
        } catch (SQLException e) {
            Log.e("getConn", e.getMessage(), e);
            e.printStackTrace();
        }
        return conn;
    }

    public static void close(Statement state, Connection conn) {
        if (state != null) {
            try {
                state.close();
```

```
            } catch (SQLException e) {
                e.printStackTrace();
            }
        }

        if (conn != null) {
            try {
                conn.close();
            } catch (SQLException e) {
                e.printStackTrace();
            }
        }
    }

    public static void close(ResultSet rs, Statement state, Connection conn) {
        if (rs != null) {
            try {
                rs.close();
            } catch (SQLException e) {
                e.printStackTrace();
            }
        }

        if (state != null) {
            try {
                state.close();
            } catch (SQLException e) {
                e.printStackTrace();
            }
        }

        if (conn != null) {
            try {
                conn.close();
            } catch (SQLException e) {
                e.printStackTrace();
            }
        }
    }

}
```

需要注意:驱动"com.mysql.jdbc.Driver"是 mysql-connector-java 5 及 5 之前的,驱动"com.mysql.cj.jdbc.Driver"是 mysql-connector-java 6 及 6 之后的。

程序中 url 里面的 IP 地址是局域网 IP 地址,可在部署了 MySQL 服务器的计算机中通过命令行中的 ipconfig 命令查询得到。

(2) 数据实体 Bean 类 SleepBean

SleepBean 类

SleepBean 类对应视图 v_3(虚拟表),此虚拟表中的一条记录对应 SleepBean 类的一个对象,虚拟表中的一个字段对应 SleepBean 类的一个属性。

定义 SleepBean 类的代码如下：

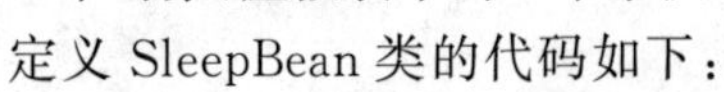

```
//实体类
public class SleepBean implements Serializable {
    //日期
    private Date event_date;
    //入睡时间
    private Time inbed_time;
    //压力值
    private int averPressure;

    public Date getEvent_date() {return event_date;}
    public void setEvent_date(Date event_date) {this.event_date = event_date;}
    public Time getInbed_time() {return inbed_time;}
    public void setInbed_time(Time inbed_time) {this.inbed_time = inbed_time;}
    public int getAverPressure() {return averPressure;}
    public void setAverPressure(int averPressure) {this.averPressure = averPressure;}
    @Override
    public String toString() {
        return "{" +
                "\"event_date\":\"" + event_date +
                "\", \"inbed_time\":\"" + inbed_time +
                "\",\"averPressure\":" + averPressure +
                "}";
    }
}
```

重写 toString 方法

SleepBean 类共有 3 个属性:event_date、inbed_time 和 averPressure,这 3 个属性有相关的 3 个 get 方法和 3 个 set 方法。在以上代码中,还在 SleepBean 类中重写了 toString 方法,其功能是将视图 v_3 中的一条记录转为 JSON 对象格式的数据。

(3) 数据操作 DAO 类 SleepDao

SleepDao 类有 2 个获取列表的方法,分别是根据条件查询和查询所有数据。该类的定义如下：

根据日期查询方法

```
//用户数据库连接类
public class SleepDao {
    //获取列表
    public static List<SleepBean> getListByevent_date(String event_date) {

        //结果存放集合
```

```
        List<SleepBean> list = new ArrayList<>();
        //MySQL 语句
        String sql = "select * from v_3 where event_date = \"" + event_date + "\"";
        Connection conn = DBUtil.getConn();
        Statement state = null;
        ResultSet rs = null;
        try {
            state = conn.createStatement();
            rs = state.executeQuery(sql);
            while (rs.next()) {
                SleepBean bean = new SleepBean();
                bean.setEvent_date(rs.getDate("event_date"));
                bean.setInbed_time(rs.getTime("inbed_time"));
                bean.setAverPressure(rs.getInt("averPressure"));
                list.add(bean);
            }
        } catch (Exception e) {
            //Log.e("getListByevent_date->", e.getMessage(), e);
            e.printStackTrace();
        } finally {
            DBUtil.close(rs, state, conn);
        }
        return list;
    }

    //获取列表
    public static List<SleepBean> getList() {

        //结果存放集合
        List<SleepBean> list = new ArrayList<>();
        //MySQL 语句
        String sql = "select * from v_3";
        Connection conn = DBUtil.getConn();
        Statement state = null;
        ResultSet rs = null;
        try {
            state = conn.createStatement();
            rs = state.executeQuery(sql);
            while (rs.next()) {
                SleepBean bean = new SleepBean();
                bean.setEvent_date(rs.getDate("event_date"));
                bean.setInbed_time(rs.getTime("inbed_time"));
```

```
                bean.setAverPressure(rs.getInt("averPressure"));
                list.add(bean);
            }
        } catch (Exception e) {
            //Log.e("getList->", e.getMessage(), e);
            e.printStackTrace();
        } finally {
            DBUtil.close(rs, state, conn);
        }
        return list;
    }
}
```

在 SleepDao 类的 getListByevent_date 方法中：创建并实例化连接 conn；创建并实例化可执行 SQL 语句的对象 state；执行 SQL 语句获取结果集 rs；将每条记录转成 bean 对象并添加到列表 list 中；关闭数据库连接，释放资源。getList 方法与之类似。

查询所有记录方法

4. MainActivity 类

定义 MainActivity.java 中 MainActivity 类的代码如下：

获取单条记录

```
public class MainActivity extends AppCompatActivity {
    ActivityMainBinding binding;

    @Override
    protected void onCreate(Bundle savedInstanceState) {
        super.onCreate(savedInstanceState);
        binding = ActivityMainBinding.inflate(getLayoutInflater());
        setContentView(binding.getRoot());
        //获取单条记录
        binding.btn1.setOnClickListener(new View.OnClickListener() {
            @Override
            public void onClick(View view) {
                new Thread(new Runnable() {
                    @Override
                    public void run() {
                        //select * from v_3 where event_date = "2022-10-28"
                        List<SleepBean> list = SleepDao.getListByevent_date("2022-10-28");
                        if(list != null && list.size() > 0){
                            //Log.e("list->",list.toString());
                            runOnUiThread(new Runnable() {
                                @Override
                                public void run() {
```

```
                        binding.text1.setText(list.toString());
                    }
                });
            }
        }
    }).start();
}
});
//获取所有记录
binding.btn2.setOnClickListener(new View.OnClickListener() {
    @Override
    public void onClick(View view) {
        new Thread(new Runnable() {
            @Override
            public void run() {
                //select * from v_3
                List<SleepBean> list = SleepDao.getList();
                if(list != null && list.size() > 0){
                    //Log.e("list->",list.toString());
                    runOnUiThread(new Runnable() {
                        @Override
                        public void run() {
                            binding.text1.setText(list.toString());
                        }
                    });
                }
            }
        }).start();
    }
});
}
}
```

获取所有记录

以上代码在 MainActivity 中创建了 1 个 binding 对象，并为 2 个按钮注册了监听器。在监听器中连接数据库，查询获取记录，并将其展示在 text1 中。因为数据库连接和关闭需要时间，故必须在子线程中执行 MySQL 操作，然后在主线程中更新 text1 组件的值。

获取 v_3 视图中单条记录的 SQL 语句为 select * from v_3 where event_date="2022-10-28"，获取 v_3 视图中所有记录的 SQL 语句为 select * from v_3。

5. 其他配置

(1) 查询 IP 地址

如果是在局域网中，则需要知道安装 MySQL 数据库主机的局域网 IP 地址，用 ipconfig

指令查到的 IP 地址为 192.168.0.111,如图 5-25 所示。

```
C:\Users\Administrator>
C:\Users\Administrator>ipconfig

Windows IP 配置


无线局域网适配器 本地连接* 1:

   媒体状态  . . . . . . . . . . . . : 媒体已断开连接
   连接特定的 DNS 后缀 . . . . . . . :

无线局域网适配器 本地连接* 2:

   媒体状态  . . . . . . . . . . . . : 媒体已断开连接
   连接特定的 DNS 后缀 . . . . . . . :

无线局域网适配器 WLAN:

   连接特定的 DNS 后缀 . . . . . . . :
   本地链接 IPv6 地址. . . . . . . . : fe80::d4a4:7e18:6549:38d5%9
   IPv4 地址 . . . . . . . . . . . . : 192.168.0.111
   子网掩码  . . . . . . . . . . . . : 255.255.255.0
   默认网关. . . . . . . . . . . . . : 192.168.0.1
```

图 5-25　查询 IP 地址

(2) 设置用户权限

如果需要远程登录 MySQL,要有相应的权限才行。设置方法如下:进入 MySQL 控制台,通过命令新建用户 local,设置密码为 123456,此用户可在任意 IP(代码中的 *. *)的主机远程登录 MySQL,且该用户被赋予所有权限(代码中的 all privileges),代码如下:

MySQL 权限

```
Enter password: ****

mysql > use mysql
Database changed

mysql > create user 'local'@'%' IDENTIFIED BY '123456';
Query OK, 0 rows affected (0.02 sec)

mysql > GRANT all privileges on * . * to local@'%' with grant option;
Query OK, 0 rows affected (0.01 sec)
```

(3) 设置防火墙

如果 App 要在真机运行,即手机和数据库所在的计算机处在同一局域网中,则 WLAN 应该为专用网络,如图 5-26 所示。

防火墙

图 5-26　WLAN 是专用网络

另外,还需要打开计算机设置防火墙。以 Win11 为例,依次单击控制面板→Windows Defender 防火墙→高级设置,如图 5-27 所示。

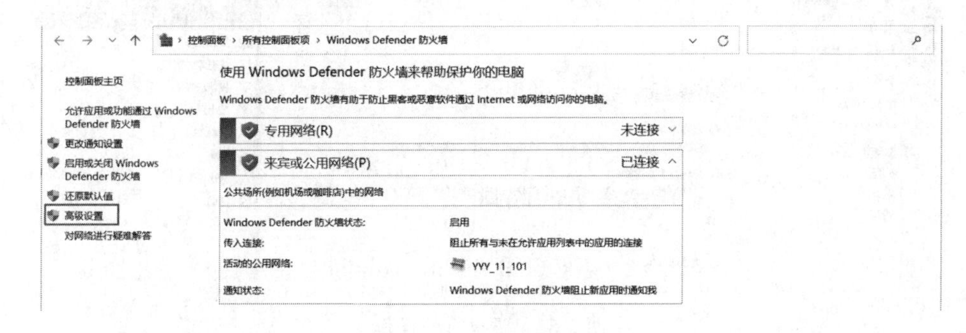

图 5-27　防火墙高级设置

新建入站规则,如图 5-28 所示。

图 5-28　新建入站规则

将要创建的规则类型选择为端口,如图 5-29 所示。

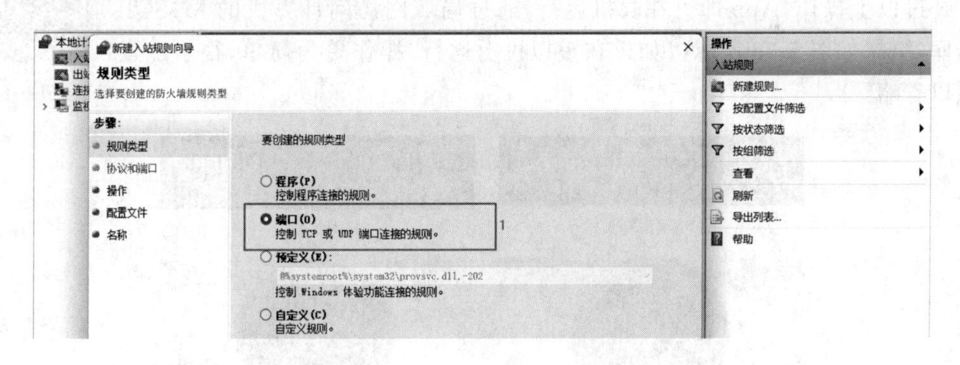

图 5-29　要创建的规则类型

指定应用此规则的协议与端口,如图 5-30 所示。

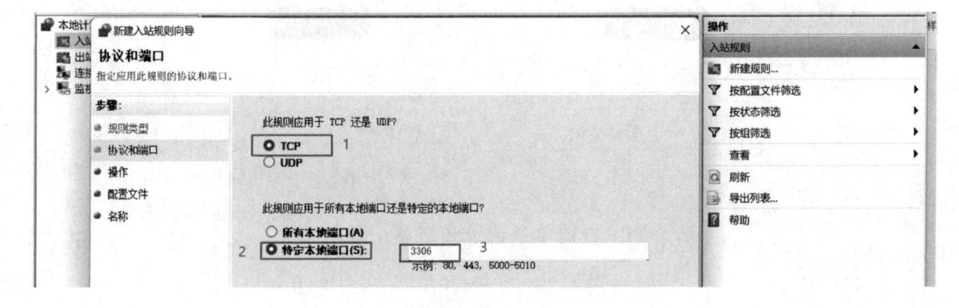

图 5-30　协议与端口

选择“允许连接(A)”,如图 5-31 所示。

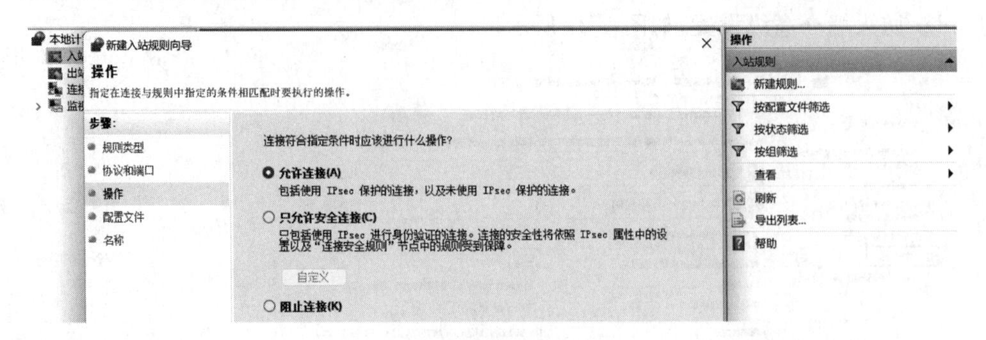

图 5-31　要执行的操作

指定此规则的名称和描述,如图 5-32 所示。

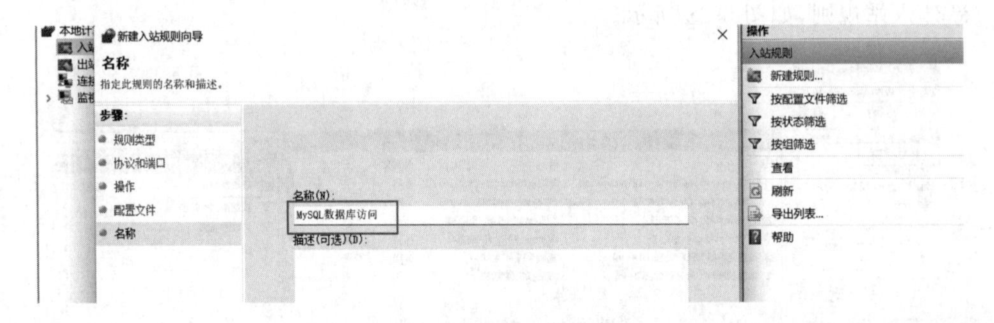

图 5-32　名称与描述

真机测试

经过以上操作,App 即可在真机运行,通过局域网访问计算机的 MySQL 数据库,结果如图 5-33 所示。如果在虚拟机上运行,操作更为简单,很多配置都可以省略。

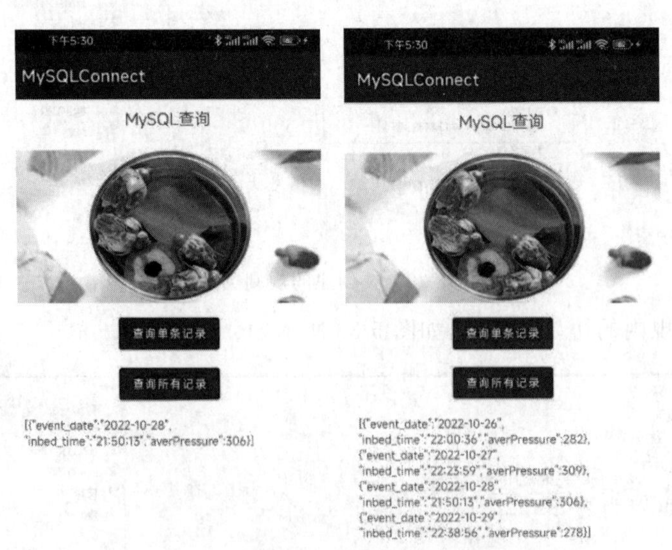

图 5-33　查询单条记录和多条记录的结果

■ 任务小结

在任务 2 中,我们将 App 与 MySQL 服务器的 iotsystem 数据库连接起来,执行了 SQL 语句,从视图 v_3 中获取了查询结果并展示。

■ 实践练习

从视图 v_inbedtime 中获取查询结果并展示。

任务3 App以折线图的形式展示数据分析结果

■ 任务引入

任务 2 通过 JDBC 方法将 App 与 MySQL 服务器连接起来,获取了数据分析结果,那么能不能以折线图的形式展示呢?

■ 任务目标

任务 3 在项目 3 的 App 第一页展示 MQTT 消息的基础上,在第二页展示三条折线:入睡时间、起床时间和睡眠时长。

■ 相关知识

一、MPAndroidChart

MPAndroidChart 是一个开源的 Android 图表库,它提供了多种类型的图表,如折线图、柱形图、饼图、散点图等。该库提供了丰富的配置选项和交互功能,能够满足大部分常见的数据可视化需求。

MPAndroidChart 的特点如下。

- 简单易用。该库提供了简单易用的 API,可以快速地创建和配置各种类型的图表。
- 具有丰富的图表类型。该库提供了多种类型的图表,包括折线图、柱形图、饼图、散点图等,可以满足大部分数据可视化需求。
- 高度可定制化。该库提供了丰富的配置选项和交互功能,使得开发人员可以根据自己的需求来定制图表的样式和行为。
- 支持动画效果,如渐变、缩放、旋转等,可以让图表更加生动、有趣。
- 开源免费并且拥有活跃社区的支持,能够及时解决问题并提供更新维护。

MPAndroidChart 是一个非常优秀的 Android 图表库,它提供了多种类型的图表和丰富的定制选项,可以帮助开发人员快速实现各种数据可视化需求。

二、在 MPAndroidChart 中绘制折线图的步骤

要在 MPAndroidChart 中绘制折线图,需要执行以下步骤:第一,在项目的 build. gradle

文件中添加依赖项，并同步构建工具以获取最新版本；第二，创建一个 LineDataSet 对象，该对象代表一个数据集，其中包含要绘制的数据以及与该数据集相关联的样式信息，如颜色、线宽等；第三，创建一个 LineData 对象，该对象代表整个折线图，其中包含所有要绘制的数据集；第四，创建一个 LineChart 对象，该对象代表实际的折线图视图，可以设置其属性，如 x 轴和 y 轴的标签、颜色等；第五，将 LineData 对象设置为 LineChart 对象的数据源，并调用 invalidate()方法重新绘制图表。

另外，还可以为 LineChart 对象添加各种交互功能，如缩放、拖动、选择等。下面演示如何使用 MPAndroidChart 绘制折线图：

```
// 创建 LineChart 对象
LineChart chart = findViewById(R.id.chart);

// 创建一条 LineDataSet 对象，表示一组数据
List<Entry> entries = new ArrayList<>();
entries.add(new Entry(0f, 1f));
entries.add(new Entry(1f, 2f));
entries.add(new Entry(2f, 3f));
LineDataSet dataSet = new LineDataSet(entries, "Label");

// 设置线条的颜色和宽度
dataSet.setColor(Color.BLUE);
dataSet.setLineWidth(2f);

// 创建 LineData 对象，将数据集添加到其中
LineData lineData = new LineData(dataSet);

// 将 LineData 对象设置为 LineChart 对象的数据源，并更新图表
chart.setData(lineData);
chart.invalidate();
```

以上代码演示了如何创建一个包含三个数据点的数据集，并将其绘制为蓝色的折线。实际应用中可以根据具体需求进行更加复杂的配置和定制。

【工匠精神】

党的二十大提出必须坚持系统观念，万事万物是相互联系、相互依存的。只有用普遍联系的、全面系统的、发展变化的观点观察事物，才能把握事物的发展规律。本书在 5 个项目中循序渐进地完成了数据全流程的设计，并采用统一的 JSON 对象数据格式，在物联网应用中很好地满足了坚持系统观念的要求。

■ 任务实施

一、实施设备

部署了 Android Studio、MySQL 数据库服务器和安装了 HeidiSQL 软件的计算机。

二、实施过程

1. 准备工作

如图 5-34 所示，在 Android Studio 工程 IOT 中，加载 MySQL 驱动 jar 包 mysql-connector-java-5.1.49.jar。

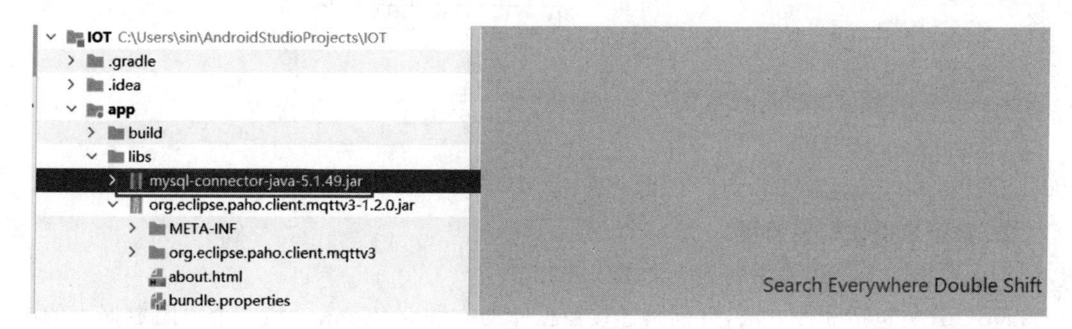

图 5-34　加载 MySQL 驱动 jar 包

如图 5-35 所示，在 app 目录的 build.gradle 文件中添加 MPAndroidChart 的依赖项，语句如下：

```
implementation'com.github.PhilJay:MPAndroidChart:v3.0.2'
```

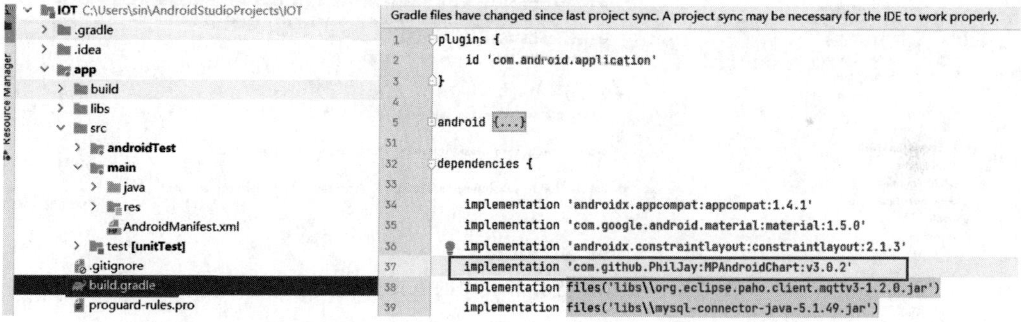

图 5-35　添加 MPAndroidChart 的依赖项

如图 5-36 所示，在 gradle 目录的 settings.gradle 文件中添加仓库地址，代码如下：

```
dependencyResolutionManagement{
    repositoriesMode.set(RepositoriesMode.FAIL_ON_PROJECT_REPOS)
    repositories {
        google()
        maven {url 'https://jitpack.io'}
        mavenCentral()
    }
}
```

```
Project
IOT C:\Users\sin\AndroidStudioProjects\IOT
.gradle
.idea
app
gradle
.gitignore
build.gradle
gradle.properties
gradlew
gradlew.bat
local.properties
settings.gradle
External Libraries

settings.gradle (IOT)
Gradle files have changed since last project sync. A project sync may be necessary for the IDE to work properly.
1  pluginManagement {...}
8  dependencyResolutionManagement { DependencyResolutionManagement it ->
9      repositoriesMode.set(RepositoriesMode.FAIL_ON_PROJECT_REPOS)
10     repositories { RepositoryHandler it ->
11         google()
12         maven {url 'https://jitpack.io'}
13         mavenCentral()
14     }
15 }
16 rootProject.name = "IOT"
17 include ':app'
```

图 5-36　添加仓库地址

2. 数据库操作相关的类

(1) 数据库连接和关闭的工具类 DBUtil

DBUtil 类包括 3 种方法,分别是连接数据库的方法 getConn()和 2 个关闭数据库的方法 close()。与任务 2 一样,数据库连接和关闭的工具类 DBUtil 如图 5-37 所示。

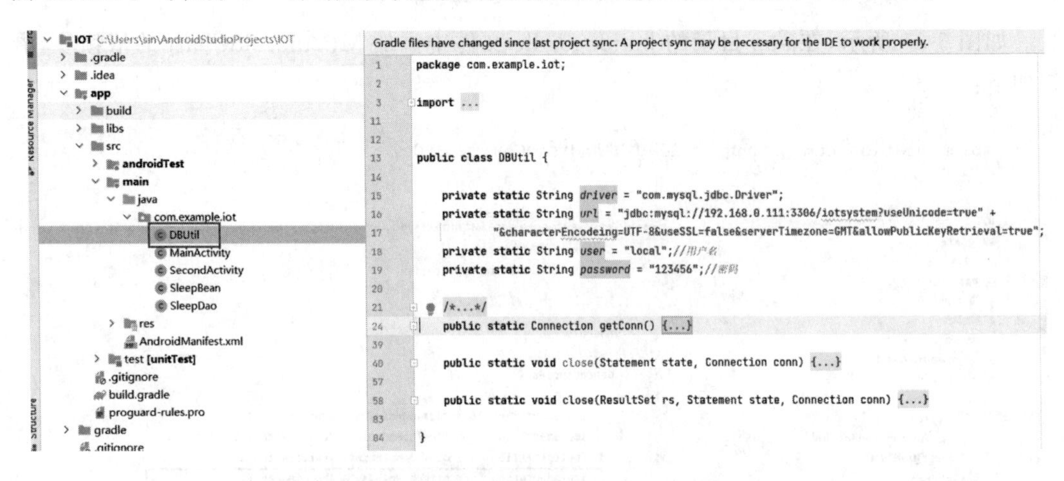

图 5-37　数据库连接和关闭的工具类 DBUtil

注意,驱动为 com. mysql. jdbc. Driver,部署 MySQL 主机的局域网地址可在命令行通过 ipconfig 命令查询。

(2) 数据实体 Bean 类 SleepBean

SleepBean 类对应视图 v_sleepstudy,虚拟表中的一条记录对应 SleepBean 类的一个对象,虚拟表中的一个字段对应 SleepBean 类的一个属性。定义 SleepBean 类的代码可参考图 5-38。

SleepBean 类继承自 Serializable 接口,里面的属性、get 方法、set 方法和 toString 方法均依据数据库的视图 v_sleepstudy 来设计。属性定义好后,get、set 方法的代码可以自动补全。另外,还需重写 toString 方法,得到一个 JSON 对象格式字符串,toString 方法的代码如下:

```
@Override
public String toString() {
    return "{" +
```

```
            "\"event_date\":\"" + event_date +
            "\", \"wokeup_time\":\"" + wokeup_time +
            "\", \"sleepdown_time\":\"" + sleepdown_time +
            "\",\"sleep_duration\":" + sleep_duration +
            "}";
    }
```

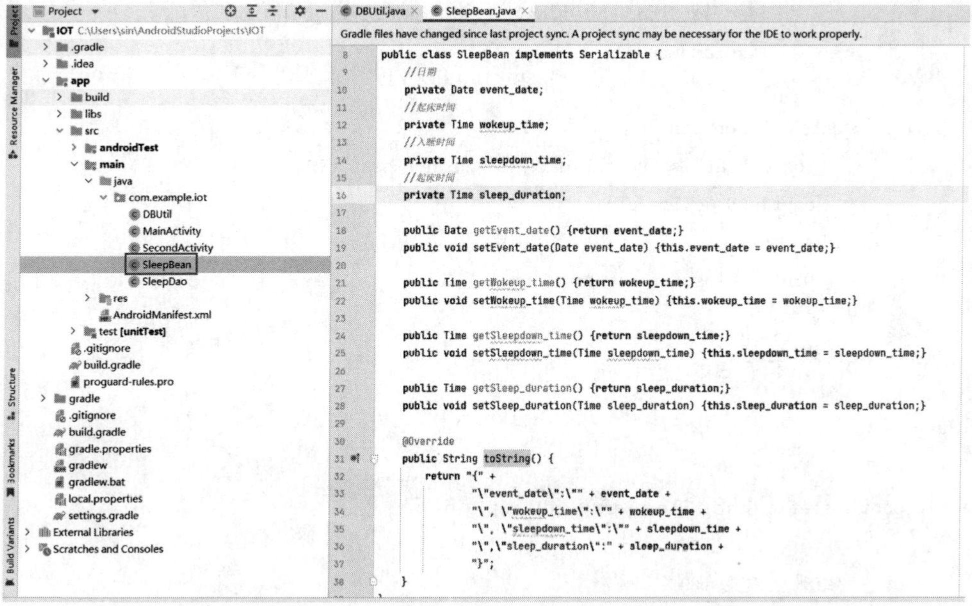

图 5-38　数据实体 Bean 类 SleepBean

（3）数据操作 DAO 类 SleepDao

SleepDao 类有 2 个获取列表的方法，功能分别是条件查询方法 getListByevent_date 和无条件查询方法 getList。该类的定义如下：

```
//用户数据库连接类
public class SleepDao {
    //获取列表
    public static List<SleepBean> getListByevent_date (String event_date) {

        //结果存放集合
        List<SleepBean> list = new ArrayList<>();
        //MySQL 语句
        String sql = "select * from v_sleepstudy where event_date = \"" + event_date + "\"";
        Connection conn = DBUtil.getConn();
        Statement state = null;
        ResultSet rs = null;
        try {
```

```
            state = conn.createStatement();
            rs = state.executeQuery(sql);
            while (rs.next()) {
                SleepBean bean = new SleepBean();
                bean.setEvent_date(rs.getDate("event_date"));
                bean.setWokeup_time(rs.getTime("wokeup_time"));
                bean.setSleepdown_time(rs.getTime("sleepdown_time"));
                bean.setSleep_duration(rs.getTime("sleep_duration"));
                list.add(bean);
            }
        } catch (Exception e) {
            Log.e("getListByevent_date->", e.getMessage(), e);
            e.printStackTrace();
        } finally {
            DBUtil.close(rs, state, conn);
        }
        return list;
    }

    //获取列表
    public static List<SleepBean> getList() {

        //结果存放集合
        List<SleepBean> list = new ArrayList<>();
        //MySQL 语句
        String sql = "select * from v_sleepstudy";
        Connection conn = DBUtil.getConn();
        Statement state = null;
        ResultSet rs = null;
        try {
            state = conn.createStatement();
            rs = state.executeQuery(sql);
            while (rs.next()) {
                SleepBean bean = new SleepBean();
                bean.setEvent_date(rs.getDate("event_date"));
                bean.setWokeup_time(rs.getTime("wokeup_time"));
                bean.setSleepdown_time(rs.getTime("sleepdown_time"));
                bean.setSleep_duration(rs.getTime("sleep_duration"));
                list.add(bean);
            }
        } catch (Exception e) {
            Log.e("getList->", e.getMessage(), e);
            e.printStackTrace();
```

```
        } finally {
            DBUtil.close(rs, state, conn);
        }
        return list;
    }

}
```

方法 getListByevent_date 和方法 getList 均通过 SQL 语句查询数据表，返回的是一个名为 list 的列表，此列表的每一个元素都是查询到的一条记录。方法 getListByevent_date 查询得到某一天的记录，方法 getList 查询得到每一天的记录，对应的两条 SQL 语句分别是：

```
"select * from v_sleepstudy where event_date = \"" + event_date + "\""
"select * from v_sleepstudy"
```

3. activity_second. xml 布局

第二页整体为线性布局，内部又由 5 个部分组成，如图 5-39 所示。

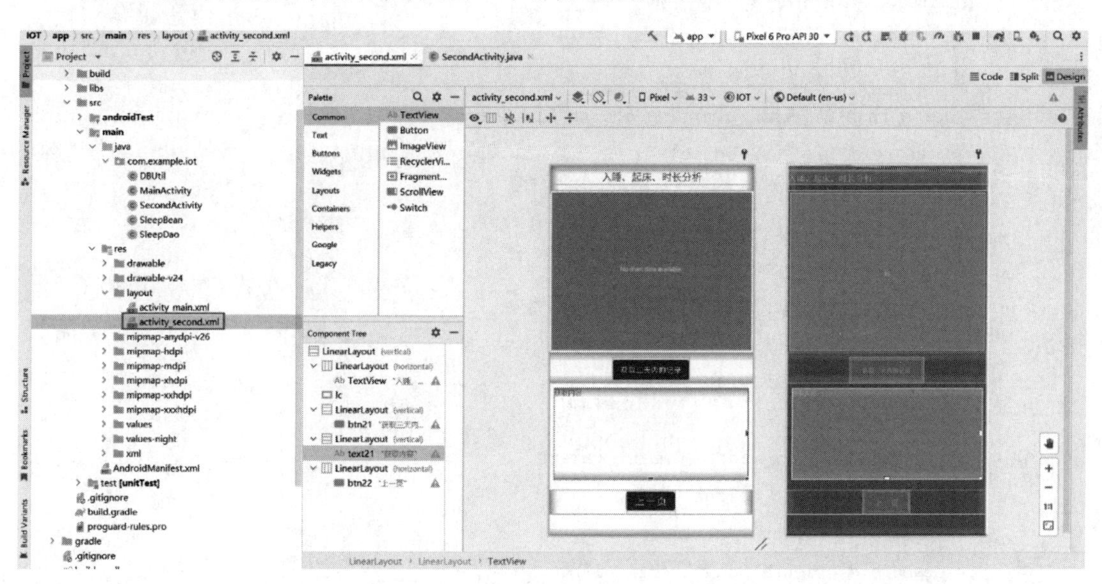

图 5-39 activity_second. xml 布局

activity_second. xml 文件代码如下：

```
<?xml version = "1.0" encoding = "utf-8"?>
<LinearLayout xmlns:android = "http://schemas.android.com/apk/res/android"
    xmlns:app = "http://schemas.android.com/apk/res-auto"
    xmlns:tools = "http://schemas.android.com/tools"
    android:layout_width = "match_parent"
    android:layout_height = "match_parent"
```

```
tools:context = ".SecondActivity"
android:orientation = "vertical">

<!--     1-数据分析结果展示 -->
<LinearLayout
    android:layout_width = "match_parent"
    android:layout_height = "50dp"
    android:orientation = "horizontal">
    <TextView
        android:gravity = "center"
        android:layout_width = "match_parent"
        android:layout_height = "wrap_content"
        android:layout_weight = "1"
        android:layout_marginTop = "10dp"
        android:layout_marginBottom = "10dp"
        android:text = "入睡、起床、时长分析"
        android:textSize = "20sp"/>
</LinearLayout>

<!--     2-折线图 -->
<com.github.mikephil.charting.charts.LineChart
    android:id = "@+id/lc"
    android:layout_width = "match_parent"
    android:layout_margin = "5dp"
    android:background = "#9370DB"
    android:layout_height = "310dp"/>

<!--     3-获取三天内的记录 -->
<LinearLayout
    android:layout_width = "match_parent"
    android:layout_height = "60dp"
    android:gravity = "center"
    android:orientation = "vertical">

    <Button
        android:id = "@+id/btn21"
        android:layout_marginTop = "10dp"
        android:layout_width = "wrap_content"
        android:layout_height = "wrap_content"
        android:layout_weight = "1"
        android:gravity = "center"
        android:text = "获取三天内的记录" />
```

```
    </LinearLayout>

    <!--     4-获取内容 -->
    <LinearLayout
        android:layout_width="match_parent"
        android:layout_height="180dp"
        android:layout_margin="10dp"
        android:orientation="vertical">

        <TextView
            android:id="@+id/text1"
            android:layout_width="match_parent"
            android:layout_height="match_parent"
            android:text="获取内容" />
    </LinearLayout>

    <!--     5-上一页 -->
    <LinearLayout
        android:gravity="center"
        android:layout_marginTop="10dp"
        android:layout_width="match_parent"
        android:layout_height="wrap_content">
        <Button
            android:id="@+id/btn22"
            android:text="上一页"
            android:textSize="20sp"
            android:layout_width="wrap_content"
            android:layout_height="wrap_content">
        </Button>
    </LinearLayout>
</LinearLayout>
```

4. SecondActivity 活动

(1) SecondActivity 整体设计

如图 5-40 所示，在 SecondActivity. java 文件中创建 3 个对象：绑定页面布局的 binding2、折线图 lineChart、列表 list，定义 4 个函数：初始化图表函数 initLineChart、设置 X 轴函数 setXAxis、设置 Y 轴函数 setYAxis、填充数据函数 setData。

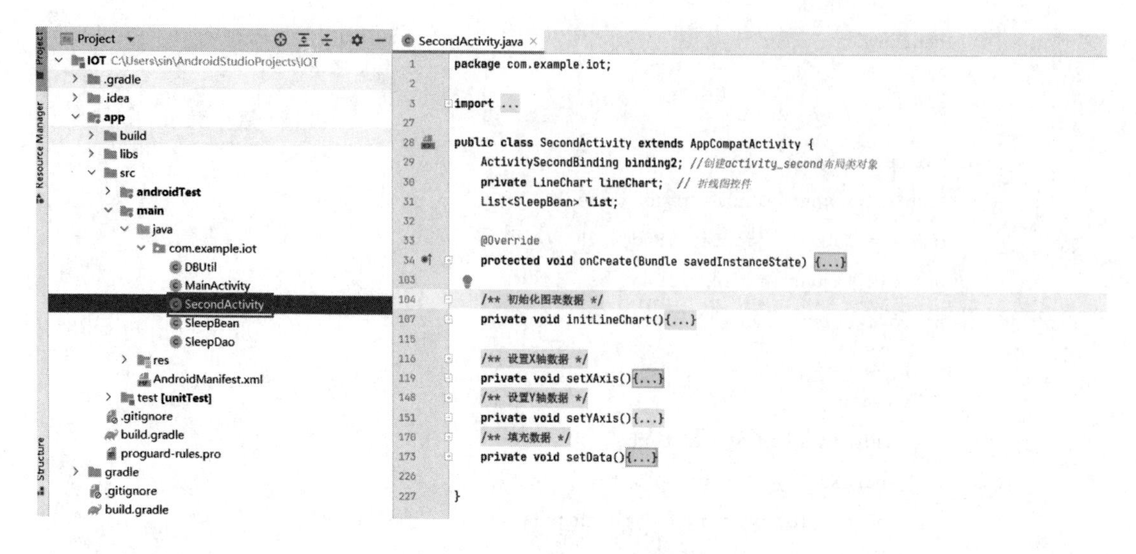

图 5-40　SecondActivity 整体设计

（2）OnCreate 方法

在 OnCreate 生成窗口函数里，开启子线程 Thread，用于展示图表，btn21 单击事件监听用于在 text21 中展示查询的列表值。btn22 单击事件监听用于跳转到 MainActivity，代码如下：

```
@Override
protected void onCreate(Bundle savedInstanceState) {
    super.onCreate(savedInstanceState);
    binding2 = ActivitySecondBinding.inflate(getLayoutInflater());  //获取 binding2
    setContentView(binding2.getRoot()); //拿到 view
    //隐藏系统默认标题
    ActionBar actionBar = getSupportActionBar();
    if (actionBar != null) {
        actionBar.hide();
    }
    //初始化折线图
    lineChart = binding2.lc;
    initLineChart();

    new Thread(new Runnable() {
        @Override
        public void run() {
            //select * from v_sleepstudy
            list = SleepDao.getList();
            if(list != null && list.size() > 0){
                Log.e("list->",list.toString());
                runOnUiThread(new Runnable() {
```

```
                    @Override
                    public void run() {
                        //binding.text1.setText(list.toString());
                        setYAxis();  //设置 X 轴数据
                        setXAxis();  //设置 Y 轴数据
                        setData();  //填充数据
                    }
                });
            }
        }
    }).start();

    binding2.btn21.setOnClickListener(new View.OnClickListener() {
        @Override
        public void onClick(View view) {
            new Thread(new Runnable() {
                @Override
                public void run() {
                    //select * from v_sleepstudy
                    list = SleepDao.getList();
                    if(list != null && list.size() > 0){
                        Log.e("list ->",list.toString());
                        runOnUiThread(new Runnable() {
                            @Override
                            public void run() {
    binding2.text21.setText(list.subList(0,Math.min(3,list.size())).toString());
                            }
                        });
                    }
                }
            }).start();
        }
    });

    binding2.btn22.setOnClickListener(new View.OnClickListener() {
        @Override
        public void onClick(View view) {
            Intent intent2 = new Intent();
            //由 SecondActivity 转向 MainActivity
            intent2.setClass(SecondActivity.this,MainActivity.class);
            startActivity(intent2);
        }
```

```
    });

}
```

多线程机制的目的是提高程序的处理效率。在Java多线程编程中，主线程负责耗时少的界面处理（如显示数据、与用户交互等），子线程负责执行耗时多的操作。因为数据库的连接和关闭需要一定的网络通信时间，故可以在开启的子线程中操作。程序中开启了子线程Thread，其功能如下：调用SleepDao的getList方法，实现连接数据库、查询数据表、得到返回的列表list和关闭连接等。如果返回的列表非空，回到主线程（程序中的runOnUiThread表示在主线程中执行）处理列表list，并在主线程中设置X轴、设置Y轴、填充数据，这样折线图就绘制出来了。

btn21的单击事件监听与上述过程比较类似，也需要先开启子线程，再回到主线程操作：调用SleepDao的getList方法，实现连接数据库、查询数据表、得到列表list和关闭连接等功能。如果返回的列表非空，回到主线程处理list，并在主线程中将list的内容更新到text21文本框中，这里考虑数据较多，不便展示，故通过subList方法切片出最多3个list的值进行展示。

（3）初始化图表函数

初始化图表函数代码如下：

```
private void initLineChart(){
    lineChart.animateXY(2000, 2000);        // 呈现动画
    Description description = new Description();
    description.setText("");                //自定义描述
    lineChart.setDescription(description);
    Legend legend = lineChart.getLegend();
    legend.setTextColor(Color.WHITE);
}
```

（4）设置X轴函数

设置X轴函数代码如下：

```
private void setXAxis(){
    // X 轴
    XAxis xAxis = lineChart.getXAxis();
    xAxis.setDrawAxisLine(false);             // 不绘制 X 轴
    xAxis.setDrawGridLines(false);            // 不绘制网格线
    // X 轴标签数据
    String[] s_day = new String[list.size()];
    if(list != null && list.size() > 0){
        for (int i = 0;i < Math.min(7,list.size());i++){
            //Log.e("i->",i + "");
            s_day[i] = list.get(i).getEvent_date().toString().substring(5);
```

```
        }}
        xAxis.setLabelCount(3,false); // 设置标签数量
        xAxis.setTextColor(Color.GREEN); // 文本颜色
        xAxis.setTextSize(8f); // 文本大小为 8dp
        xAxis.setGranularity(-1f); // 设置间隔尺寸
        //如果设置为 true,则在绘制时会避免"剪掉"在 x 轴上的图表或屏幕边缘的第一个和最后一
个坐标轴标签项
        xAxis.setAvoidFirstLastClipping(false);
        //xAxis.setAxisMinimum(0f); // 设置 X 轴最小值
        xAxis.setTextColor(Color.WHITE); //设置颜色
        // 自定义 X 轴的标签显示
        xAxis.setValueFormatter(new IAxisValueFormatter() {
            @Override
            public String getFormattedValue(float value, AxisBase axis) {
                return s_day[(int) value];
            }
        });
        xAxis.setPosition(XAxis.XAxisPosition.BOTTOM);    // 在底部显示
    }
```

X 轴是日期,可通过 getEvent_date 方法获取,格式为"＃月＃日",不显示年。数据点的个数和数据表中的记录条数一致(如果超过 7 条,则为 7)。

(5) 设置 Y 轴函数

设置 Y 轴函数代码如下:

```
    private void setYAxis(){
        lineChart.getAxisRight().setEnabled(false);
        YAxis yAxisLeft = lineChart.getAxisLeft();          // 左边 Y 轴
        yAxisLeft.setDrawAxisLine(true);                    // 绘制 Y 轴
        yAxisLeft.setDrawLabels(true);                      // 绘制标签
        yAxisLeft.setAxisMinimum(24.0f);                    // 设置 Y 轴最大值
        yAxisLeft.setAxisMinimum(0.0f);                     // 设置 Y 轴最小值
        yAxisLeft.setLabelCount(4,false);                   //y 轴坐标的个数
        yAxisLeft.setGranularity(1f);                       // 设置间隔尺寸
        yAxisLeft.setTextColor(Color.WHITE);                //设置颜色
        // 自定义 X 轴的标签显示
        yAxisLeft.setValueFormatter(new IAxisValueFormatter() {
            @Override
            public String getFormattedValue(float value, AxisBase axis) {
                DecimalFormat df = new DecimalFormat("#0.00");
                return df.format((int)value) + "";
            }
        });
    }
```

Y 轴是时间，格式为“#0.00”，在 0 点到 24 点之间。

(6) 填充数据函数

填充数据函数代码如下：

```
    private void setData(){
            // 模拟数据 1:睡眠时长
            List<Entry> yVals1 = new ArrayList<>();
            String[] ys1 = new String[list.size()];
            if(list != null && list.size() > 0){
                for (int i = 0;i < Math.min(7,list.size());i++){
                    //Log.e("i->",i + "");
                     ys1[i] = list.get(i).getSleep_duration().toString().substring(0,5).
replace(":",".");
                }}
            // 模拟数据 2:入睡时间
            List<Entry> yVals2 = new ArrayList<>();
            String[] ys2 = new String[list.size()];
            if(list != null && list.size() > 0){
                for (int i = 0;i < Math.min(7,list.size());i++){
                    //Log.e("i->",i + "");
                     ys2[i] = list.get(i).getSleepdown_time().toString().substring(0,5).
replace(":",".");
                }}
            // 模拟数据 3:起床时间
            List<Entry> yVals3 = new ArrayList<>();
            String[] ys3 = new String[list.size()];
            if(list != null && list.size() > 0){
                for (int i = 0;i < Math.min(7,list.size());i++){
                    //Log.e("i->",i + "");
                    ys3[i] = list.get(i).getWokeup_time().toString().substring(0,5).replace(":",".");
                }}
            for (int i = 0; i < Math.min(7,list.size()); i++) {
                yVals1.add(new Entry(i, Float.parseFloat(ys1[i])));
                yVals2.add(new Entry(i, Float.parseFloat(ys2[i])));
                yVals3.add(new Entry(i, Float.parseFloat(ys3[i])));
            }
            // 2. 分别通过每一组 Entry 对象集合的数据创建折线数据集
            LineDataSet lineDataSet1 = new LineDataSet(yVals1, "睡眠时长");
            LineDataSet lineDataSet2 = new LineDataSet(yVals2, "入睡时间");
            LineDataSet lineDataSet3 = new LineDataSet(yVals3, "起床时间");
            //lineDataSet1.setCircleColor(Color.RED);          //设置点圆的颜色
            //lineDataSet1.setCircleRadius(3);                 //设置点圆的半径
```

```
        lineDataSet1.setDrawCircleHole(false); // 不绘制圆洞,即实心圆点
        lineDataSet2.setDrawCircleHole(false); // 不绘制圆洞,即实心圆点
        lineDataSet3.setDrawCircleHole(false); // 不绘制圆洞,即实心圆点
        lineDataSet1.setColor(Color.RED); // 设置为红色
        lineDataSet2.setColor(Color.GREEN); // 设置为绿色
        lineDataSet3.setColor(Color.BLUE); // 设置为蓝色
        // 值的字体大小为 5dp
        lineDataSet1.setValueTextSize(5f);
        lineDataSet2.setValueTextSize(5f);
        lineDataSet3.setValueTextSize(5f);
        //将每一组折线数据集添加到折线数据中
        LineData lineData = new LineData(lineDataSet1,lineDataSet2,lineDataSet3);
        //设置颜色
        lineData.setValueTextColor(Color.WHITE);
        //将折线数据设置给图表
        lineChart.setData(lineData);
    }
```

以上代码共有 3 组数据,值 ys1,ys2,ys3 分别是睡眠时长、入睡时间和起床时间。

数组 ys1、ys2 和 ys3 分别是通过 list 元素的 getSleep_duration 方法、getSleepdown_time 方法和 getWokeup_time 方法获取的,对于数组里面各元素的值(如 10:14:46),只截取了其中的小时和分钟部分,并将字符":"替换成了字符"."(如 10.14),以将时间(睡眠时长、入睡时间和起床时间)表示成 float 格式。Entry 的定义如下:第一个参数是数据点的 x 值,第 2 个参数是数据点的 y 值,两个参数都是 float 类型的。

在程序中,将 3 组折线数据集加入折线数据中,最后使得折线数据显示在图表中即可。

5. 结果展示

将程序下载到真机运行,结果如图 5-41 所示。在图 5-41 中:App 进入第一页显示 MQTT 连接成功;进入第二页通过折线图展示了每天的入睡时间、起床时间和睡眠时长;单击 btn21 按钮后在文本框中以列表的形式展示查询数据库返回的数据集。

真机整体功能测试

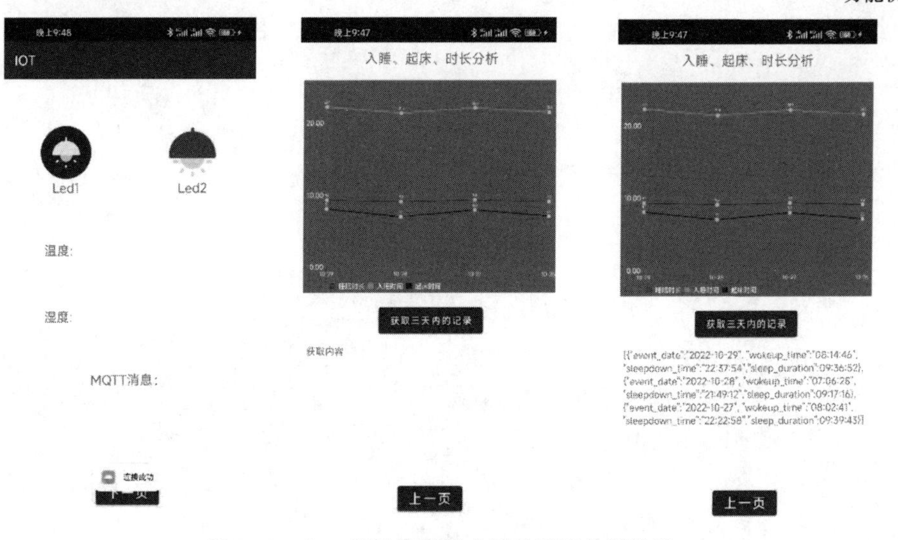

图 5-41 App 以折线图形式展示睡眠分析结果

■ 任务小结

任务3在项目3的App第一页展示MQTT消息的基础上，在第二页展示三条折线：入睡时间、起床时间和睡眠时长。至此，一个包含数据采集、无线传感网络组建、数据上报、数据解析、数据展示、数据存储、数据分析和远程控制的全流程物联网项目已经设计完毕，该项目功能完整、设计自由度高、安全可靠。

■ 实践练习

修改折线图中数据点的个数。

参考文献

[1] 姜仲,刘丹. ZigBee 技术与实训教程[M]. 北京:清华大学出版社,2022.
[2] 杨琳芳,杨黎. 无线传感网络技术与应用项目化教程[M]. 北京:机械工业出版社, 2022.
[3] 乐鑫科技. ESP32-C3 物联网工程开发实战[M]. 北京:电子工业出版社,2022.
[4] 仲宝才,颜德彪,刘静. Android 移动应用开发实践教程[M]. 北京:清华大学出版社,2018.
[5] 北京新大陆时代科技有限公司. 物联网系统部署与运维[M]. 北京:机械工业出版社, 2023.
[6] 刘军轶,梅娟,李娜. MySQL 数据库技术与应用[M]. 北京:电子工业出版社,2022.
[7] 席东,吕文祥,刘华威. 物联网综合应用[M]. 西安:西北工业大学出版社,2019.